Nordpolarmeer

Barents-
see

EUROPA

...alburg
...rnstorf   Olbia

Schwarzes
Meer

...telmeer

Qreiye
Bagdad

Sakkara   Gizeh
          Dendera
l der Könige Luxor/Theben

...had-
..e

AFRIKA

Viktoriasee

Arkaim

Balchaschsee

Aralsee

Kaspisches Meer

Baikalsee

ASIEN

Delingha   Mount Baigong

Himalaya

Delhi

Arabisches
Meer

Golf von
Bengalen

Indischer Ozean

Peking

Japan.
Meer

Ost-
chinesisches
Meer

Süd-
chinesisches
Meer

Angkor Wat

Pazifischer Ozean

Melanesien ▶

AUSTRALIEN

Südpolarmeer

ANTARKTIKA

Gisela Graichen & Harald Lesch

Liegt die Antwort in den Sternen?

P
L
V

Propyläen wurde 1919 durch die Verlegerfamilie Ullstein als Verlag für hochwertige Editionen gegründet. Der Verlagsname geht zurück auf den monumentalen Torbau zum heiligen Bezirk der Athener Akropolis aus dem 5. Jh. v. Chr. Heute steht der Propyläen-Verlag für anspruchsvolle und fundierte Bücher aus Geschichte, Zeitgeschichte, Politik und Kultur.

GISELA GRAICHEN & HARALD LESCH

LIEGT DIE ANTWORT IN DEN STERNEN?

WIE ASTROPHYSIK DIE RÄTSEL DER ARCHÄOLOGIE LÖST

Mit einem Beitrag von Peter Prestel

PROPYLÄEN

Wir wissen nicht einmal ein
Millionstel Prozent der Dinge.

THOMAS ALVA EDISON (1847–1931)

Inhalt

1 Von außerirdischen Besuchern, versunkenen Welten und Hightech-Archäologie – eine Vorrede, warum wir dieses Buch geschrieben haben ...

1 3D-Geländemodell einiger der etwa 2000 Jahre alten Geoglyphen von Nasca in Peru. Die Scharrbilder sind Hunderte Meter groß. Manche sehen darin Landebahnen für UFOs.

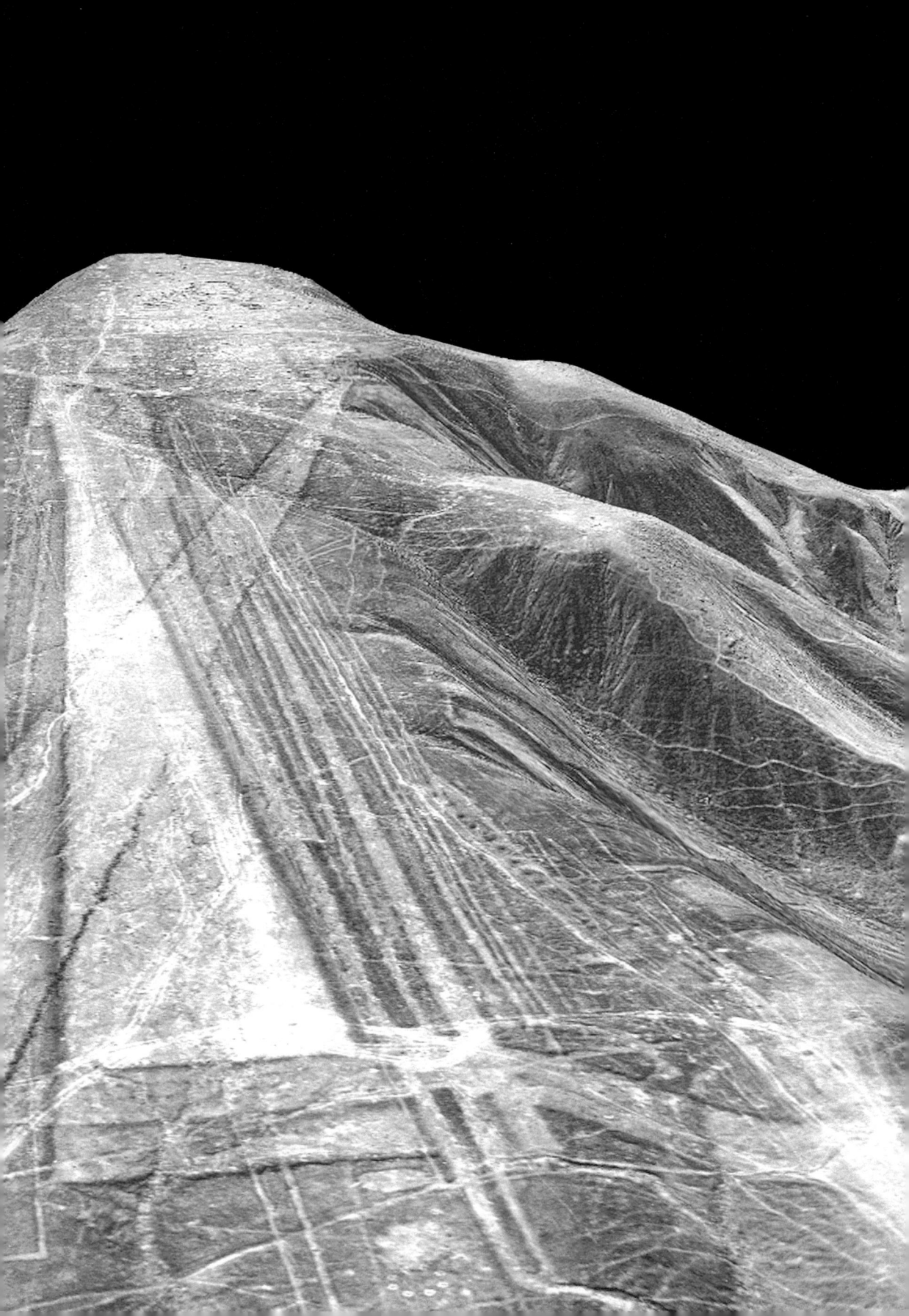

Ungläubig deuten die Besucher auf die Fassade der spanischen Kathedrale von Salamanca aus dem 16. Jahrhundert. Zwischen all den spätmittelalterlichen Steinmetzarbeiten ist eindeutig ein Astronaut zu erkennen. Offenbar hatte der Baumeister eine Begegnung mit … tja, offenbar mit außerirdischen Raumfahrern.

Nun ja, wie Shakespeare schon in »Hamlet« schrieb: »Es gibt Dinge zwischen Himmel und Erde, von denen sich Eure Schulweisheit nichts träumen lässt.« Die Aussage mag ja richtig sein, dient aber als Totschlagargument, mit dem die Grenzen der (Natur-)Wissenschaften aufgezeigt werden sollen. Das gerne bemüht wird, um zu untermauern, dass Vorstellungen und Interpretationen, die mit dem heutigen Wissen unvereinbar sind, dennoch wahr sein können – ein Zitat als Freibrief für alle möglichen Spekulationen.

Jeder dritte Deutsche glaubt an Wunder, daran, dass himmlische Mächte in das Geschehen auf der Erde eingreifen, bei den 18–29-Jährigen sogar jeder Zweite, wie eine INSA-Umfrage ergab. Denn Übernatürliches und Mystery, Magie, Fantasy und Science-Fiction sind in, und Aliens boomen. Archäologie ist dabei ein beliebtes Opfer. Denn tatsächlich gibt es Funde und Befunde, an denen auch die Wissenschaftler herumrätseln. Der beste Humus für Verschwörungstheorien. Was es damit auf sich hat, dem wollen wir in den folgenden Kapiteln nachspüren. Ein schönes Zitat von Wilhelm Busch heißt: »Glaubenssachen sind Liebessachen, es gibt keine Gründe dafür oder dagegen.«

Wir wollen es trotzdem versuchen.

2, 3 Portal der Kathedrale von Salamanca aus dem 16. Jahrhundert – ein Astronaut aus dem Mittelalter?

4 Ein Airborne Laserscanner, hier unter einem Hubschrauber befestigt, tastet den Boden ab. Am Bildschirm können anschließend Wälder künstlich entlaubt werden, um zu sehen, was sie unter ihren Blättern verbergen.

Neue Fragen an alte Zeiten

Neunzig Prozent der menschlichen Hinterlassenschaften liegen noch unentdeckt im Boden oder unter Wasser, vermuten renommierte Archäologen. Versunkene Königreiche, vergessene Zivilisationen, verschollene Heiligtümer, Zeugnisse vom Leben, Arbeiten, Kämpfen und Sterben unserer Vorfahren. Spuren, die auf ihre Entdeckung warten, um das Buch der Menschheit zu füllen.

Viele neue Fragen an alte Zeiten können erst jetzt durch den Einsatz moderner Techniken gestellt – und beantwortet – werden. Vor allem die Zusammenarbeit mit naturwissenschaftlichen Disziplinen erbrachte eine fast unüberschaubare Fülle an neuen Informationen. Der Einsatz überirdischer Technologien in den letzten zehn/fünfzehn Jahren lieferte einen Quantensprung an erstmaligen Erkenntnissen – auch ohne einen einzigen Spatenstich. Ein enormer Fortschritt, denn jeder Eingriff in die Erde zerstört den Fund- und Befundzusammenhang unwiederbringlich.

Martin Schaich, einer der Experten in Sachen »himmlische Hilfe« und Gründer des 3D-Ingenieurbüros ArcTron, das sich auf die Sichtbarmachung archäologischer Bauten spezialisiert hat, ist fasziniert von den Hightech-Systemen, die archäologische Forschungen von Grund auf verändern und etablierten Ausgräbern den Kopf schwirren lassen. Schaich spricht gar

5 Auch versunkene Städte der Khmer wurden durch LiDAR entdeckt – Buddhistische Segnungszeremonie für den LiDAR-Hubschrauber.

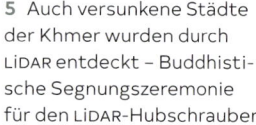

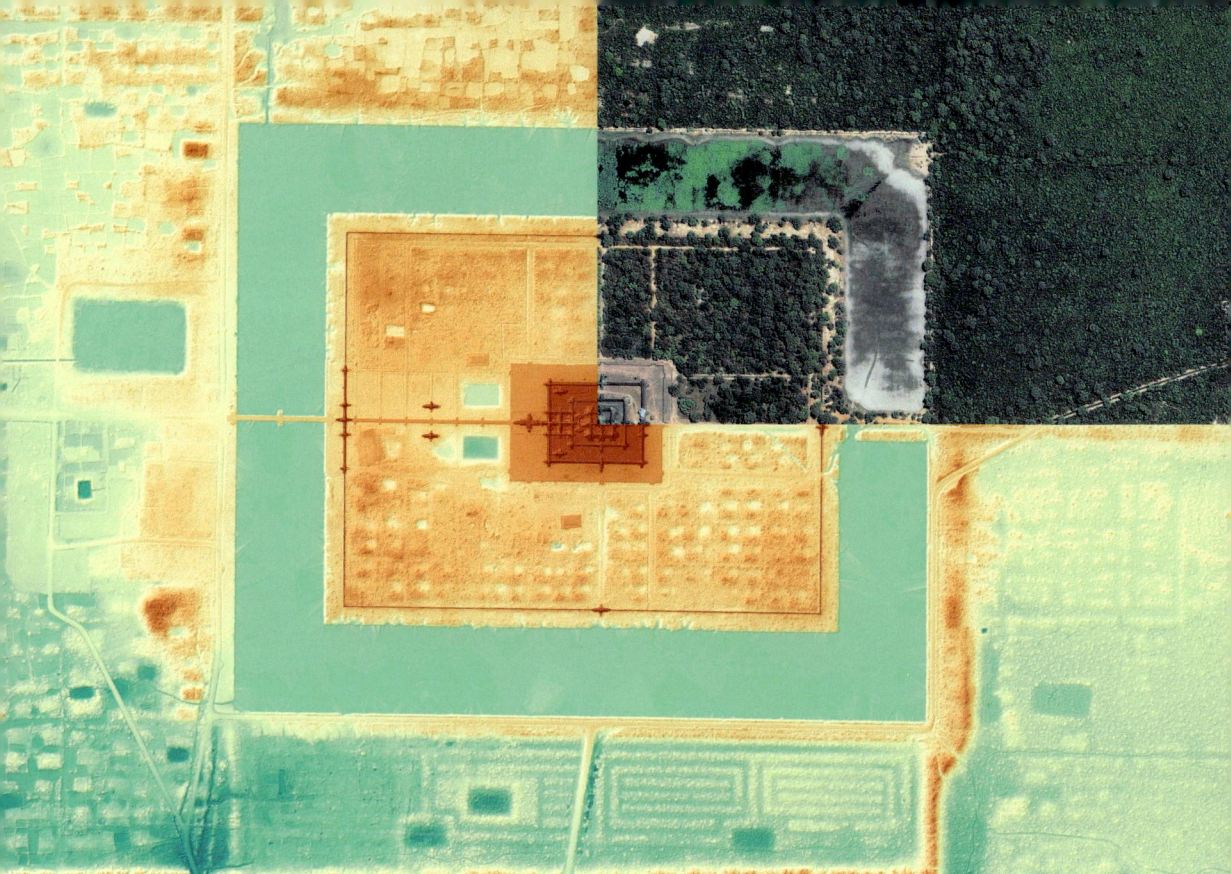

von einer »Revolution« in der Geschichte der Archäologie. Über Grabungsflächen kreisen heute Drohnen, und GPS-gestützte Vermessungsgeräte liefern genaueste Daten. Geoinformationssysteme können Grabungsergebnisse digital verknüpfen. Dazu kommt die zerstörungsfreie Prospektion mit Geomagnetik, Radar und Geoelektrik. Selbst dichte Urwälder können am Bildschirm künstlich entlaubt werden und geben so frei, was sie unter dem Blätterdach verbergen. Der Einsatz physikalischer Methoden wie Georadar oder LiDAR und die satellitengestützte Weltraumarchäologie sind längst nicht mehr nur die Zukunft des »Ausgräbers«, große Ausgrabungen sind ohne sie heute nicht denkbar. (→ Kapitel 2).

Archäoastronomie oder Astroarchäologie wird zur Bestimmung prähistorischer Kultstätten eingesetzt: Wonach waren sie ausgerichtet, welche Rolle spielten die Sterne, die Sonnenwenden? Archäologen entdecken in Zusammenarbeit mit Astrophysikern das astronomische Wissen versunkener Völker. Die Strontiumisotopenanalyse erforscht die Wanderbewegun-

6 Diese LiDAR-Aufnahme von Angkor Wat enthüllt bis dahin unbekannte Siedlungsstrukturen unter der üppigen Vegetationsdecke – der grüne Ausschnitt oben rechts zeigt ein Luftbild der gleichen Stelle.

gen der urzeitlichen Menschen. DNA-Analysen enthüllen einstige Verwandtschaftsbeziehungen freigelegter Skelette (→ Kapitel 3). Unterwasser- und Luftbildarchäologie sind fast alte Hüte. Archäobotanik, Archäozoologie, Archäometrik, Archäoinformatik, Paläopathologie sind nur einige Stichworte, die zeigen, wie sich das Feld der Archäologie erweitert hat.

Doch trotz aller hypermodernen Technik wird der Archäologe als Mensch unverzichtbar bleiben, betont selbst Martin Schaich. Als Mensch, der einen Fund mit seinen Händen ausgräbt, mit seinen Sinnen wahrnimmt und ihn zu verstehen und einzuordnen versucht. Das ist immerhin beruhigend, hören wir doch zurzeit immer wieder von Ansätzen, die den Computer alles bestimmen lassen wollen. Eine Super-KI soll als übergeordnete Instanz die Entscheidungen treffen, da sie den Fähigkeiten unseres menschlichen Gehirns bei Weitem überlegen sei.

7 Die Spatenarchäologie und der ausgrabende Archäologe sind trotz aller modernen Technik nach wie vor unverzichtbar.

Vom Spaten zum Satelliten

Die Archäologie, die »Lehre von den Altertümern«, ist eine junge Wissenschaft, 1802 wurde in Kiel der erste Lehrstuhl in Deutschland für klassische Archäologie eingerichtet und erst 1927 in Marburg die erste ordentliche Professur geschaffen. Seitdem haben sich – wie in anderen Fächern auch – ihre Fragestellungen und Methoden verändert und weiterentwickelt. Das Bild der »Spatenwissenschaft« ist gehörig umgekrempelt worden. Noch vor hundert Jahren reichte eine Hacke für die »Forschungsgrabung« und ein Rucksack für die Funde.

Ein schönes Beispiel für die Entwicklung der wissenschaftlichen Archäologie ist der »Forschungsbericht« von Professor Eiermann aus Säckingen, der uns heute, gerade hundert Jahre später, schmunzeln lässt: Da gemahnte ihn ein kleiner Splitter aus weißgrauem Hornstein zur Vorsicht und »zu scharfem Aufpassen« an diesem Sonntag, dem 14. November 1920. Hatte er doch »bei einem Pirschgange auf dem Röthekopf« ein mutmaßlich vorgeschichtliches Lager entdeckt, das an jenem Tag – vormittags – sogleich ausgegraben werden sollte. Und tatsächlich wurde dem Boden auch bald ein »hübsches Messerchen« enthoben. Zwei Wochen später, wieder an einem Sonntag, wurde es ernst. Zwischen halb elf und elf Uhr, bei leichtem Regen, wurde der harte Boden mit der Hacke »sorgfältig« bearbeitet und ein menschlicher Schädel entdeckt. Da es jetzt stärker zu regnen begann, musste es schnell gehen. Dabei zerbrach leider das Schädeldach in drei Teile und »ging weiterhin die noch ziemlich gut erhaltene Augenhöhle verloren«. In Laub und Moos verpackt wurden die Reste im Rucksack heimbefördert.

Zweifelsohne sehen Ausgrabungen heute etwas anders aus und sind auch nicht für einen Sonntagvormittag angesetzt. Wobei es zu Professor Eiermanns Zeiten sehr wohl bereits korrekte Ausgrabungen gab – präzise Registrierung jedes Fundes und Befundes, ordentliche Vermessung, Kartierung, Einordnung, Veröffentlichung.

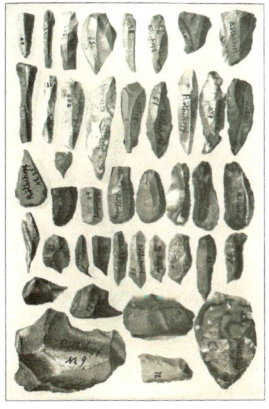

8 Einige der Funde vom Röthekopf bei Säckingen in Baden, Rastplatz steinzeitlicher Jäger. 1925 veröffentlicht in den »Berichten der naturforschenden Gesellschaft zu Freiburg im Breisgau«.

Die Fürstenkrone vom Niederrhein

Die Geschichte der Archäologie ist auch eine Geschichte von Irrtümern, Fälschungen und von Verschwörungstheorien. Denn Archäologen, Forschern und Wissenschaftlern stehen immer nur die begrenzten Mittel ihrer jeweiligen Zeit zur Verfügung.

Ein besonders hübsches Exempel aus der Zeit, als Archäologie noch eine Spatenwissenschaft war, ereignete sich im Herbst 1838 auf einem Acker bei Xanten. Der holländische Notar und passionierte Altertumsforscher Philipp Houben streift an jenem Tag wie so oft über die Felder zwischen den Dörfern Wardt und Lüttingen. Eine Schaufel zum Graben und einen Rucksack für die Funde hat er dabei, mehr braucht auch er nicht. Aufmerksam schweift sein Blick über den Boden, er sucht die Oberfläche nach Verfärbungen, Scherben und Metallstückchen ab. Und nach Maulwurfhügeln. Maulwürfe, die »Hilfssheriffs« der Archäologen, befördern aus der Tiefe Objekte nach oben, die Hinweise auf das geben können, was die Erde unter ihrer Haut hat.

Plötzlich sieht Houben eine Art Kuhle, die Erde ist hier eingesackt. Er beginnt zu graben, und das, was er entdeckt, verschlägt ihm den Atem. Er ist auf ein Grab gestoßen, sieht ein Skelett und Grabbeigaben. Am Schädel erkennt er etwas Metallisches. Ein Reif mit einem beweglichen Bügel und verzierten Dreiecken. Houben kennt die einschlägige Literatur zu antiken Funden und weiß sofort, worum es sich handelt: um eine Bügelkrone, die einst das Haupt eines Fürsten geschmückt haben muss.

9 Die Reichskrone, eine Bügelkrone aus dem 10. Jahrhundert: Sie zierte die Häupter der meisten römisch-deutschen Kaiser und wird heute in der Kaiserlichen Schatzkammer der Wiener Hofburg aufbewahrt.

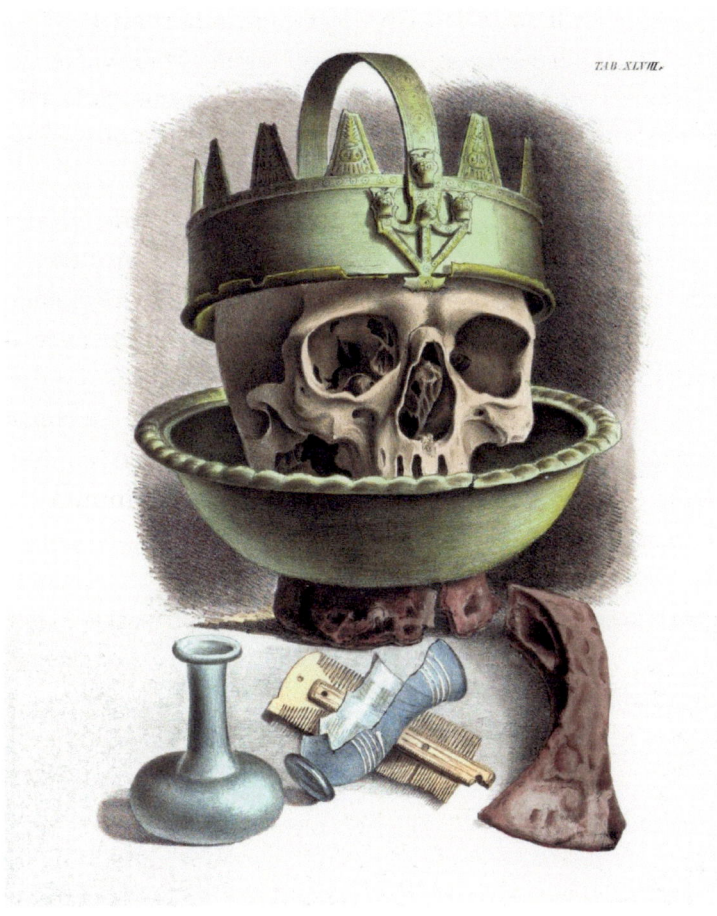

10 Houbens kolorierte
Tafel: »Bügelkrone eines
frühmittelalterlichen
deutschen Fürsten«,
dazu Grabbeigaben, ge-
funden 1838 in Xanten

Die von Houben sorgsam angefertigte »treue Abbildung«
des Grabes zeigt einen Totenschädel, der in einer bronzenen
Schale liegt, daneben einen zerbrochenen Glasbecher, eine
Wurfaxt und einen Kamm. Die Beigaben werden in etwa auf
das Jahr 500 datiert, also das frühe Mittelalter.

Das spannendste Fundstück ist die bronzene Krone, die Houben an byzantinische Kaiserkronen erinnert. Eine Orientierungshilfe für diese Deutung ist schnell zur Hand. Antike Bü-
gelkronen kannte man Anfang des 19. Jahrhunderts bereits.
Die bekannteste ist die sogenannte Reichskrone aus dem
10. Jahrhundert, ein Prachtexemplar aus Gold, besetzt mit
Edelsteinen und Perlen.

Das Grab des kleinen Prinzen

11 Funde aus dem mero-
wingischen »Grab des
kleinen Prinzen« unter dem
Kölner Dom: Neben Helm,
Schwert etc. gab es auch
einen vollständig erhaltenen Daubeneimer.

Alte Gräber und ihre Beigaben üben seit jeher eine große Faszination auf die Nachwelt aus. Xanten war um eine Attraktion
reicher, denn neben dem Dom geriet Houbens Privatmuseum
zum neuen Besuchermagneten der Stadt am Niederrhein.
Eine 1500 Jahre alte Krone eines Fürsten oder Heerführers,
die der Reichskrone oder einer byzantinischen Kaiserkrone
ähnelte, gefunden im Xantener Boden – das war eine Sensation!

Bei der Ausgrabung hatte Houben für seine Zeit durchaus
sorgfältig gearbeitet: Zur Interpretation zog er Vergleichsfunde
heran, seine Fundstelle markierte er auf einer Karte und, ganz
wichtig, er zeichnete die Objekte in ihrem Fundzusammenhang. Für ihn war die Sache klar. Aber man sieht eben nur das,
was man kennt. Oder das, was man sehen möchte. Wer neigt
nach so einem Fund nicht zur Verklärung? Und schließlich
waren 1838 ähnliche Grabfunde noch nicht publiziert.

Das änderte sich mit der Entdeckung eines Knabengrabs
unter dem Kölner Dom, das aus der Merowingerzeit stammt.
Also etwa aus der Zeit des Xantener Grabes, einer Zeit, in der
die Toten in weiten Teilen Europas unverbrannt und mit allerlei Beigaben beigesetzt wurden. Sie spielten für die Anfänge
der archäologischen Forschung eine zwiespältige Rolle, waren
sie doch vergleichsweise leicht zu finden und versprachen
hübsche Artefakte, die dann nur allzu oft die heimische Vi-
trine schmückten oder gewinnbringend verhökert wurden.

Grabräuber hat es zu allen Zeiten gegeben, vom alten Ägypten
bis heute. Nur dass es heute nicht mehr Spaten und Schaufel,
sondern Drohnen und Satelliten sind, die zur Entdeckung von
Fundstellen beitragen. Weil Raubgrabungen den historischen
Zusammenhang für immer vernichten, werden sie heute endlich als Straftatbestand eingestuft. Der materielle Nachlass in
seinem historischen Kontext ist ein unterirdisches Archiv von
höchstem Wert, ein Geschichtsbuch – wenn man es denn lesen
kann.

Philipp Houben konnte dieses Buch zwar lesen, aber eben nur in seiner bis dahin bekannten Fassung. Seine Ausgrabungen mögen dem Anspruch heutiger wissenschaftlicher Untersuchungen nicht genügen, wohl aber denen seiner Zeit. Und es waren nicht Geldgier, Eitelkeit und Abenteuerlust, die ihn antrieben, wie so manche seiner damaligen Kollegen. Er versuchte, seinen Fund wissenschaftlich einzubetten – und irrte sich doch gewaltig. Die Metallteile, die nahe am Schädel lagen, erwiesen sich als etwas deutlich Profaneres als eine Fürstenkrone: Es waren die Beschläge eines Holzeimers.

Die Krone, die ein Eimer war

Auf die Spur des Eimers hatte spätere Wissenschaftler eine Beigabe im Knabengrab unter dem Kölner Dom gebracht. Tatsächlich handelt es sich bei der Xantener »Fürstenkrone« um den verzierten Beschlag eines Holzeimers aus dem 6. Jahrhundert, eines sogenannten Daubeneimers, der typisch für die Merowingerzeit ist und inzwischen des Öfteren ausgegraben wurde. Das Holz war in der Regel verwittert, so auch im Xantener Grab, und nur das Metall erhalten geblieben. Anders im Kölner Grab des sechsjährigen fränkischen Prinzen, das einen vollständig erhaltenen Eimer enthielt und die Anordnung der Metallelemente enthüllte.

Und so wurde aus der Krone ein schnöder Eimer. Die Fundsituation, wie sie auf Houbens Tafel dargestellt ist, war wohl doch etwas »geschönt«. Mit dem »Fürstengrab« mag er trotzdem recht behalten haben. Zusammen mit dem Trinkglas bildete der Daubeneimer ein prunkvolles Tafelgeschirr, das besonders hochstehenden Persönlichkeiten mit ins Grab gegeben wurde.

12 Aus Funden rekonstruierter Daubeneimer mit ähnlichem Beschlag wie in Houbens Fund, Köln-Rodenkirchen, 6. Jahrhundert

Zu schön, um wahr zu sein

Houbens Irrtum bei der Interpretation der »Fürstenkrone« ist einfach erklärt. Er konnte sich nur auf Vergleichsfunde beziehen, die zu Beginn des 19. Jahrhunderts schon bekannt waren. Irrtümer gab und gibt es in der Archäologie wie in anderen Wissenschaften zuhauf. Die Krone, die ein Eimer war, ist nur ein besonders schönes Beispiel für einen Irrtum ohne böse Absichten. Aber es gibt eben auch Mengen an bewussten Fälschungen. Wie viele mögen unerkannt in unseren Museen liegen? Eine der berühmtesten Antikenfälschungen ist die »Tiara des Saitaphernes«. Der goldene »skythische Prunkhelm aus dem 3. Jahrhundert v. Chr.« wurde angeblich von einem Bauern in einem Grab in Olbia gefunden. Hier, in der heutigen Ukraine, lag eine der ersten griechischen Kolonien an der Schwarzmeerküste. 1896 wurde der Helm vom Musée du Louvre mit vermeintlich zugehörigen Goldketten für 200.000 Goldfranken angekauft und am 1. April (!) erstmals den neugierigen Besuchern präsentiert. Sieben Jahre lang war er im Saal Apollon ausgestellt. Als Wissenschaftler nach langen und heftigen Debatten beweisen konnten, dass es sich um eine Fälschung handelte, war der Skandal perfekt und das Rauschen im Blätterwald gewaltig.

13 Der Skandal um die »Tiara des Saitaphernes« wurde von den Zeitungen und in der Folge vom Publikum begeistert aufgegriffen. Es erschienen beißend satirische Postkarten zum Thema.

Doch der Besucherstrom nahm daraufhin sogar noch zu. Die durch die Presse aufgeputschte Sensationsgier war offenbar stärker als das Interesse an echten antiken Funden. Und auch eine Fälschung kann Karriere machen: Inzwischen reist die Tiara rund um die Welt von Ausstellung zu Ausstellung, als historisches Dokument eines Falsifikats und Beispiel für Interpretationsprobleme und das Gezänk namhafter anerkannter Wissenschaftler und Spezialisten aus Moskau, Odessa, Wien, Paris und Berlin.

14 Zu schön, um wahr zu sein: Die angeblich griechisch-skythische goldene »Tiara des Saitaphernes« aus dem 3. Jahrhundert v. Chr. Nicht nur die Spezialisten des Louvre fielen auf die Fälschung herein.

Das bayrische Troja?

Heute kann man dank spezialisierter Labore dem Fingerabdruck, also der genauen Zusammensetzung des Metalls, bis zu seiner Quelle, der Abbaumine, nachspüren (→ Kapitel 3). Fälschungen sind so deutlich leichter zu erkennen. Das heißt aber nicht, dass es keine Streitereien mehr unter renommierten Wissenschaftlern geben würde, wie die Kontroverse um die Echtheit von angeblich mykenischem Goldschmuck und Bernsteinartefakten aus dem bayrischen Bernstorf belegt. Eine alte Legende spricht hier von einer versunkenen reichen Stadt, 1864 wurde die Sage auch schriftlich im örtlichen Heimatbuch festgehalten. Der Arzt und Hobbyarchäologe Manfred Moosauer glaubte der Überlieferung, wie weiland Heinrich Schliemann an die historische Realität Trojas glaubte (und es fand). Tatsächlich entdeckte auch Moosauer unglaubliche Funde auf der Anhöhe über dem Ampertal, die schon zur Hälfte durch Kiesabbau zerstört war. Zu unglaublich, um wahr zu sein? Welche Lawine in der Gelehrtenwelt er damit auslöste, konnte er nicht ahnen.

15 Hobbyarchäologe und Schatzentdecker Manfred Moosauer vor einem rekonstruierten Stück der Befestigungsmauer von Bernstorf

Nach den Funden, von denen später die Rede sein wird, rückten die Profis an, auch Martin Schaich mit seinem Equipment. Die größte bekannte bronzezeitliche Befestigung nördlich der Alpen wurde durch C14-Untersuchungen auf ein Alter von rund 3500 Jahren datiert, also auf die mykenische Zeit. Die 1,6 Kilometer lange hölzerne Befestigungsmauer bestand aus Eichenholz, 40.000 (!) Bäume wurden dafür einst gefällt. Soweit sind sich die Wissenschaftler einig. Auch darüber, dass die Wallanlage durch einen wohl selbst gelegten Großbrand unterging. Die Bewohner verließen die Stätte besenrein. Doch seit 2013 tobt der Streit um die Funde, die Moosauer entdeckt hatte. Spötter behaupten, einige der Goldfunde habe er mithilfe einer Wahrsagerin gemacht, wie ein Aktenvermerk des Bayerischen Landesamtes für Denkmalpflege nahelegt.

Aber wenn die Funde echt sind, wovon etliche anerkannte Fachleute überzeugt sind, handelt es sich tatsächlich um eine Sensation. Der gefundene Bernstein stammt von der Ostseeküste, wahrscheinlich Usedom, und trägt mykenische Schriftzeichen. Ein kunstvoll bearbeitetes Stück zeigt das Antlitz eines bärtigen Mannes, und erinnert an Schliemanns »Agamemnon-Maske« aus Mykene.

Und dann erst der Goldschatz! Aus den unterschiedlichen Goldteilen wurde ein geschmücktes Götterstandbild rekonstruiert, mit einer Strahlenkrone, wie sie aus der mykenischen Kultur bekannt ist.

Alle Befunde zusammengenommen weisen auf eine große Befestigung hin, die als bisher unbekannter Umschlagplatz, als Scharnier, als Handelszentrum zwischen der Ostseeküste und dem griechischen Mykene diente und dabei reich wurde. So weit, so sensationell. Das Gold selbst: unglaublich rein. Und genau hier beginnen Zweifel an der Echtheit. Analysen mittels Laserablation und Massenspektrometrie ergaben für die Bernstorfer Goldbleche einen Feingehalt von 99,99 Prozent.

Dieser hohe Reinheitsgehalt kommt in der Natur nicht vor und habe unmöglich in der Bronzezeit hergestellt werden können, so die Zweifler, es ähnele vielmehr in der Zusammensetzung dem modernen Gold von Degussa. Gold dieses Reinheitsgrades könne nur durch Elektrolyse hergestellt werden, die Fundstücke seien also »moderne Imitationen«. Einige Skep-

16 Links das Kronendiadem und die »Agamemnon-Maske« aus dem Schachtgrab III von Mykene, rechts Funde aus Bernstorf

17 Die Goldfunde von Bernstorf – im linken Bild ein Rekonstruktionsvorschlag der archäologischen Sammlung München: eine mit dem Gold geschmückte Götterstatue

tiker sprechen gar von »Bastelwerk aus Laienhand«. Auf Tagungen und in beißend scharfen Veröffentlichungen wird dieser Streit seit zehn Jahren ausgefochten.

Eine Sensation oder ein großer Schwindel? Trotz – oder wegen? – aller Fortschritte in den archäologischen »Hilfs-«Wissenschaften gibt es, Stand heute, keine eindeutige Antwort. Die kontroverse Debatte dauert an. Manfred Moosauer jedenfalls bekam sein eigenes Museum und vom Bundespräsidenten das Bundesverdienstkreuz.

Verbotene Archäologie?

In der Archäologie gilt die Weisheit: Was man nicht erklären kann, sieht man gern als kultisch an. In parawissenschaftlichen Kreisen auch als außerirdisch. Besonders schwierig wird die Interpretation eines Fundes, wenn er einzigartig ist, wie die im Grab des ägyptischen Prinzen Sabu freigelegte 5000 Jahre alte Scheibe (→ Kapitel 6). Die Präastronautiker sehen darin die Nachbildung einer Flugscheibe, die Wissenschaftler tappen im Dunkel und tippen auf eine Feuerschale. Aber wieso wurde dann so ein Alltagsgegenstand bisher nur

einmal gefunden, bei all den Aberhunderten freigelegten altägyptischen Gräbern? Und wie lässt sich ein 2000 Jahre alter
Gegenstand wie die sogenannte Bagdad-Batterie deuten,
deren Nachbildung tatsächlich funktioniert? Obwohl Elektrizität damals – zumindest nach heutigem Wissensstand –
noch unbekannt war? Oder wurden selbst altägyptische
Tempel schon durch Glühlampen beleuchtet, wie Reliefs
nahelegen (→ Kapitel 7)?

Filme wie die »Indiana Jones«-Reihe befeuern Verschwö-
rungsmythen, Ausstellungen mit »Wunderdingen«, die einst
von den »Göttern« – sprich, von den Außerirdischen – geschaffen worden sein müssen, ziehen Menschenmassen an,
der Kreis der Mystery- und Parawissenschaftsfans ist groß. Die
Anhänger dieser »alternativen« Archäologie haben ihre eigenen präastronautischen Interpretationen von Fundstücken.
Sie unterstellen den etablierten Archäologen ein Mainstream-
Denken: Was nicht in die gängige Chronologie passe, werde
durch falsche Interpretationen gängig gemacht. So werden
brave Museumsdirektoren verdächtigt, Funde, die nicht in das
vorherrschende Muster passen, in dunklen Magazinen ver-

18 Steven Spielbergs
»Jäger des verlorenen
Schatzes« von 1981
brachte den abenteuer-
lustigen Archäologen
Indiana Jones auf die
Leinwand, der es mit
allerhand Übersinnlichem
und Außerirdischem zu
tun bekam.

19 Der Antikythera-Mechanismus ist *das* perfekte »OOPart« – es ist wirklich erstaunlich, dass die Menschen in der Antike solch ein astronomisches Gerät herstellen konnten (oben ein Nachbau mit gläserner Front, unten ein Teilstück des Originals).

stauben zu lassen. Man unterstellt ihnen eine Manipulation der Analysen und spricht von »verbotener Archäologie« weil nicht sein kann, was nicht sein darf. Ins Fadenkreuz geraten dabei vor allem archäologische Funde, die in einem »unmöglichen« Kontext gefunden wurden, über deren Bedeutung seriöse Forscher selbst unsicher sind. Objekte, die scheinbar der üblichen Chronologie der Menschheitsgeschichte widersprechen. Die offenbar am falschen Ort zur falschen Zeit mit einer Technik hergestellt wurden, die noch gar nicht erfunden war. Die ein unbekanntes Kapitel unserer Erde aufdecken, die vermeintlich von einer Menschheit vor der Menschheit (→ Kapitel 9) künden oder von Besuchern aus fremden Welten. Archäologen nennen sie »OOParts«, Out-of-Place-Artefakte (→ Kapitel 7). Bevorzugt werden sie im alten Ägypten verortet, von dem die Experten für alles Extraterrestrische zu glauben wissen, dass hier vor Tausenden von Jahren Außerirdische landeten, um beim Bau der Pyramiden behilflich zu sein (→ Kapitel 6). Denn diese Bauwerke können doch unmöglich von dieser Welt sein, oder?

Verschwörungstheorien üben eine gefährliche Faszination aus, nicht nur in der Archäologie. Es geht um nichts weniger als um die einzig wahre Wahrheit – die eigene. Die Welt ist voller unerklärlicher Dinge, für die die Wissenschaft erst im Laufe der Zeit Erklärungen liefern konnte, Erklärungen, die eine Generation später im Lichte neuer Erkenntnisse schon wieder revidiert werden mussten. Unser jetziger Wissenstand ist nicht die letzte Erkenntnis – ein fruchtbarer Boden für Verschwörungstheorien.

Entlarven virtuelle 3D-Nasca-Bilder präastronautische Erklärungen?

Es sind solche Fragen, die nicht nur Wissenschaftler, sondern auch Anhänger allerlei kruder Theorien rund um die »verbotene Archäologie« umtreiben. Das wohl bekannteste Beispiel für die leidenschaftliche Auseinandersetzung zwischen Verschwörungstheoretikern, Archäo-Fantasten und etablier-

ten Wissenschaftlern kreist um eines der größten Rätsel der Archäologie. Für Präastronautiker sind die weltberühmten Nasca-Linien in Peru eindeutig die Orientierungsmarken eines riesigen Weltraumbahnhofs außerirdischer Weltraumbummler. Denn die waren schließlich nicht nur in Ägypten oder im tiefsten Afrika zu Besuch, wo sie einem isoliert lebenden Stamm astronomische Zusammenhänge nahebrachten (→ Kapitel 4), die von Irdischen erst sehr viel später durch starke Teleskope gesehen werden konnten. Wo »sie«, die Aliens, doch schon mal da waren, auf der Erde …

Die Geoglyphen, die rund 1500 Scharrbilder in der peruanischen Wüste zwischen dem Pazifik und der Westflanke der Anden, gelten als achtes Weltwunder: geheimnisvolle, bis zu 20 Kilometer lange schnurgerade Linien und Flächen, geometrische Muster, gigantische Tierzeichnungen und bis zu mehrere Hundert Meter große mythische Wesen. Die überdimensionalen Open-air-Bilder entstanden durch das Entfernen der oberen Gesteinsschicht. Der hellere Boden darunter ließ Linien und Flächen beige hervortreten. Da die Bilder als Ganzes nur aus der Luft zu erkennen sind, war ihre umfassende Erkundung erst seit den 1920er-Jahren möglich, als Pioniere der Lüfte die Gegend überflogen.

20 Die Nasca-Geoglyphen umfassen nicht nur geometrische Linien, sondern auch Hunderte von Metern große Figuren.

Doch schon der spanische Konquistador Pedro de Cieza de León berichtete in seiner *Chronik von Peru* (1553) über die Nasca-Linien und erklärte sie zu Wegmarken. Spätere Forscher hielten sie für Wünschelrutenpfade, die unterirdische Wasserströme abbildeten. Andere sahen darin eine 500 Quadratkilometer große gigantische Sportarena, unbekannte Sternbilder, Botschaften an die Götter, oder die geraden Linien seien Laufwege, auf denen Helfer bemannte Fesseldrachen in die Luft zogen. Auch von Artefakten für Inka-Zeremonien war die Rede – 1500 Jahre bevor es die Inka überhaupt gab. Stärkere Beachtung fanden schließlich Deutungen als »größtes Astronomiebuch der Welt«, ein riesiger astronomische Kalender, der die Linien in Zusammenhang brachte mit dem Lauf der Sonne und anderen Gestirnen. Und 1983 brachte die FU Berlin die Theorie in Umlauf, mithilfe der Linien sei »symbolisch« versucht worden, das von Luftspiegelungen vorgetäuschte Wasser umzuleiten. Bei der Unzahl an bizarren Hypothesen ist man doch fast geneigt, an eine Orientierungshilfe für Aliens zu glauben. Die Präastronautiker haben hier jedenfalls eine stattliche Fangemeinde.

21 Die geheimnisvollen Geoglyphen tauchen schon in der *Chronik* von Pedro de Cleza de León auf.

Eine gigantische Rituallandschaft

Inzwischen wurden mit Satelliten und Drohnen Hunderte weitere Zeichnungen von erstaunlicher Präzision entdeckt. Ausgrabungen des Deutschen Archäologischen Instituts unter der Leitung von Markus Reindel erfassten erstmals systematisch die gesamte Region. Die Forschung ist ein Paradebeispiel für interdisziplinäre Zusammenarbeit quer über die wissenschaftlichen Fakultäten hinweg. Geophysik, Geomatik, Fotogrammetrie, Luftbildforschung und Laserscanning haben dazu beigetragen, dass wir heute über ein virtuelles 3D-Geländemodell verfügen, über das man am Computer hinwegfliegen kann. Dabei ist es möglich, die Landschaft mit ihren Geoglyphen zu drehen, zu kippen oder heranzuzoomen– das schafft einen Überblick, der vom Boden aus unmöglich wäre.

Und er zeigt, dass die Figuren von höher gelegenen Stellen aus sehr wohl als Ganzes gesehen werden konnten.

Reindel glaubt, eines der größten Geheimnisse der Archäologie entschlüsselt zu haben. Er sieht die ganze Ebene als einen Kultbereich, eine riesige Rituallandschaft, in der die Menschen ihre Götter um Regen anflehten. Denn – wie die Wissenschaftler herausfanden – die Scharrbilder wurden angelegt, als die Nasca-Leute unter Klimaschwankungen mit extremer Trockenheit litten: »Die Linien waren Bühnen für religiöse Rituale, nachdem die Wüste sich immer weiter ausgebreitet hatte. Nach langen Jahren der Forschung sind wir der Meinung, dass die Geoglyphen nicht einfach nur riesige Bilder waren, dazu da, um angeschaut zu werden. Sondern Aktionsflächen für Rituale.«

Das würde auch erklären, warum die Erde unter den Linien extrem verdichtet ist, wie geophysikalische Messungen ergeben haben: unzählige Fußtritte könnten dafür verantwortlich sein. Entlang der Linien wurden auch die Reste von steinernen Gebäuden und Altären freigelegt, dazu rituelle Opfergaben. Auch Pfostenlöcher für bis zu zehn Meter hohe Masten hat man entdeckt. »Daran könnten Wimpel oder Fahnen geweht haben. Das spricht für Prozessionen mit Musik und Tanz, wie sie auch auf den Keramiken von Nasca dargestellt sind«, so Reindel. Die Mauerreste und hohen Masten sprächen auch gegen die Rollbahntheorie: »Abgesehen davon, dass ich nicht an Außerirdische glaube – wie hätten die hier vernünftig landen können? Das wäre ein ziemlicher Hindernislauf gewesen.«

Ketzerisch könnte man einwerfen: Na ja, vielleicht brauchten die Ufos zur Landung keine Bodenberührung. Vielleicht schwebten sie einfach über der Ebene, und die kleinen grünen Männchen kletterten per Strickleiter nach unten? Auch dafür gibt es möglicherweise Belege: die über 3000 Jahre alten Felszeichnungen von »Astronauti«, gefunden im oberitalienischen Val Camonica (→ Kapitel 10).

22 Der Altamerikanist Markus Reindel forscht seit 30 Jahren in Peru und seit 25 Jahren zu den Nasca-Geoglyphen. Er ist sich sicher, sie enträtselt zu haben.

23 Prozessionen mit Musik und Tanz – Darstellung auf einer Keramikschale aus dem Nasca Valley, zwischen 180 v. Chr. und 500 n. Chr.

Wird der »Ausgräber« überflüssig?

Satelliten, Laser und Radar liefern heute Hinweise darauf, wo antike Fundstätten vermutet werden – und erlauben so auch archäologische Bestimmungen, die noch vor zehn Jahren unvorstellbar waren. So wurde mit himmlischer Hilfe ein Denkmal schon UNESCO-Weltkulturerbe und erblickten Forscher aus der Luft die Spuren riesiger versunkener Maya-Städte, die überwuchert im dichten Urwald liegen. Wie das möglich ist? Das weiß der Himmel, wie man so schön sagt, oder die Physik, die Astrophysik. Die Verbindung von Archäologie und Astrophysik mag auf den ersten Blick seltsam erscheinen. Doch sie ist eine Erfolgsgeschichte, die neue Entdeckungen generiert, aber auch Verschwörungstheorien entlarvt. Und die für offene Rätsel der Archäologie zumindest Erklärungen anbietet. Nicht zuletzt durch den Einsatz himmlischer Hilfe – sprich Satellitentechnik – aus dem All.

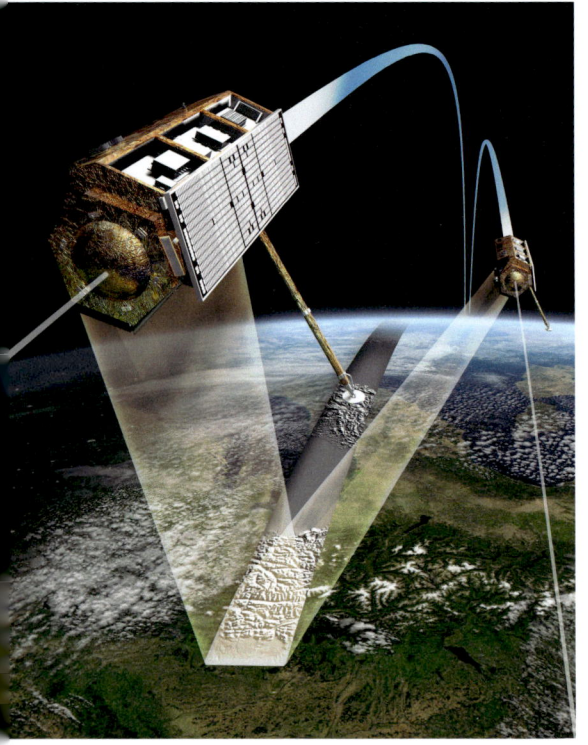

24 Die beiden Vermessungssatelliten TerraSAR-X und TanDEM-X erstellen ein dreidimensionales Abbild unserer Erde, das auch von Archäologen für ihre Forschungen genutzt wird.

Das alles ist kein Selbstzweck. Schon der britische Autor George Orwell hat in seinem berühmten Roman *1984* beschrieben, wie wichtig die Enträtselung der Vergangenheit für die Gegenwart des Menschen ist: Abgeschnitten von der Berührung mit ihr, hätten wir Menschen im interplanetarischen Raum keine Anhaltspunkte, in welcher Richtung oben und unten ist.

Wir werden versuchen, diese Anhaltspunkte zu geben und in diesem Buch Funde und Befunde unter die Lupe nehmen, die von Wissensexplosionen vergangener Zivilisationen künden und die uns bis heute faszinieren. Archäologische Stätten, die mit Mitteln der Naturwissenschaften und der Astrophysik in neuem Licht erscheinen. Doch manches bleibt geheimnisvoll. Wie Edison sagte: Wir wis-

sen nicht einmal ein Millionstel Prozent der Dinge. Aber ist es nicht auch wunderbar, dass es noch Rätsel gibt? Um mit Albert Einstein zu sprechen: »Das Schönste, was wir erleben können, ist das Geheimnisvolle.«

In unserem Buch haben wir versucht, in einem Zusammenspiel von zwei Disziplinen manches zu erhellen. Unsere Beiträge sind deshalb – außer in der Vorrede – durch **zwei verschiedenfarbige Icons** gekennzeichnet und in **zwei unterschiedlichen Schrifttypen** gesetzt. Auch die Überschriften und Bildnummern haben verschiedene Farben: **Rot** für Graichen, Blau für Lesch. Die Icons stehen bei Graichen für eine Schaufel – hoffentlich erkennen Sie sie – und bei Lesch für Sonne, Mond und Sterne, den Himmel, den Weltraum …

Jetzt aber viel Spaß beim Lesen!
Ihre Gisela Graichen & Harald Lesch

25 Geophysikalische Untersuchungen im Watt vor Nordstrand über der versunkenen Stadt Rungholt. Auf den Computerbildschirmen der Forscher lassen sich ohne einen einzigen Spatenstich Strukturen von Wällen, Gebäuden und Hafenanlagen erkennen.

Ach so, der Astronaut von Salamanca? Ein Teil der Fassade wurde 1992 renoviert. Der beauftragte Steinmetz Jeronimo Garcia folgte der Tradition seiner Zunft und signierte seine Arbeit. Den Astronauten wählte er als Symbol für das 20. Jahrhundert und versteckte ihn zwischen den Reliefs links vom Eingang der Kathedrale. Zur Enttäuschung der Präastronautiker stellt die Figur also keinen Raumfahrer aus dem 16. Jahrhundert dar.

2 Vorstoß in die dritte Dimension – der römische Limes

1 Revolution in der Archäologie: Der Limes entsteht am Rechner neu. Durch 3D-Laserscanning aus der Luft können Wälder künstlich entlaubt und die archäologischen Strukturen darunter sichtbar gemacht werden. Hier das LIDAR- Oberflächenmodell des römischen Kohortenkastells Vetoniana bei Pfünz im Hinterland des Raetischen Limes.

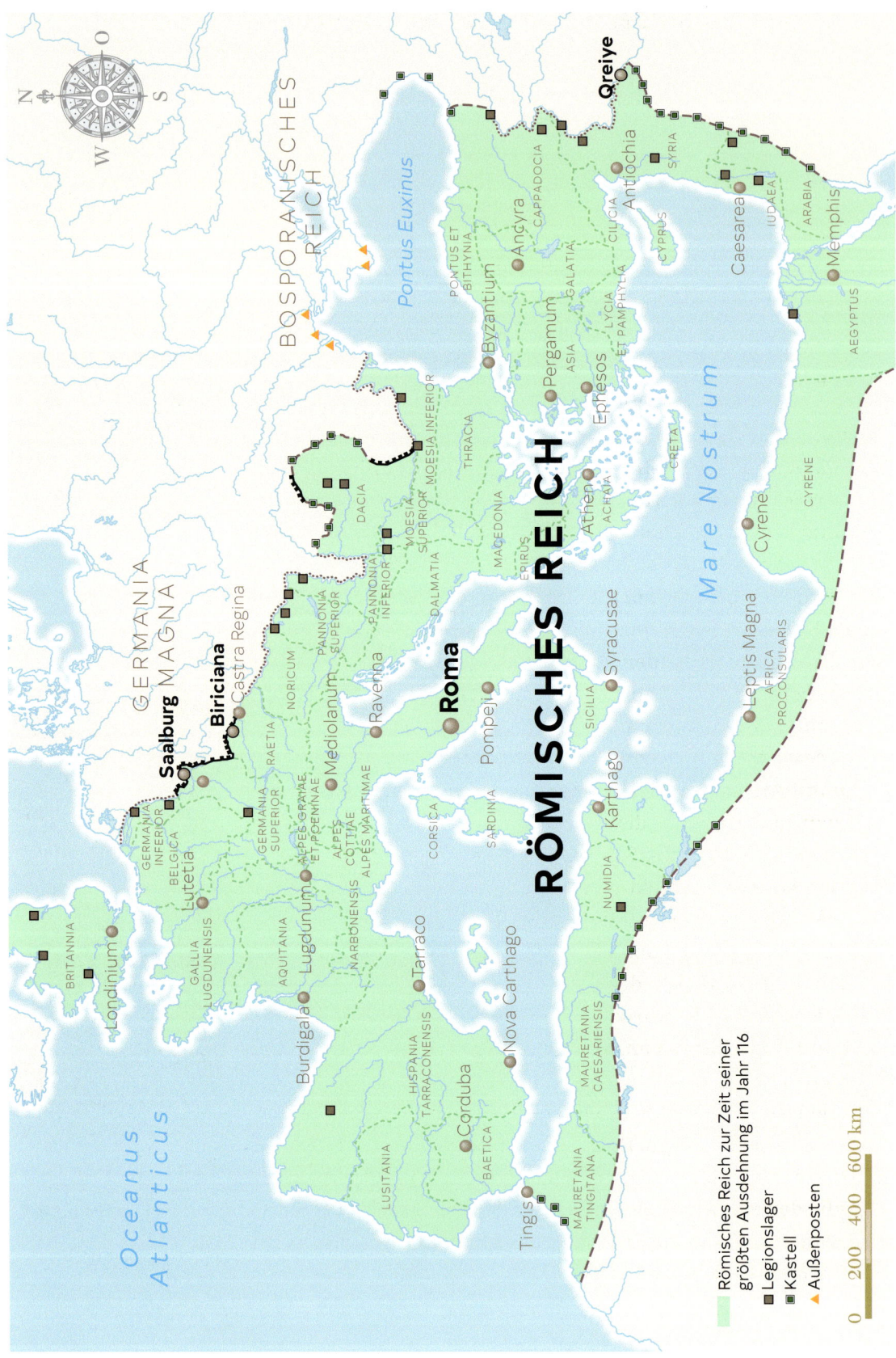

Der Schatz im Spargelbeet

Biriciana, rund 50 Kilometer südlich der heutigen Stadt Nürnberg, eine mondlose, stockfinstere Nacht im Jahr 233 n. Chr. Dunkle Gestalten, schwer beladen mit Eimern, Säcken und Schaufeln, schleichen in Richtung der großen Therme, die westlich an das römische Militärlager anschließt. Immer wieder blicken sie sich angstvoll um, ob ihnen auch niemand folgt.

Seit einigen Wochen schon greifen alemannische Horden den Limes an, den Grenzwall gegen die Germanen. Biriciana ist Frontstadt geworden, die Besatzung alarmiert. Die Wertgegenstände des Hauptheiligtums müssen in Sicherheit gebracht werden, bevor sie in die Hände der Barbaren fallen. 70 Meter vor der Therme, auf einem Brachgelände, machen die Tempeldiener halt. Hastig graben sie ein Loch von mehr als einem halben Meter – die Tiefe wird noch wichtig sein –, in dem die wertvollen bis zu 28 Zentimeter hohen Statuen der römischen Götter versteckt werden. Ein unwürdiger Ort für die Götter. Doch es ist ja nur für wenige Tage oder Wochen, bis die Gefahr vorüber ist. Auch silberne Votivbleche von Fortuna, der Glückgöttin, und von der Siegesgöttin Victoria landen tief in der feuchten Erde. Ein schlechtes Omen? Diejenigen, die den Schatz vergraben haben, kehren jedenfalls nicht mehr zurück.

Rund 1750 Jahre später, im Oktober, legt ein Mathematiklehrer im Garten ein Beet an. Es ist Freitagnachmittag, drei Uhr, der Unterricht zu Ende, und auf dem Flurstück 897/6, ganz in der Nähe der erst kürzlich entdeckten eindrucksvollen Römerthermen, gräbt er die Erde um. Im nächsten Jahr will er Spargel ernten, und dazu – so viel weiß er – muss er den Boden zwei

2 Eine fein gearbeitete Bronzestatuette des Apollo, u. a. Gott der Musik, aus dem Weißenburger Tempelschatz

3 Der Tempelschatz von Weißenburg, ausgegraben beim Anlegen eines Spargelbeets unweit der einstigen Römertherme

Spaten tief umgraben, doppelt so tief wie sonst. Nach 40 Zentimetern stößt er auf etwas Hartes, auf einen Gegenstand aus grün patinierter Bronze. 155 Stücke werden folgen, darunter wunderbar erhaltene Götterstatuen. Auf der eigenen Parzelle entdeckt er, wovon wohl alle Schatzjäger über die Jahrhunderte träumen: einen antiken Tempelschatz, einen der größten und wertvollsten Schätze, die jemals in Deutschland gefunden wurden. Der Wert wird auf 1,8 Millionen Mark geschätzt – heute sicher auf ein Vielfaches.

Finder (der Lehrer) und Grundstückseigentümer (seine Frau und sein Schwager) haben Glück: Sie wohnen in Bayern. Nur hier gilt, dass Finder und Grundeigentümer jeweils 50 Prozent des Fundes erhalten. In den anderen Bundesländern gehen Funde von besonderer wissenschaftlicher Bedeutung in den Besitz des Staates über. Mit Glück bekommt man höchstens einen guten Finderlohn. Deshalb ist es kein Wunder, dass Bayern das Eldorado der Schatzsucher ist. An die 15.000 Sondengänger streifen durch den Freistaat. Die Folge ist ein regelrechter Schatztourismus: So wurden schon alemannische Funde, die auf baden-württembergischem Gebiet entdeckt wurden, als bayerisch ausgegeben, damit die Schatzsucher wenigstens die Hälfte der Beute behalten konnten, auch wenn ihnen das Grundstück nicht gehörte. Doch solche Tricks kennen die Archäologen inzwischen längst und lassen sich als Erstes den genauen Fundort zeigen, auch wegen ihrer Nachgrabungen.

Das sogenannte Schatzregal, das die Herausgabe der Funde regelt, ist jedoch ein zweischneidiges Schwert. Mancher Fund jenseits von Bayern wird gar nicht erst angezeigt. Wird er später im Internet angeboten, stammt er angeblich vom Dachboden des Opas. Und selbst wenn die Funde abgeliefert werden, der Fundzusammenhang ist auf ewig vernichtet und damit die entscheidenden Aussagen zur Historie.

Was den Tempelschatz im Spargelbeet angeht: Das Land Bayern bringt schließlich nach langem Gerangel die Millionensumme für den Ankauf auf, der Lehrer und seine Familie werden reich, der wunderbare Fund wird restauriert, bleibt in Weißenburg und kann im dortigen Museum besichtigt werden.

4 Eines der in Weißenburg gefundenen silbernen Votivbleche mit einem Relief des Götterboten Merkur

Biriciana entsteht neu

Die Besucher sind verblüfft. Auf dem Bildschirm des Archäologen taucht ein originalgetreues Römerlager auf. Wobei jede Rekonstruktion letztlich nur besagt: So *könnte* es gewesen sein. Als Grundlage diente den Wissenschaftlern eine grüne

5 Computerrekonstruktion des römischen Kastells Biriciana inmitten der Häuser des heutigen Weißenburg

Wiese in einem Neubaugebiet im heutigen Weißenburg. Was dort zerstörungsfrei durch Luftbild und Geophysik entdeckt wurde, wird auf dem Bildschirm für den Laien veranschaulicht und verständlich dargestellt. Langsam wachsen Kastellmauern empor, das mächtige Tor, die Ecktürme, die Gebäude und Straßen und vermitteln den Betrachtern ein authentisches Bild des versunkenen römischen Lagers Biriciana. Hier war mit 500 Mann und 800 Pferden nach dem Kastell Aalen die zweitstärkste Truppe der römischen Provinz Raetia stationiert.

6 Die reale Rekonstruktion der *Porta decumana* des Kastells ist nach neuesten Erkenntnissen zu niedrig ausgefallen. In der virtuellen Rekonstruktion (rechts) lässt sich solch ein veränderter Kenntnisstand leichter berücksichtigen.

Solche virtuellen Rekonstruktionen vergangener Anlagen und Bauten sind kein Selbstzweck. Die großen Mannschaftsgebäude verraten die Anzahl der Legionäre, die Ställe die Größe der Herden, die Aufteilung und Ausstattung der Gebäude die Lagerhierarchie. Nicht zuletzt regen die Rekonstruktionen die Fantasie der Besucher an, wenn sie auf der grünen Wiese stehen und unter sich höchstens Gänseblümchen sehen, aber kein Kastell einer Supermacht. Und manch einer mag eine Ahnung bekommen von der Faszination des Aufdeckens, des Freilegens von Geschichte, die mit einem Mal auch für den Laien greif- und erlebbar wird.

Die Neuentdeckung des römischen Limes, nach der Chinesischen Mauer das längste Denkmal der Welt, ist ein Paradebeispiel für die Entwicklung archäologischer Forschung in Deutschland. Die Etappen führen von der Sage über die angebliche Teufelsmauer und über die Spaten- und Feldarchäologie der wilhelminischen Reichs-Limeskommission bis hin zu zerstörungsfreien Technologien wie der Luftbildarchäologie, der Geophysik und schließlich dem Airborne Laserscanning mit dreidimensionalen Rekonstruktionen der versunkenen Bauten des Grenzwalls. Doch wieso errichtete das mächtige Imperium Romanum in den dichten, fast menschenleeren Wäldern des germanischen Barbaricums überhaupt eine Grenze?

7 Rekonstruierte Waldschneise mit Wachturm 9/83 und Wallanlage auf dem Heidenbuckel, dem zweithöchsten Geländepunkt des obergermanischen Limes, bei Großerlach-Grab in Baden-Württemberg

Furor teutonicus

Im Jahr 58 v. Chr. erreichen unheimliche Gerüchte das Lager des Gaius Julius Caesar im gallischen Vesontio. Seine Legionäre haben soeben das heutige Besançon erobert, doch sie zittern vor Angst und Schrecken. Eilig wird im Schutz der Dunkelheit zwischen Barackenbohlen, unter Baumwurzeln, an Kastellmauern der angesparte Sold versteckt. Die Opferaltäre rauchen Tag und Nacht in der Hoffnung auf ein glimpfliches Davonkommen. Die Nichtmilitärs beeilen sich, nach

Rom zu gelangen. Testamente werden geschrieben, obwohl vom Feind noch nichts zu sehen ist. Allein der Name hatte ausgereicht, um eine Panik bei den kampferprobten alten Haudegen an der Nordgrenze des Imperium Romanum auszulösen: Germanen *ad portas.*

Die Soldaten fürchteten nichts so sehr wie diese ungehobelten rotblonden Bestien mit den wild funkelnden blauen Augen, die im Anmarsch waren. In der Schlacht wurden sie von ihren Weibern mit entblößter Brust und grässlichem Geschrei angefeuert. Hünen von ungeschlachtem Aussehen, die auf Rodungsinseln hausten, die sie in den germanischen Urwald geschlagen hatten. Die halb nackt der Kälte trotzten und sich in berserkerhafter Wut – *furor* – auf den Gegner stürzten und bestialisch alles niedermetzelten.

Diese vertrauten Barbaren-Klischees stammen von römischen Geschichtsschreibern. Je stärker und grauenhafter der Feind, umso größer anschließend der Sieg. Oder umso verzeihlicher die Niederlage. Die letzte lag zwar schon einige Zeit zurück, war der sieggewohnten Supermacht aber heftig ins Mark gefahren. Kimbern und Teutonen hatten um 120 v. Chr. ihre jütländische Heimat verlassen und waren auf der Suche

8 Der Suebenkönig Ariovist und der römische Feldherr Caesar in der Schlacht im Elsass, 58 v. Chr. – Holzstich von Johann Nepomuk Geiger, koloriert

nach neuen Siedlungsgebieten in einem gewaltigen Wagen-treck – größer als die Trecks von Ost nach West im Nordame-rika des 19. Jahrhunderts – südwärts gezogen. Die Sehnsucht nach einem warmen, sonnigen Land, wo die Zitronen blüh'n, gab es schon vor mehr als zwei Jahrtausenden. Im östlichen Alpenraum, in der antiken Stadt Noreia, die bis heute nicht lokalisiert ist, brachten die Jütländer den römischen Legionen eine ungeahnte, gewaltige Niederlage bei.

Der Schock saß tief und wurde zum römischen Trauma. Und jetzt nahte dieser Suebenkönig Ariovist, der mit 15.000 Kriegern, Westgermanen wie Kimbern und Teutonen, in das linksrheinische Gallien vorgedrungen war und mittlerweile 120.000 Mann aus sieben verschiedenen germanischen Stäm-men befehligte. Da versteckte man doch lieber in Todesfurcht vor den Ungeheuern aus dem finsteren kalten Norden seine Reichtümer und hoffte aufs Überleben. Und darauf, dass der versteckte Hort nicht geraubt werde.

9 Gaius Julius Caesar. Dieses Porträt aus dem *Museo di Antichità* in Turin gilt als das einzig erhaltene, das noch zu seinen Leb-zeiten angefertigt wurde.

In einer rhetorischen Glanzleistung redete Caesar seinen Soldaten den Germanenkomplex aus, die Truppen fassten Mut, der geniale Feldherr besiegte am 14. September 58 v. Chr. in der elsässischen Ebene die germanischen Völker und unter-warf in den folgenden sieben Jahren ganz Gallien. Das Gebiet zwischen Rhein und Atlantik, das heutige Frankreich, wurde romanisch. In Gallien hatte man sich mit den Besatzern ar-rangiert – bekanntermaßen bis auf ein kleines Dorf, dessen Einwohner lieber auf Wildschweinjagd gingen.

Doch was machte man nun mit den rechtsrheinischen Bar-barenstämmen? Die – wie wir von römischen Historikern wis-sen – in schaurigen Wäldern und an widerwärtigen Sümpfen lebten. Die entsetzliche Toilettensitten hatten und ranzige Butter als Haarpomade benutzten, was sie aber nicht davon abhielt, sich in den langen, kalten Winternächten gewaltig zu vermehren. Die Heilige Haine und darin wohnende Götter verehrten und nicht begreifen wollten, dass der Wert von Holz nach Klaftern zu berechnen ist. Die spinnen doch, die Germa-nen. Und das Schlimmste: Sie waren noch nicht einmal be-stechlich. Was machte man mit solchen Nachbarn?

Klimaveränderungen und Völkerwanderungen

Über Paläoklimatologie sind schon ganze Bibliotheken geschrieben worden. Wichtig für unsere Zwecke sind die objektiven Methoden der Klimarekonstruktion. Eine davon, die Dendrochronologie, ist besonders präzise. Diese Holzaltersbestimmung befasst sich mit der Analyse von Baumringen. Deren Zusammensetzung liefert ein sehr genaues Bild des jeweiligen Klimas, quasi jährlich. Aber wie erhält man aus Baumringen Informationen über das Klima, in dem der Baum wuchs? Es sind die Zusammensetzung und Häufigkeit bestimmter Kohlenstoffisotope, die etwas darüber verraten, wie das Klima war.

Ein Baum benötigt Sauerstoff, Stickstoff und Kohlendioxid zum Leben. Kohlendioxid – CO_2 – kann, wie alle Kohlenstoffverbindungen, in zwei unterschiedlich stabilen Varianten des Kohlenstoffs vorkommen: $^{12}CO_2$ oder $^{13}CO_2$. Diese beiden Varianten unterscheiden sich nur durch ihre Masse. Ihr Verhältnis zueinander ist in der Atmosphäre der letzten etwa 10.000 Jahre nahezu gleich geblieben: Kohlendioxid enthält etwa zu 1,1 Prozent das Isotop ^{13}C und zu 98,9 Prozent ^{12}C.

Von besonderer Bedeutung ist nun die Tatsache, dass Pflanzen durch die Spaltöffnungen ihrer grünen Blätter bevorzugt $^{12}CO_2$ aufnehmen. Es wird im Rahmen der Fotosynthese über ein spezielles Enzym in Zucker umgewandelt und anschließend ins Holz eingelagert. Das natürliche C-Isotopenverhältnis der Luft verschiebt sich in der Pflanze also zugunsten des ^{12}C. Wenn, ja wenn es den Pflanzen gut geht, also bei ausreichend Regen und angenehmen Temperaturen. Ist es hingegen trocken, nehmen die Pflanzen in dieser Mangelsituation das gesamte CO_2 auf, das sie kriegen können – also auch vermehrt das Isotop ^{13}C. Und genau diese feinen Unterschiede der Kohlenstoff-Zusammensetzung in den Baumringen lassen Klimaveränderungen erkennen. Das Verhältnis der Kohlenstoffisotope untereinander verrät, ob es ein gutes oder schlechtes Jahr für den Baum war. Und mithilfe weiterer Isotopenanalysen lässt sich dann das Klima rekonstruieren.

2012 veröffentlichte ein internationales Forschungsteam eine 2000-jährige Klimarekonstruktion für Nordeuropa anhand von Baumjahrringen. Für die Zeit der Kimbern-Wanderung, also um 120 v. Chr., ist eine deutliche Abkühlung festzustellen. Ebenso rund um die Völkerwanderung, die etwa 200 n. Chr. einsetzte.

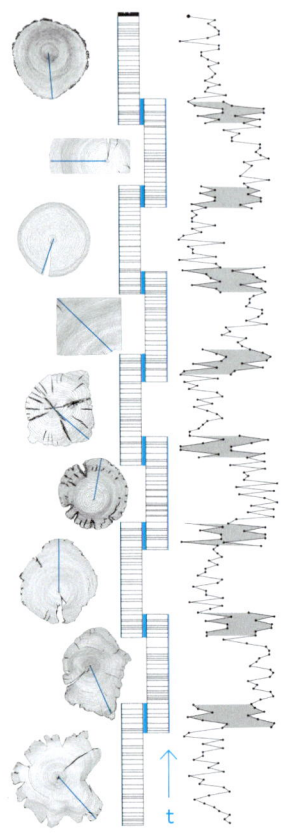

10 Bei der Dendrochronologie, der Altersbestimmung mit Holz, werden die unverwechselbaren Abfolgen dicker und dünner Jahresringe verschieden alter Hölzer verglichen und die Überschneidungen in Übereinstimmung gebracht. So kann man über 10.000 Jahre hinweg präzise Aussagen treffen.

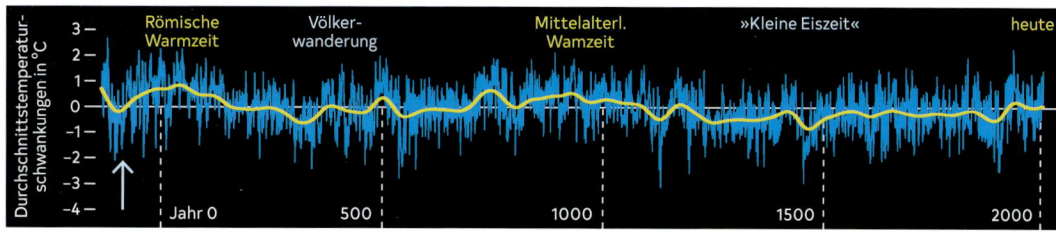

11 Klimarekonstruktion der letzten 2000 Jahre anhand dendrochronologischer Daten – die ungefähre Zeit der Kimbern- und Teutonenwanderung ist ganz am Anfang mit einem Pfeil markiert.

Klar, dass eine sich über Jahrzehnte hinziehende Abkühlung zu Missernten und damit zu Migrationsdruck führt. Zumal sich die Menschen damals ja nicht vorbereiten konnten. Die Lagerung von Getreide – heute teils über Jahre – war kaum möglich, und Düngemethoden, um den Boden in guten Jahren fruchtbarer zu machen oder ihm in schlechten überhaupt etwas zu entlocken, existierten noch nicht. Summa summarum, es wurde ungemütlich, man darbte und zog los, um woanders bessere Überlebensbedingungen zu finden. Das Römische Reich rund ums Mittelmeer mit seinen deutlich angenehmeren Temperaturen, seinen Siedlungen und Infrastrukturen versprach gute Chancen auf ein viel besseres Leben.

Klimatische Änderungen haben in der Vergangenheit in den nicht oder nur wenig entwickelten Teilen Europas ganz sicher Völker in Bewegung gesetzt. Ähnlich wird heute die globale Erwärmung auf allen Kontinenten Migrationsbewegungen auslösen. Missernten, Dürren oder Überschwemmungen – für viele Menschen auf der Welt, vor allem um die äquatorialen Gebiete in Afrika, Südamerika und Asien, werden die nächsten Jahrzehnte bedingt durch die globale Erwärmung katastrophale Folgen haben, die sie zwangsläufig zur Auswanderung zwingen. Die Temperaturen in diesen klimatischen Zonen werden so stark ansteigen, dass ein gedeihliches Leben einfach nicht mehr möglich sein wird.

Und auch für die Bewohner von Küstenregionen wird es eng werden. Denn das Abschmelzen der Festlandgletscher auf Grönland und die Erwärmung der ozeanischen Wassermassen werden den Meeresspiegel global steigen lassen. Bis Ende dieses Jahrhunderts womöglich um bis zu einem Meter. Für Siedlungen an den Küsten bedeutet das die sichere Zerstörung bei Stürmen. Das IPCC (Intergovernmental Panel on Climate Change) geht aufgrund der Studienlage davon aus, dass bis Ende dieses Jahrhunderts mindestens eine Milliarde Menschen zu wandern beginnen werden.

Als die Römer frech geworden ...

Weitere germanische Überfälle auf linksrheinisches Territorium zeigten, dass der Rhein als Nordostgrenze des Imperiums nicht sicher war. Augustus, Kaiser und Gott, machte Germanien zur Chefsache. Anfang August des Jahres 12 v. Chr. überschritt seine Rheinarmee den Fluss, das Signal zur Einverleibung Germaniens als neue Provinz, zur ewigen Ausdehnung seines Machtbereichs zwischen Rhein und Elbe. Die Ewigkeit dauerte allerdings nur bis zum Jahr 9 n. Chr. Denn Rom hatte einen entscheidenden Fehler gemacht: Statt eines Militärs ernannte man einen Verwaltungsbeamten zum Statthalter, der das »eroberte« Germanien – was nur dem Wunschdenkens Roms entsprach – zu einer tributpflichtigen Provinz machen sollte. Der Mann hatte schon einmal auf dem glatten Parkett der Weltbühne gestanden, als er im Jahr 6 vor unserer Zeitrechnung, also etwa zu der Zeit, als Jesus von Nazareth geboren wurde, Statthalter der kaiserlichen Provinz Syrien war. Publius Quintilius Varus war ein energischer, durchsetzungsfähiger Beamter – vor allem zu seinem eigenen Nutzen. Sein Zeitgenosse, der römische Historiker Paterculus, urteilte über ihn: »Arm kam er in eine reiche Provinz und reich ging er aus einer armen fort.«

Als er nun dasselbe in Germanien versuchte, bekam er Probleme: Die Germanen waren überhaupt nicht bereit, Steuern an die »Schutzmacht« zu zahlen und sich schätzen zu lassen. Und so kam es zum »Urknall« deutscher Geschichte, zur Varusschlacht, in der das sieggewohnte Imperium Romanum vernichtend geschlagen wurde.

Drei Elitelegionen, 20.000 Menschen, wurden niedergemacht, die Legionsadler geraubt, die Offiziere auf Altären im sumpfigen Waldgebiet geopfert, die Totenschädel an die Bäume genagelt. Als Kaiser Augustus die Nachricht von der Niederlage erhielt, zerriss er sein Gewand, schlug immer wieder mit dem Kopf gegen den Türpfosten, sein berühmtes *»Quintili Vare, redde legiones«* (»Varus, Varus, gib mir meine Legionen wieder«) stöhnend. Doch es war zu spät, wenig spä-

12 Der strahlende Held Arminius, der »Befreier Germaniens«, dessen germanischen Namen wir nicht kennen. Auch wenn er als kupferner »Hermann der Cherusker«, 55 Meter hoch, bei Detmold entschlossen sein Schwert Richtung Erbfeind Frankreich reckt – hier tobte die Schlacht mit großer Wahrscheinlichkeit nicht.

ter wurde ihm der Kopf des Varus überbracht, der Kaiser verfiel in tiefe Depressionen, ließ monatelang Bart und Haare wachsen und löste seine germanische Leibwache, die blonde Garde, auf. Die Kastelle und Städte östlich des Rheins wurden aufgegeben und besenrein geräumt. Der Fluss bildete für die nächsten vierhundert Jahre die Nordostgrenze des Römischen Reichs.

13 Am 9. September des Jahres 9 n. Chr. schlagen die Cherusker unter Arminius (Hermann) die römischen Legionen XVII, XVIII, XIX unter Varus im Teutoburger Wald. Kupferstich von Matthäus Merian d. Ä.

Ohne Varus kein Limes

Verbissen wird seit Jahrhunderten nach dem Gebiet gesucht, in dem die drei Tage dauernden Kämpfe im Jahr 9 n. Chr. stattgefunden haben. Der römische Historiker Tacitus (um 58–120 n. Chr.) erwähnt in seinen 1505 gefundenen *Annalen* zwar den »*saltus Teutoburgiensis*« nicht weit von Ems und Lippe als Schauplatz des Gemetzels. Im 16. Jahrhundert gab es dort aber kein Gebirge, das den Namen Teutoburger Wald trug. Der Höhenzug Osning wurde erst über hundert Jahre später so benannt. Tür und Tor waren geöffnet für Spekulationen. Schriften und Lokalisierungsversuche gehen in die Tausende. Auffällig oft stimmt die vorgeschlagene Örtlichkeit mit dem Wohnsitz des jeweiligen Verfassers überein ...

14 Publius Quintilius Varus, gezeichnet nach einem Relief auf einer syrischen Münze. Von ihm sind nur wenige Porträts überliefert.

15 Der bekannteste Fund aus Kalkriese ist die eiserne Gesichtsmaske eines römischen Reiterhelms, die ursprünglich mit purem Silber überzogen war. An den Rändern kleben noch die Reste des Silberbezugs. Da es am Kinn keine Befestigungsspuren gibt, wird die Maske wohl zu einem Helm mit Wangenklappen gehört haben (rechte Abbildung).

Aufgrund der Funde und Befunde hat sich Kalkriese im Osnabrücker Land als ein Ort der Schlacht durchgesetzt, zumindest gilt es – wissenschaftlich formuliert – als ein »Fundareal im Kontext der Varusschlacht«. Tatsächlich gibt es eine Reihe von Indizien, die dafürsprechen, dass ein Teil der Schlacht oder gar DIE Schlacht in Kalkriese stattgefunden hat. So wurden mithilfe von Metalldetektoren in der Erde verborgene Münzen freigelegt, zum Teil mit Varus-Stempel, und keine älter als 9 n. Chr., dazu Teile eines Trosses und tausende metallische Fragmente der Ausrüstung. Der Fingerabdruck dieser Metallstückchen, also ihre spezifische Zusammensetzung, gibt Hoffnung, dass die Kalkrieser ihr schönes »Varusschlacht«-Museum fortführen können: Die chemische Zusammensetzung des Metalls entspricht den Metallvorkommen jener Gegenden, in denen die 19. Legion zuvor stationiert war, eine der drei besiegten Elitelegionen. Analysiert wurden aus dem Fundmaterial kleine metallene Ersatzstückchen, mit denen die Legionäre ihre Ausrüstung vor Ort repariert und dazu die örtlichen Metallvorkommen genutzt hatten.

Der schönste Fund aber, der zum Aushängeschild der Kalk-rieser Grabung wurde, ist die eiserne Gesichtsmaske eines römischen Reiterhelms. An den Rändern ist noch zu erken-nen, dass der ursprüngliche silberne Überzug abgetrennt wurde, wohl von Plünderern.

Die 3D-Brille der Sondengänger

✴ Die Anfänge der Technik, die Archäologen und Hobby-Schatz-sucher heute bei ihren Sondengängen nutzen, reichen bis in die Anfänge des 19. Jahrhunderts zurück. Damals begann man, Geräte zum Aufspüren von Metallen zu entwickeln. Der erste richtig große Sprung gelang dann in den 1930er-Jahren, als man nämlich entdeckte, dass man Radiowellen mit erzhaltigem Gestein stören kann. Umgekehrt müsste das dann ja bedeuten, dass man mit Radiowellen auch gezielt nach Metallen suchen könnte. Und genauso ist es.

Grundsätzlich bestehen die meisten Metalldetektoren heute aus einer Elektronikeinheit und einer niedrigfrequenten und mit Wechsel-strom durchflossenen Suchspule, die ein elektromagnetisches Mag-netfeld aufbaut. Die meisten Geräte arbeiten mit dem VLF-Prinzip (Very Low Frequency); das heißt, die Wellen liegen in einem Frequenz-bereich zwischen 5 und 30 Kilohertz. Wird der Detektor eingeschaltet, fließt Strom, und ein permanentes Magnetfeld wird in den Boden ge-sendet. Befindet sich nun ein Metallgegenstand im Boden, wird dieses Magnetfeld gestört.

16 Die Detektoreinheit des Suchgeräts enthält eine Spule, die ein elektro-magnetisches Feld erzeugt.

17 Mithilfe solcher Metalldetektoren wird das Grabungsgelände in Kalkriese abgesucht.

Diese Störung wird im Prozessor des Geräts elektronisch ausgewertet und mit einem Ton oder einem optischen Signal angezeigt. Moderne Geräte können nicht nur die ungefähre Tiefe des Objektes anzeigen, sondern auch »ungewollte« Metalle. In der Regel wird Eisen als tiefer Ton und Buntmetall als sehr hoher Ton dargestellt. Manche Geräte sind auch so programmiert, dass sie bei solchen Metallen gar kein Signal aussenden.

Wie tief nun ein Metalldetektor den Boden absuchen kann, hängt von der Stärke des eindringenden Magnetfeldes und der Größe des Metallobjekts ab. Kleine, leichte Münzen, die wenig wiegen, können nur in 20 bis 50 Zentimetern Tiefe gefunden werden. Größere Objekte wie ein Helm lassen sich auch weiter unten orten. Spezielle Tiefenortungssonden, wie Profis sie einsetzen, können schon mal ein Objekt in bis zu 4 oder 5 Metern Tiefe aufspüren. Aber dann müssen Größe und Masse des Teils stimmen, und der Boden darf nicht übermäßig stark mineralisiert sein. Sonst kann die Suchleistung des Detektors halbiert werden, oder man findet anstatt des erwarteten Römerhelms nur ein paar Klumpen mineralisierte Steine, nach denen man gar nicht gesucht hat.

Mit dem Flugzeug in die Römerzeit

Neben den Grabungen trug auch himmlische Hilfe zur Ortsbestimmung der Varus-Schlacht bei: Luftbildpilot Otto Braasch entdeckte beim Überflug des Geländes mit seiner Cessna 172 unweit der Ausgrabungsstelle Abdrücke, die auf römische Marschlager hinwiesen. Menschliche Eingriffe in die Erde hinterlassen Spuren, seien es versunkene Wälle, Gräben, Abfallgruben oder die Fundamente von Gebäuden wie mittelalterlichen Burgen, keltischen Heiligtümern oder eben römischen Militärlagern. Stätten, die versunken und vergessen wären, könnten wir ihre Spuren aus der Luft nicht wiederentdecken.

18 Aus der Luft lassen sich die Spuren deutlich erkennen: Als dunkle Linien werden die Stabsgebäude des Römerlagers Vetera I bei Xanten, das zum Niedergermanischen Limes gehörte, im Kornfeld sichtbar.

Die Luftbildarchäologie oder Luftbildprospektion wird heute gezielt zur flächendeckenden Erkundung von Bodendenkmalen eingesetzt. Die Auswertung der Aufnahmen kann bisher unbekannte unter der Erde liegende Denkmäler lokalisieren und helfen, eine Grabung vorzubereiten. Mithilfe des Luftbildes sieht der Archäologe, wo es sich

lohnt, seine Schaufel anzusetzen, und stochert nicht vergeblich in großen Flächen herum. Denn dabei kann es leicht passieren, dass er einen fundlosen Bereich wie einen Innenhof ausgräbt und die umgebenden Mauerreste verfehlt. Aufnahmen von oben lassen ihn zum Beispiel die Mannschaftsbaracken eines Kastells erkennen oder – besonders beliebt – die Latrine. Da findet er alles, was das Archäologenherz begehrt: Das stille Örtchen gibt Auskunft über den Speiseplan, über mögliche Krankheiten der Nutzer, diente als Müllschlucker für Alltagsgegenstände, bewahrt aber auch Verluste aus der Hosentasche eines Altvorderen, hineingefallen in die Grube und im feuchten Milieu bestens erhalten.

Es sind Bewuchsmerkmale auf Feldern und Wiesen, die Archäologen die einstigen Eingriffe ins Erdreich verraten. Die Indizien entstehen durch Besonderheiten in der Farbe, durch den Schattenwurf bei tief stehender Sonne und Vegetationsanomalien, die sowohl über Mauerresten als auch über inzwischen verfüllten Gräben auftreten. Deutlich kann man dann Grundrisse von Gebäuden, Gräberfelder oder andere archäologische Strukturen erkennen. Die Ursache dafür ist ein Unterschied im Wassergehalt des Bodens an den Stellen, an denen sich Bebauungsreste unter der Erdoberfläche befinden. Und das kann in der Regel nur aus der Luft beobachtet werden.

19 Gut sichtbar zeichnen sich die Umrisse eines Kastells und seines deutlich kleineren Vorgängerbaus nahe des hessischen Inheiden ab, die zum Obergermanisch-Raetischen Limes gehörten. Die dunklen parallelen Spuren stammen hingegen von neuzeitlichen Traktoren.

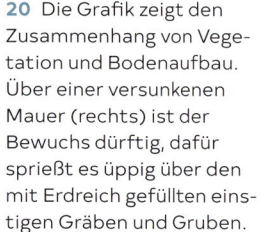

20 Die Grafik zeigt den Zusammenhang von Vegetation und Bodenaufbau. Über einer versunkenen Mauer (rechts) ist der Bewuchs dürftig, dafür sprießt es üppig über den mit Erdreich gefüllten einstigen Gräben und Gruben.

Die Gründe dafür liegen auf der Hand: Stellen Sie sich vor, Sie sind eine Katze und laufen über einen Orientteppich. Das Muster, das wir aus 1,70 Meter Höhe sehen, erkennen Sie als Katze aus 10 Zentimetern Höhe nicht. Und deswegen gehen Archäologen in die Luft, um in Wiesen und Getreidefeldern Hinweise auf menschliche Aktivitäten vor Hunderten oder Tausenden von Jahren zu erfassen. Die Stellen werden fotografiert, die GPS-Positionsdaten festgehalten. Nach der Getreideernte weiß auch die Katze, in diesem Fall der Ausgräber, an welcher Stelle es sich lohnt, zu graben.

Selbst das ungeübte Auge eines Laien kann die Spuren aus der Luft erkennen. Und das ist das Problem. Denn sichtbar werden die alten menschlichen Eingriffe in die Erde auch durch den Einsatz von handelsüblichen Drohnen und durch inzwischen hochauflösende Satellitenbilder, die sich jeder im heimischen Wohnzimmer herunterladen und anschließend heimlich den Spaten ansetzen kann. Wobei – auch das muss man zugeben – manchem fleißigen Bildschirmrechercheur und digitalen Weltenbummler dank Google Earth, der amerikanischen Software, die Satellitenbilder und Luftbilder mit Geodaten überlagert und frei zugänglich ist, spektakuläre Entdeckungen per Superzoom gelangen. Wie eine bisher unbekannte antike römische Villa, die ein Nutzer beim Erforschen seiner Heimatstadt Parma fand, einen Impaktkrater an der ägyptisch-sudanesischen Grenze oder bisher unbekannte Wikingerspuren in Amerika, die zeigen, wo die Wikinger aus Grönland kommend um das Jahr 1000 zumindest kurzfristig ihre Zelte – oder gar Häuser – aufschlugen. Also ein halbes Jahrtausend vor Christoph Kolumbus!

Und mancher findet durch Google Earth sogar seine Heimat wieder. Wie Saroo Brierley, der als Kind von seiner Familie getrennt wurde, sich in Kalkutta durchschlug und schließlich von einer Familie in Tasmanien adoptiert wurde. Von dort begann er nach seiner Heimat zu suchen. Er wusste weder den Namen seines Dorfes noch seinen eigenen Nachnamen. Er berechnete einen Kreis um Kalkutta, wo sein Dorf liegen könnte, zoomte die Bilder bei Anhaltspunkten nah heran und erkannte das Gelände mit dem Wasserfall, wo er als Kind gespielt hatte. Nach 25 Jahren konnte er seine leibliche Mutter wieder in die Arme schließen.

Die Teufelsmauer

Die *germania libera* blieb ein Stachel im römischen Fleisch. Erst achtzig Jahre später gelang es, die Rheingrenze landeinwärts wieder nach Osten zu verschieben, aber nur von Rheinbrohl gen Südosten zur Donau bei Eining (siehe Karte.) Die römischen Landgewinne umfassten die ertragreichsten Gegenden Germaniens, und die mussten gesichert werden. Zur Kontrolle der Provinzen östlich des Rheins und nördlich der Donau – Obergermanien und Raetien – wurde ein »Bollwerk gegen das Barbaricum« errichtet: der Obergermanisch-Raetische Limes.

21 Verlauf des Obergermanisch-Raetischen Limes – 550 Kilometer erstreckt er sich von Rheinbrohl bis zum Kastell Eining an der Donau.

Im Jahr 2005 wurde die Grenzlinie aller Welt bekannt, als sie in die Welterbeliste der UNESCO aufgenommen wurde. Fast zwei Jahrtausende war das Bauwerk aus dem Bewusstsein der Menschen verschwunden. Wie schnell doch unsere Altvorderen vergaßen, wozu diese Mauerreste, auf die sie hier immer wieder stießen und deren Steine sie gut zum Häuserbau verwenden konnten, einst gedient hatten.

Es ist erstaunlich, wie schnell Wissen verloren geht, wie schnell die Funktion dieses großartigen Bauwerks, das sich unübersehbar zwischen Rhein und Donau erstreckte, nach dem Abzug der Römer in Vergessenheit geriet. Schon im Mittelalter wusste man nicht mehr, was diese gewaltigen Steinansammlungen in der Landschaft bedeuteten. Eine niederbayrische Sage, die in verschiedenen Versionen entlang des Limes vorkam, erklärte der heimischen Bevölkerung, die zum Teil immer noch gewaltigen Ruinen der Mauern und Kastelle stammten vom Teufel. Der hatte eine Vereinbarung mit dem Heiland getroffen, die Erde unter sich aufzuteilen. Dieser willigte unter der Bedingung ein, dass jeder sein Gebiet fertig eingegrenzt haben müsse, bis der Hahn kräht. Doch der mal wieder typisch gierige Teufel war in seiner Unersättlichkeit mit der Einfriedung noch nicht fertig, als der Hahn krähte. Er musste die Flucht ergreifen, zurück blieben die Trümmer seiner Grenzziehung, die sogenannte Teufelsmauer.

22 Restaurierte Grundmauern des Römerkastells Feldberg im Taunus – das höchstgelegene des Obergermanisch-Raetischen Limes. Für unsere Altvorderen war es ein Rätsel, wozu diese Ruinen einst gedient hatten.

Spannend an dieser alten volkstümlichen Sage ist, dass hier – noch? bereits? – die Funktion des Limes als Markierung und Gebietsabgrenzung erkannt wurde. Limes heißt im Lateinischen Schneise oder Grenzweg. Doch erst mit dem Auffinden einer Abschrift der *Annalen* des römischen Historikers Tacitus im Kloster Corvey an der Weser verstand man den Sinn des Bauwerks. Dank Tacitus erfuhren die Gelehrten des frühen 16. Jahrhunderts, dass es sich bei den geheimnisvollen Ruinen um eine von den Römern errichtete, militärisch überwachte Grenzlinie mit Wachposten und Kastellen gehandelt hatte.

In der ersten Phase wurde eine Schneise durch den Wald geschlagen, dann Patrouillenwege angelegt und eine Kette von hölzernen Wachtürmen gebaut, die einen Einblick in die »feindlichen« Gebiete ermöglichten. Sie wurden so angelegt, dass es einen direkten Sichtkontakt zwischen den unmittelbar benachbarten Türmen gab. Dadurch konnten im Bedarfsfall über Lichtkontakte mithilfe von Fackeln oder Spiegeln Informationen weitergeleitet werden. In späteren Ausbaustufen kamen Wall und Graben und eine Palisadenwand dazu.

Des Kaisers neues Spielzeug

Bis ins 19. Jahrhundert wurden Teile des Limes abgetragen, als willkommenes Baumaterial. Erst im Zeitalter der Renaissance und des Humanismus war das Interesse an der Antike

24 Grundsteinlegung für den Wiederaufbau des römischen Kastells Saalburg am 11. Oktober 1900: drei Hammerschläge durch Kaiser Wilhelm II. Den Wiederaufbau bezahlte er privat.

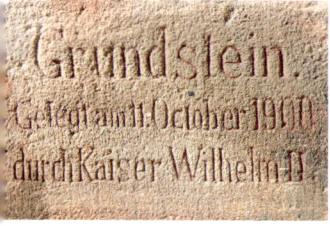

25 Der Grundstein der wiedererrichteten Saalburg, vom Kaiser selbst gelegt

erwacht. Und damit auch am Limes als Objekt systematischer wissenschaftlicher Forschung. Wachtürme wurden kartiert, Kastellruinen skizziert und erste Grabungen durchgeführt, um seinen Verlauf von Rheinbrohl bis Eining an der Donau zu erfassen. Eine erste große Bestandsaufnahme erfolgte durch die 1892 gegründete Reichs-Limeskommission. Wilhelm II., der 1888 Kaiser geworden war, unterstützte die Arbeit nach Kräften. Der geschichtsbegeisterte junge Herrscher sah sich als legitimer Erbe der römischen Imperatoren und besuchte regelmäßig die Ausgrabungen. Dass just bei seinen Besuchen wiederholt spektakuläre Funde gemacht wurden, ist bestenfalls ein merkwürdiger Zufall, hat der Erforschung des antiken Grenzwalls aber nicht geschadet ...

Wilhelm legte nicht nur persönlich den Grundstein, ihm haben wir auch den Wiederaufbau der Saalburg zu verdanken, für den er sogar seine Privatschatulle öffnete. Die Rekonstruktion der Saalburg, die 1907 abgeschlossen war, hat viel zur Popularität des Limes beigetragen. Und es bleibt festzuhalten, dass die Saalburg nach archäologischen Befunden und dem damaligen Forschungsstand korrekt rekonstruiert wurde – bis auf den Abstand der Zinnen. Da hatte der Kaiser darauf bestanden, dass sie wie Zinnen an mittelalterlichen Ritterburgen aussehen sollten. Wer zahlt, bestimmt. Inzwischen wurde der Lapsus weitgehend korrigiert.

Das Römerkastell Saalburg war eine Ko-
hortenfestung auf dem Taunuskamm nordwestlich von Bad Homburg vor der Höhe.
Heute ist es Ziel Zigtausender Besucher
jährlich, auch von »Hobbyrömern«, gewandet in authentisch nachgebildeter
Ausrüstung. Neben dem archäologischen
Museum und dem archäologischen Park
beherbergt die Saalburg auch ein Limes-
Forschungszentrum und ist Sitz der Ge-
schäftsführung der Deutschen Limes-
kommission, die für das Management von
Deutschlands größtem und bekanntestem
archäologischen Denkmal zuständig ist.

Denn geforscht wird nach wie vor, aber kaum noch mit dem
Spaten, eher mit Unterstützung aus dem All, mit Laserscan-
nern und Satellitenaufnahmen.

26 Historische Aufnahme
des bereits recht weit
fortgeschrittenen Wieder-
aufbaus nach archäologi-
schen Befunden. Nur über
die Zinnen hatte der Kaiser
seine eigene Meinung.

Kein Eiserner Vorhang

Der befestigte Limes war ein durchlässiger Grenzwall, kein
unüberwindliches Bollwerk. Trotz seiner Schutzfunktion rie-
gelte er nicht hermetisch ab, sondern ermöglichte den kleinen
Grenzverkehr zwischen Imperium und Germanien.

Der Limes sollte in erster Linie den Handels- und Perso-
nenverkehr kontrollieren und an den dafür vorgesehenen
Grenzübergängen regulieren. Abgesichert wurden die Durch-
lässe von Wachtürmen und kleineren Kastellen. Hier verhin-
derte man die unkontrollierte Migration in das reiche Imperium, hier erhob man Zölle, Kopf- und Gütersteuern, und zwar
nicht zu knapp, und hier wurde fleißig mit den Barbaren gehandelt. Exportschlager waren Wildschweine, Felle und vor
allem langes blondes Frauenhaar, aus dem sich reiche Röme-
rinnen Perücken fertigen ließen. Im Gegenzug erhielten die
Germanen Geschirr aus Keramik und Glas und auch medizi-
nische Instrumente. Trotz des strikten Exportverbots gelang

27 Nach Originalbefunden gebautes Römerschiff zur Bewachung des »nassen« Limes, also der Grenzflüsse zum »Barbarium«. Gerudert wird von »Hobbyrömern« in authentischer Kleidung.

es Händlern, sogar römische Waffen aus dem Reich zu schmuggeln. Wenn guter Gewinn lockt, macht man auch Geschäfte mit Barbaren – damals wie heute.

Der Limes war eine Demarkations-, keine Maginotlinie, er war kein Westwall, keine chinesische Mauer, kein Eiserner Vorhang und sollte auch nicht der strikten Abschottung dienen wie die Trump'sche Mauer gegen Mexiko. Die neuere Limesforschung interpretiert die Funktion der überwachten Grenze nicht als strenge Völkerscheide, sondern als »Kanalisierungsinstrument zur bevölkerungspolitischen Lenkung und Abwehr internationaler Kriminalität« – Begriffe, die uns leider sehr modern vorkommen.

Vom Teufelswerk über des Kaisers Lieblingsprojekt und einer Neuinterpretation der Grenze bis zum UNESCO-Weltkulturerbe war es ein langer Weg. Voraussetzung für den Status als Weltkulturerbe war die genaue Dokumentation der römischen Grenzziehung, also Schneise, Wall und Graben, mit den Überresten der etwa 900 Wachposten und 120 Kastelle nebst dazugehörigen Siedlungen. Und das bedeutete auch die Rekonstruktion des exakten Verlaufs, Meter für Meter, über eine Strecke von 548 Kilometern. Dass der so genau bestimmt werden konnte, verdanken wir nicht nur den Grabungen seit dem 19. Jahrhundert, sondern auch dem Himmel über dem Limes. Vor allem bei der Erfassung des niedergermanischen Limes, also der Strecke von Rheinbrohl bis zur Rheinmündung, und des Donaulimes von Eining bis zur österreichisch-ungarischen Grenze wurden modernste Technologien eingesetzt, von denen frühere Ausgräber noch nicht einmal träumen konnten. Techniken, die eine Revolution in der archäologischen Arbeit bedeuten. Mithilfe von Airborne Laserscanning zum Beispiel kann der Verlauf auch in dichten Wäldern bestimmt werden – per Mausklick. Aber dazu später mehr.

28 Der Obergermanisch-Raetische Limes steht seit Juli 2005 auf der Welterbeliste der UNESCO.

Seit 2021 ist der römische Limes in Europa durchgehend von Britannien bis zur ungarischen Grenze – mit einem Stück in der Slowakei – UNESCO-Weltkulturerbe. Übrigens nach langen Auseinandersetzungen mit Ungarn, dessen Strecke noch fehlt.

Der Himmel über dem orientalischen Limes

Mit der Luftbildarchäologie begann die »himmlische Erforschung« archäologischer Stätten. Die ersten systematischen Einsätze können wir ausgerechnet während des Ersten Weltkriegs festhalten, bei der Entdeckung des *Limes Orientalis*. Die rund 1500 Kilometer lange Linie verlief vom Norden Syriens bis zum Süden Palästinas. Seit 64 v.Chr. war Syrien eine römische Provinz, die vor allem vor Raubzügen arabischer Nomadenstämme aus der syrisch-arabischen Wüste und vor dem Reitervolk der Parther geschützt werden musste. Allein vier Legionen hatte Kaiser Augustus zur Absicherung stationiert, woran man die militärstrategische Bedeutung erkennt. Hier endete ein Seitenzweig der Seidenstraße, und hier kreuzten sich die ebenso profitträchtigen Handelswege des Orients. Doch anders als in Germanien wurde das besetzte Gebiet nicht mit einer durchgehenden Linie aus Wällen und Gräben geschützt, sondern durch vereinzelt in der unwirtlichen Landschaft stehende Kastelle.

29 Qasr Bshir (Castra Praetorii Mobeni) ist das am besten erhaltene römische Kastell in Jordanien. Einer Inschrift über dem Haupttor zufolge wurde es in den Jahren 293–305 erbaut.

30 Das römische Kastell von Umm el-Jemal im Norden Jordaniens, das später in ein Kloster umgewandelt wurde

Luftaufnahmen offenbaren das strategische System: Wie bei den germanischen Wachtürmen standen die Kastelle in Sichtweite voneinander, meist auf Anhöhen. Die Feuer- und Rauchzeichen der Wachmannschaften waren in der baumlosen Wüstensteppe weithin sichtbar.

Zu den Pionieren der Luftbildarchäologie wurden die Piloten der bayerischen Fliegerstaffel 304, die während des Ersten Weltkriegs zur Unterstützung osmanischer Truppen in der Nähe der Sinai-Front eingesetzt war. In Kampfpausen fotografierten Offiziere im Auftrag des Deutsch-Türkischen Denkmalschutzkommandos aus ihren Maschinen heraus Ruinen, die häufig gut erhalten und bisher kaum bekannt waren. Etwa 2700 dieser Aufnahmen lagern im Bayerischen Kriegsarchiv in München.

31 Aufklärungsflug der bayerischen Fliegerstaffel 304, Sinai-Front

Hightech am Euphrat

1929 entdeckte der französische Luftbildarchäologe Antoine Poidebard das am rechten Ufer des Euphrat liegende Kastell Qreiye, 12 Kilometer flussaufwärts von der modernen Provinzhauptstadt Deir ez-Zor entfernt. Da es nicht wieder besiedelt wurde, ist es in seiner Grundanlage komplett erhalten – der Traum eines jeden Archäologen.

   In einem syrisch-deutschen Projekt wurde es ab 2003 archäologisch untersucht. Das Lager misst 220 mal 220 Meter, eine riesige Fläche, wenn man hier graben will. Deshalb erfassten zunächst Geophysiker mit Methoden der Geomagnetik, der Geoelektrik und des Georadars das Kastellgelände: Bis in zwei Meter Tiefe konnten so archäologische Strukturen sichtbar gemacht werden, die sich an der Oberfläche kaum oder gar nicht abzeichneten. Georadar ist eine teure Technik, weshalb ohne vorherige Prospektion, quasi auf Verdacht, an

32 Poidebards Luftbild des Römerlagers Qreiye von 1929. Das Kastell wurde im Übergang vom 2. zum 3. Jahrhundert n. Chr. zum Schutz der Euphrat-Grenze errichtet und erst durch den französischen Pionier der Luftbildarchäologie wiederentdeckt.

irgendwelchen Stellen Löcher in den Boden zu graben nicht vertretbar wäre. Wir leben ja nicht mehr zu Zeiten Heinrich Schliemanns, der auf der Suche nach Troja seinen berüchtigten Graben in den Hügel Hisarlik schlug. Der Schliemann-Graben selbst ist heute ein Denkmal für den Beginn der Spatenarchäologie. Auf gezielte Grabungen kann man jedoch nach wie vor nicht verzichten, um anhand der Funde wie Keramik die Chronologie und datierbarer Hölzer die Zeitstellung zu bestimmen.

Aufgrund der geophysikalischen Messungen und digitaler Geländemodelle kennen die Wissenschaftler heute die genaue Lage der Gebäude in Qreiye. Die *principia*, das Stabsgebäude, und die Mannschaftsbaracken sind leicht zu identifizieren, da sie sich in den meisten bekannten Kastellen ähneln. Man kann einen vollständigen Plan des einstigen Forts anfertigen, zielgenau graben und die Funktion der Räume bestimmen. Das alles ermöglicht, Aussagen über die Art und Stärke der hier stationierten Truppen zu treffen und ihre Aufgaben zu rekonstruieren. Und dadurch kann man wiederum die Strategie und die Ziele erkennen, die die römischen Kaiser mit dem orientalischen Limes verfolgten.

Die archäologischen Funde verraten, dass das Lager überhastet aufgegeben wurde – die Römer waren auf der Flucht. Auf Dauer nutzte auch dieser Limes nichts: Er wurde überrannt, und in den Kastellen richteten sich neue Herren ein.

33 In einer Mannschaftsbaracke des Kastells Qreiye werden Gefäße freigelegt. Gezielte Grabungen sind zur Datierung nach wie vor notwendig. Um 200 n. Chr. bot das Kastell Platz für rund 1500 Legionäre.

Was die Erde unter der Haut hat

Die Erforschung von Stätten wie dem Römerlager Qreiye ist ein gutes Beispiel für den Einsatz moderner Techniken und geophysikalischer Methoden, durch die sich die Archäologie zur Hightech-Wissenschaft entwickelt hat. Im Zentrum steht die Prospektion, also die zerstörungsfreie Erkundung und Erfassung von archäologischen Stätten. Neben der Luftbildprospektion lauten die Schlagworte: Widerstandskartierung, Magnetometerprospektion und Radarmessung. Mit dem Ziel, gut sichtbare Geländemodelle und Gebäudestrukturen auf dem Bildschirm des Computers zu erstellen, mit denen sich dann – bei Bedarf – grabungsmäßig weiterarbeiten lässt.

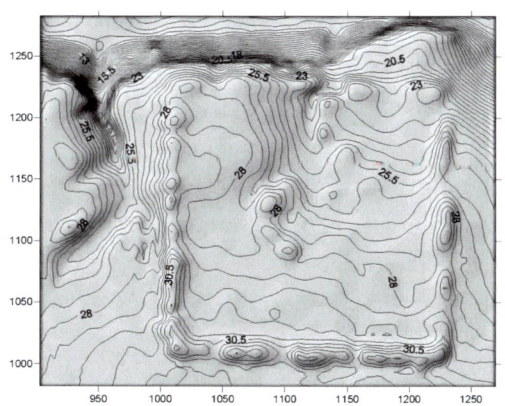

Die Erdwiderstandsmessung erfasst Strukturen, die einen erhöhten Widerstand haben, wie steinerne Gebäude; Nachteil: sie ist sehr langsam. Magnetometer arbeiten hingegen schnell, sie sind die empfindlichsten geophysikalischen Geräte. Mit Sensoren scannt man die Oberfläche eines Geländes ab. Die gespeicherten Daten werden später in ein digitales Bild umgerechnet, das einen sehr guten Blick unter die Erdoberfläche ermöglicht. Und mit dem Georadar sendet man dann Impulse und elektromagnetische Wellen in den Boden, die verschiedene Materialien unterschiedlich reflektieren. Unterirdische Strukturen und Schichten bis in eine Tiefe von etwa 5 Metern können so hochauflösend sichtbar gemacht werden. Mit den Radarmessungen können verborgene Mauer- und Fundamentstrukturen erfasst werden – und auch ihre Tiefenlage.

34 Digitales Geländemodell (links) und Bodenradarbild (rechts) des Römerkastells Qreiye

All diese geophysikalischen Techniken basieren darauf, dass sich ein potenzieller archäologischer Befund in einer physikalischen Eigenschaft von seiner Umgebung unterscheidet, also künstlich entstand.

Die Forscher nutzen überwiegend die Kartierung des magnetischen Feldes und die Kartierung des elektrischen Widerstands. Dabei werden in einem regelmäßigen Raster Messungen durchgeführt. Die einzelnen Messwerte – in der Magnetik sind es ca. 400.000 pro Hektar – werden in Graustufenbilder umgewandelt. So lassen sich besonders einfach stärker magnetische Objekte nachweisen, die z. B. aus Eisen, Basalt oder gebranntem Ton bestehen. Auch verfüllte Gruben, Gräben und Spalten sind mit diesem Verfahren gut zu erkennen. Denn in der obersten Schicht des Bodens kommen meist stärker magnetische Mineralien vor, und wenn man eine Grube verfüllen will, nutzt man dafür in der Regel das Bodenmaterial der unmittelbaren Umgebung. Extrem unmagnetische Befunde, wie Kalksteinmauern, sind damit natürlich schwerer zu erfassen, da der Kontrast zum natürlichen Untergrund oft zu gering ist.

Bei der geoelektrischen Widerstandskartierung wird – ebenfalls in einem bestimmten Raster – über zwei Elektroden Strom in den Boden eingespeist; dann wird mit zwei weiteren Elektroden die Spannung gemessen. Die Widerstandsanomalien erscheinen auf dem Bildschirm in verschiedenen Messpunkten. Ihre Auswertung zeigt dann in 3D-Bildern, ob ein Graben unter der Oberfläche liegt, ein Mauerrest oder das Fundament eines Gebäudes.

Der elektrische Widerstand im Boden wird in erster Linie durch dessen Wassergehalt und Körnung bestimmt. Deshalb ist diese

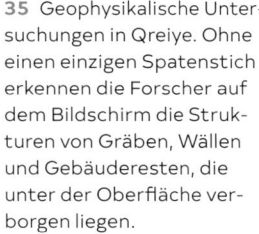

35 Geophysikalische Untersuchungen in Qreiye. Ohne einen einzigen Spatenstich erkennen die Forscher auf dem Bildschirm die Strukturen von Gräben, Wällen und Gebäuderesten, die unter der Oberfläche verborgen liegen.

Methode besonders gut geeignet, um Reste von Mauerwerk nachzuweisen – das hat besonders hohe Widerstandswerte. Wohnhäuser, Kastelle, steinerne Wege, Brunnenschächte, all das kann sichtbar gemacht werden. Aber auch Gräben oder größere Gruben: Je nachdem, ob sich hier Feuchtigkeit sammelt oder der menschliche Eingriff in den Untergrund wie eine Drainage wirkt, sind die Werte erhöht oder niedriger.

Einen Haken hat die Methode aber: Sie ist eine Schönwettertechnik, Dauerregen tränkt den Boden und verfälscht das Messergebnis. Aber egal, wie das Wetter auch sein mag: Ohne den Einsatz von geophysikalischen Methoden ist die Ausgrabung einer größeren Fläche heute nicht mehr denkbar.

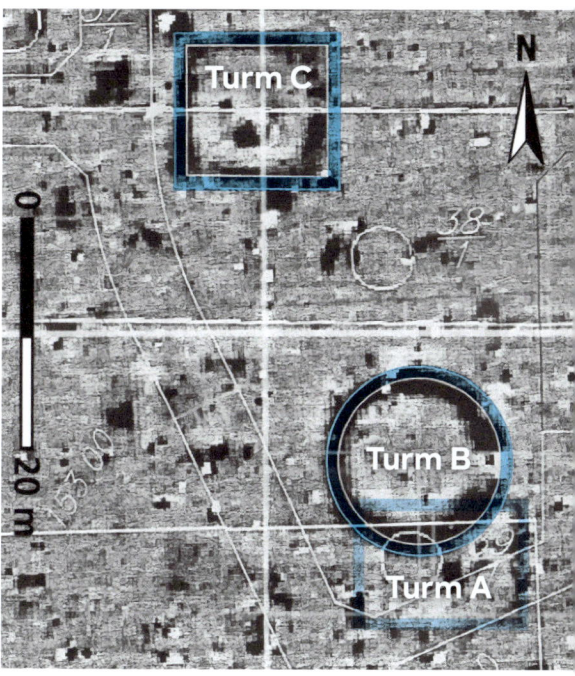

36 Die Limes-Wachturm-stelle WP 5/4 »An der alten Rüdigheimer Hohle« bei Neuberg-Ravolzhausen in Hessen wurde im Vorfeld eines Neubauprojekts geophysikalisch untersucht. Dabei fanden sich die Reste von drei nacheinander errichteten Wachtürmen.

Wenn Wälder künstlich entlaubt werden

So einfach zu lokalisieren wie der orientalische Limes in den Weiten der Wüste ist der Verlauf beim Obergermanisch-Raetischen Limes natürlich nicht. Hier liegt die Grenzlinie oft verborgen, an der Oberfläche kaum sichtbar, in dichten germanischen Wäldern. Was tun? Roden auf Verdacht wäre nicht nur ökologisch äußerst fragwürdig. Aufnahmen von oben würden hier auch nicht funktionieren, da sähe man nur Baumwipfel. Auch mit geophysikalischen Methoden wie in Qreiye käme man nicht weiter, da für die Messungen über längere Strecken Bodenkontakt gewährleistet sein müsste. Und das ist im Wald nicht überall möglich.

Wie aber konnten dann die 548 Kilometer durch zum Teil unwegsames Gelände und Wald präzise bestimmt werden?

Martin Schaich ist gut im Geschäft. Denn zerstörungsfreie »Grabungen« sind das Ziel moderner Archäologie – von Ägypten bis Weißenburg. Schaich hat die Firma ArcTron gegründet,

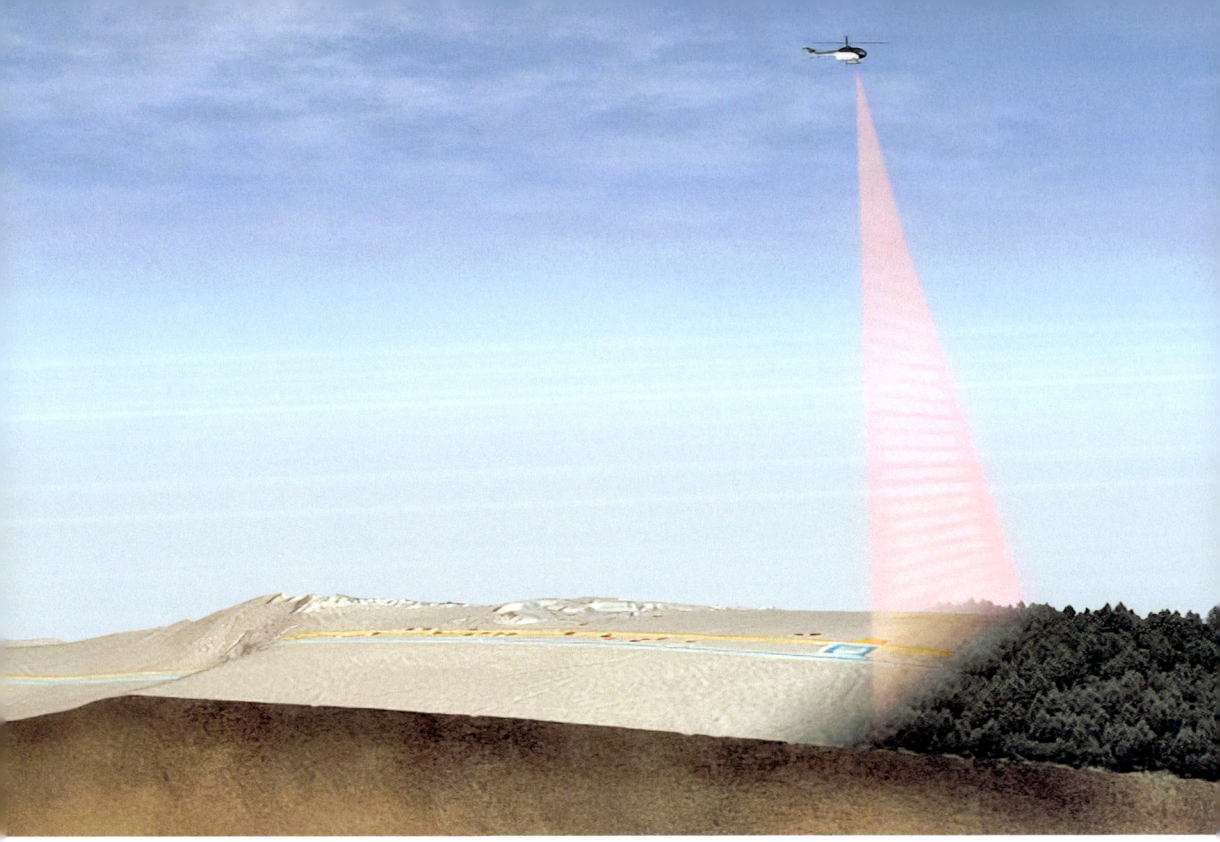

37 Luftgestützte archäologische 3D-Landschaftsvermessung am Limes bei Erkertshofen (Bayern). Durch die hohe Durchdringungstiefe des Laserscanners können die Vegetation ausgeblendet und die archäologischen Strukturen darunter sichtbar gemacht werden.

ein auf archäologische 3D-Dokumentationen spezialisiertes Ingenieurbüro. Seit 2007 beschäftigt sich Schaich auch mit dem Limes in Süddeutschland und hat mit seinen dreidimensionalen Geländemodellen eine »Revolution« in der Archäologie ausgelöst. Er nutzt dabei eine ganz besondere Technologie: das sogenannte Airborne Laserscanning, kurz ALS oder LiDAR (*Light Detection and Ranging*, Lichterkennung und Raumvermessung).

Der Pilot fliegt die vermutete Limesstrecke gradlinig und in gleichmäßiger Höhe ab. Unter dem Hubschrauber ist die hochempfindliche Scaneinheit angebracht. Zunächst sieht man auf dem Bildschirm nur das, was man auch mit dem bloßen Auge erkennen kann: Der Limes versteckt sich irgendwo im Wald. Doch mit einem Tastendruck kann Schaich die Vegetation ausblenden. Die Lasertechnologie an Bord ermöglicht es, ein exaktes Modell der Erdoberfläche zu erstellen, zentimetergenau. Ohne störende Vegetation sind die Spuren der Raetischen Mauer jetzt deutlich als Bodenwelle zu sehen, die sich schnurgerade durch das Waldstück zieht. Auch die

Gruben, wo Erde entnommen wurde, oder die Stellen, an denen einst Wachtürme standen, sind klar zu erkennen, ja sogar ob sie aus Holz oder Steinen errichtet wurden. Und das Ganze ohne einen einzigen Spatenstich. Wie ist das möglich?

Viel Neues im Gebüsch

Laserscanner sind optische Systeme, mit denen sich berührungslos Oberflächen vermessen lassen. Beim Airborne Laserscanning tasten ganze Fächer von Laserstrahlen aus der Luft die Erdoberfläche ab. Der Pilot wird durch ein Flugführungssystem präzise über die zu untersuchenden Gebiete gelotst und fliegt diese systematisch in sich überlappenden Streifen ab. Während der Messflüge erzeugt der 3D-Laserscanner in kürzester Zeit Hunderte Millionen Messpunkte. Pro Sekunde können je nach System Hunderttausende 3D-Lasermessungen von den technischen Geräten an Bord verwaltet und registriert werden.

Gemessen wird mit »Lichtgeschwindigkeit«: Entscheidend ist die Laufzeitdifferenz zwischen dem ausgesendeten und dem reflektierten Laserlichtstrahl. Das Faszinierende ist, dass die gepulsten Laserstrahlen durch das Geäst der Bäume oder sonstiges Gestrüpp dringen, den Waldboden erreichen und ihn sichtbar machen. Per Mausklick lassen sich dichte Wälder so virtuell entlauben, verschwindet die dicke Laubschicht auf dem herbstlichen Boden, und zum Vorschein kommen darunter verborgene Geländedenkmäler, Grabhügel, alte Ackerterrassen, Wegesysteme, Wälle und Gräben. Oder eben der römische Limes in seinem genauen Verlauf.

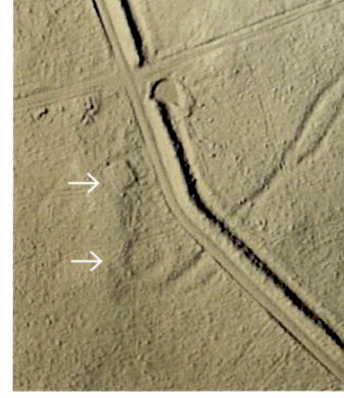

Neue, alte Welten

»Gerade für den Limes, dessen Ruinen in den Wäldern von einer Überpflügung und Einebnung durch landwirtschaftliche Nutzung verschont blieben, liefert diese Prospektionsmethode eine Fülle hochinteressanter und wichtiger Erkenntnisse. Vieles, was bisher nicht sicher verortet oder im

38 Limes bei Lich-Arnsburg in waldigem Gelände. Anhand der LiDAR-Aufnahmen konnte an der Turmstelle 4/56 noch ein früherer Holzturm neben dem Steinturm nachgewiesen werden (unten).

dichten Wald gar nicht richtig zu erkennen war, kann nun im Laserscan für Wissenschaft und Öffentlichkeit sichtbar gemacht werden«, schwärmt Martin Schaich.

Das gilt auch für andere Weltgegenden, die reich an archäologischen Stätten sind, in denen die Wissenschaftler aber von einer schier undurchdringlichen Vegetation in ihrer Arbeit behindert werden. In den Urwäldern Südamerikas offenbarten Laserscans die Existenz von über 60.000 bisher unbekannten versunkenen Ruinen. Darunter eine riesige Metropolregion der Maya im Dschungel von Guatemala, ein gewaltiges Netzwerk aus miteinander verbundenen Städten, in denen Millionen von Menschen lebten. »Die LIDAR-Daten schreiben die Geschichte der Maya neu«, meint Albert Lin von *National Geographic*.

Im Rahmen der *Pacunam-LIDAR-Initiative* waren 2100 Quadratkilometer Dschungel aus der Luft mit Airborne Scannern abgetastet und anschließend am Computer von Blättern und Wurzelwerk befreit worden. Zum Vorschein kamen die Spuren einer Hochkultur, die dort vor 1200 Jahren existierte und die mit denen im antiken Griechenland oder im alten China vergleichbar ist.

39 Die LiDAR-Aufnahmen zeigen, was sich unter dem Blätterdach des Dschungels von Guatemala verbirgt. So fanden die Forscher heraus, dass alte Maya-Städte wie Tikal deutlich größer waren, als bislang angenommen.

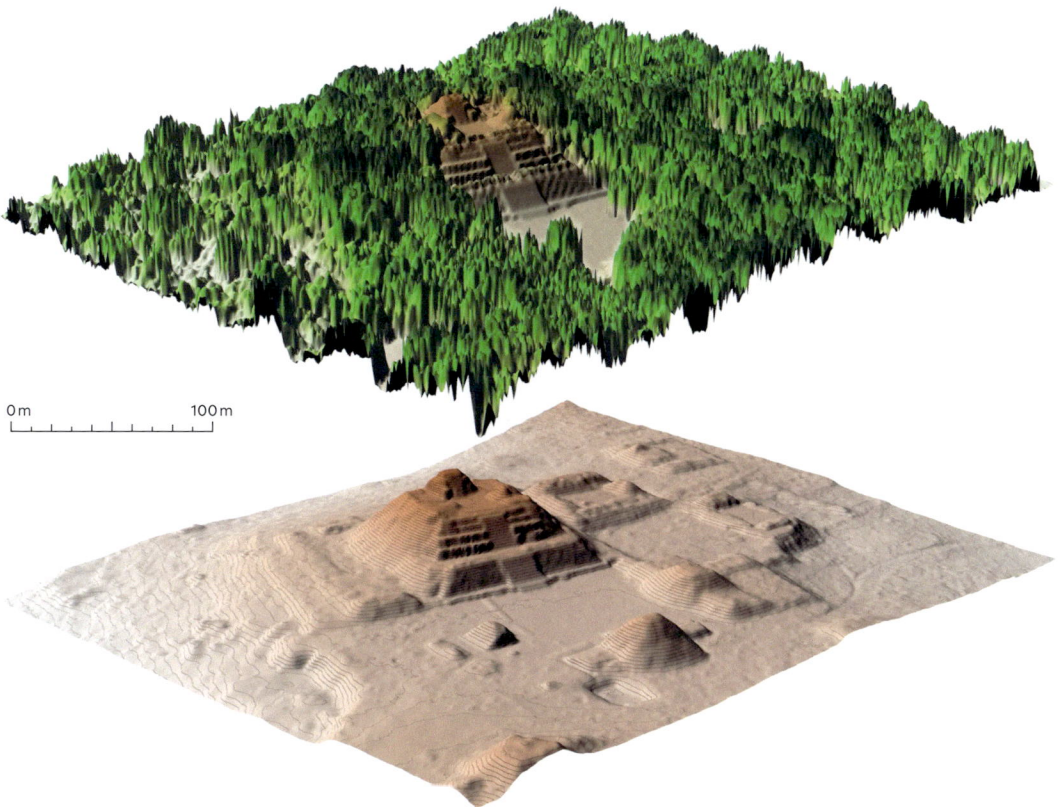

0m   100m

»Das LIDAR revolutioniert die Archäologie auf die gleiche Wei-se, wie das Hubble-Weltraumteleskop die Astronomie revolu-tioniert hat«, so Francisco Estrada-Belli, ein Archäologe der Tulane-Universität, gegenüber *National Geographic Explo-rer*. »Wir werden hundert Jahre brauchen, um alle Daten durchzusehen und wirklich zu verstehen, was wir da sehen.« Belli erwartet noch Hunderte Städte, die bislang vollkommen unbekannt seien.

Besonders über Wäldern revolutioniert der systematische Einsatz von LIDAR durch künstliche »Rodung« das bekannte archäologische Quellenbild. Arlen Chase, seit über dreißig Jahren Maya-»Ausgräber«: »Für die Maya-Archäologie ist LIDAR von ähnlicher Bedeutung wie die Einführung der Radiocarbondatierung. Mit ihr bekamen wir den Überblick über die Zeit. Und LIDAR gibt uns jetzt einen Überblick über den Raum, den wir so bisher nicht hatten.«

Die Zukunft der Archäologie, der Erfassung und Doku-mentation denkmalgeschützter Anlagen, ist ohne solche hochmoderne und berührungsfreie Technik nicht mehr denk-

40 Vorher, nachher: oben der dichte Dschungel, unten die Spuren versunkener Siedlungen nach der künst-lichen Entlaubung

bar. Martin Schaich, der Experte für alles Dreidimensionale, kann die bahnbrechenden Ergebnisse seiner Arbeit manchmal selbst kaum fassen: »Für mich ist es unbegreiflich, welche Quantensprünge wir in diesem Bereich geschafft haben.« Bei den ersten Versuchen in Sachen Datenverarbeitung während seiner Studentenzeit hätte er sich nie vorstellen können, was heute alles möglich ist. So wie Schliemann sich nicht vorstellen konnte, dass der Trumpf im Ärmel des Archäologen nicht länger der Spaten, sondern der Himmel sein würde. Von dem aus allerhand (Unter-)Irdisches sichtbar wird und am Bildschirm wiedersteht.

Weltraumarchäologie

Während Experten wie Martin Schaich die Erdoberfläche aus vergleichsweise geringer Entfernung in Augenschein nehmen, sind andere ein ganzes Stück weiter oben unterwegs: Die Weltraumarchäologie oder Satellitenfernerkundung gleicht einem weiteren Quantensprung bei der Erforschung versunkener Denkmale. So versuchte ein Team des Deutschen Archäologischen Instituts in Kairo seit Langem, die antiken Wasserverläufe des Nils zu rekonstruieren. Aber erst eine Kooperation mit dem Deutschen Zentrum für Luft- und Raumfahrt und die Auswertung der TanDEM-X Daten brachten jetzt den Durchbruch.

TanDEM-X ist nach TerraSAR-X der zweite deutsche Erdbeobachtungssatellit, der mit dem Ziel durchs All kreist, ein hochgenaues, dreidimensionales Abbild unserer Erde zu erstellen. Aus 514 Kilometern Höhe tasten die Satelliten dazu die Erdoberfläche mit Radarfernerkundungsgeräten ab. Unabhängig von Wetter, Wolken und Licht liefern die Antennen Radardaten mit einer Auflösung von bis zu einem Meter, wodurch sich auch kleine archäologische Befunde visualisieren lassen.

Für das ägyptische Nildelta konnten die Wissenschaftler anhand der gewonnenen und ausgewerteten Daten von Tan-

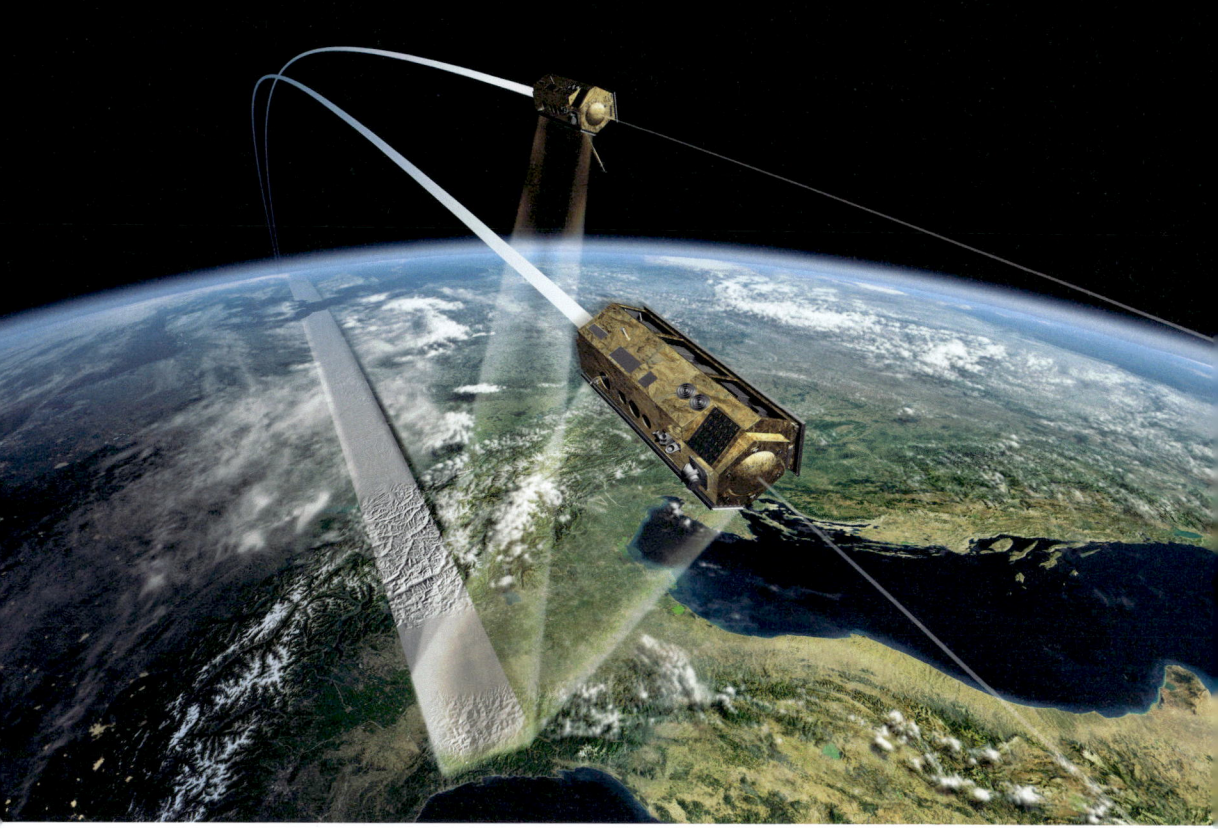

DEM-X ein präzises digitales Höhenmodell erstellen, das überraschend neue Erkenntnisse lieferte: Das Untersuchungsgebiet wurde nicht, wie bisher vermutet, von einem mächtigen Nilarm durchzogen, sondern ist durch fein verästelte kleine Wasserarme gekennzeichnet, deren Uferwälle deutlich im Höhenmodell zu sehen sind. Damit ist erstmals eine Rekonstruktion der antiken Wasser- und Siedlungslandschaft des alten Ägyptens möglich. Die Menschen der Pharaonenzeit errichteten ihre Dörfer auf den kleinen Anhöhen, um sich vor der jährlichen Nilflut zu schützen.

Doch jede neue Erkenntnis schafft neue Fragen: Sind die feinen Wasserarme natürlich oder künstlich von Menschenhand geplant und errichtet?

Wir können also beruhigt festhalten: Der Archäologie geht die Arbeit nicht aus. Im Gegenteil, mithilfe der Physik, auch dem physikalischen Blick aus dem All, ergeben sich immer weitere Fragen. Denn Ausgraben ist kein l'art pour l'art, keine Schatzsuche, es geht um das Verstehen – von versunkenen Kulturen, Zusammenhängen, von Menschen.

41 Seit 2010 umkreisen die beiden Zwillingssatelliten TerraSAR-X und TanDEM-X die Erde. Sie vermessen den gesamten Planeten mit bisher unerreichter Genauigkeit. Aus diesen Daten entsteht ein dreidimensionales Abbild der Erde, das nun auch der Archäologie zugutekommt. Damit versuchen Wissenschaftler des DAI, die antiken Wasserläufe im alten Ägypten zu rekonstruieren, um mehr über Verkehrswege und Wassernutzung zu erfahren.

3 Arkaim – der Nabel der Welt

1 Weitwinkelperspektive auf die Überreste der prähistorischen Siedlung Arkaim in der Uralsteppe an Russlands Grenze zu Kasachstan

N
W O
S

Perm

WEST-
SIBIRIEN

Jekaterinburg

Ural

RUSSLAND

Kasan

Tscheljabinsk

Ufa

Magnitogorsk

Wolga

Arkaim ◼

Kujbyschew

Ural

Orenburg

Aqtöbe
(Aktjubinsk)

KASACHSTAN

Aral
(Aralsk)

Astrachan

Aralsee

Kaspisches
Meer

USBEKISTAN

0   100   200   300 km

Der Präsident war pünktlich. Selbst ein Wladimir Putin lässt Götter und Ahnen nicht warten. Eine »Arbeitsreise« habe ihn ins über 1700 Kilometer von Moskau entfernte Arkaim geführt, hieß es in der russischen Presse. Zum Kraft tanken sei er hier gewesen, sagen die, die im Mai 2005 in Arkaim dabei waren: Er habe die positiven kosmischen Energien der Spiralstadt aufsaugen wollen, so, wie auch Ex-Präsident Medwedew und Tausende andere Heilsuchende, die von weit her kommen zu diesem besonderen Ort mit seinen ganz speziellen Beziehungen zu himmlischen Kräften.

Arkaim, gelegen im Transural, dem hügeligen Vorland im Süden des Ural, gilt als die mysteriöseste Stätte Russlands. Seit ihrer Entdeckung im Jahr 1987 suchen die Archäologen dort auch nach dem Grund der beständigen Völkerwanderung zum »Nabel der Welt«, wie der Ort von den Russen genannt wird. Doch diese Detektivarbeit ist mit archäologischen Methoden allein nicht zu lösen. Denn nüchterne Wissenschaft prallt hier auf den Mythos, dass an diesem Ort kosmische Energien wirken sollen. Dieser Mythos ist es, der Sinnsuchende aus aller Welt hierherlockt und Arkaim zu einem Mekka auch für Esoteriker macht. Und nicht wenige Russen erhoffen sich von den Grabungen die Freilegung einer identitätsstiftenden großen historischen Erzählung, jenseits von Zarenzeit und Kommunismus.

Der Ort des Geschehens liegt in Westsibirien, 3530 Kilometer Luftlinie vom Campus Westend in Frankfurt/M. entfernt. Wissenschaftler der Goethe-Universität um Professor Rüdiger Krause

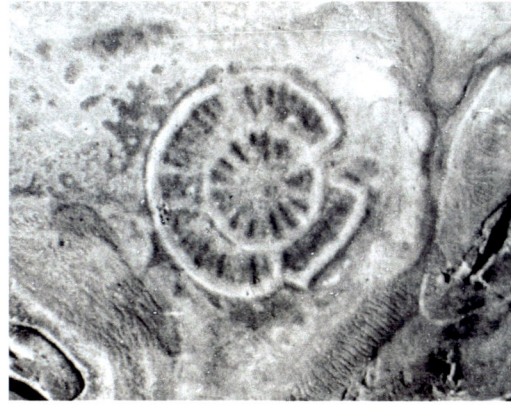

2 Frühe Luftaufnahme von Arkaim aus den 1950er-Jahren. Die eigenartige kreisförmige Struktur ist deutlich zu erkennen.

3 Modell der geheimnisvollen »Spiralstadt«, wie sie von den russischen Archäologen genannt wird. Die roten Fäden markieren den Bereich der Grabung.

forschen dort seit 14 Jahren mit Unterstützung der Deutschen Forschungsgemeinschaft. Vorgeschichtler Krause sucht nach *handfesten* Gründen, warum und von wem vor 4000 Jahren mitten in den Weiten der sibirischen Steppe hochmoderne Siedlungen gebaut wurden. Und warum sie, genau wie ihre Erbauer, so plötzlich wieder verschwanden. Für die Archäologen geht es um die Entschlüsselung einer uralten, rätselhaften Zivilisation. Um dieses Ziel zu erreichen, arbeiten sie eng zusammen mit Archäometallurgen, Geologen, Geophysikern und Paläogenetikern der Universität Mainz und der Russischen Akademie der Wissenschaften in Jekaterinburg. Hier, in der rund sieben Autostunden entfernten Stadt, waren am 17. Juli 1918 die Romanows ermordet worden; heute ist der Ort eine Pilgerstätte für Anhänger des blühenden Kults rund um die letzte Zarenfamilie.

Das Geheimnis der »Spiralstadt«

Die spektakuläre Entdeckung Arkaims gelang durch die Auswertung jahrzehntelang gesperrter Luftaufnahmen durch eine russische Geologin. Das sowjetische Militär war bereits 1952 auf das Gebiet aufmerksam geworden. Piloten hatten beim Überflug ungewöhnliche Erdformationen in der Steppe bemerkt. Man dachte damals an alte militärische Anlagen und sogar an einen UFO-Landeplatz. Angeblich soll es sogar noch frühere Aufnahmen geben, Luftbilder aus dem Jahr 1935, deren Abzüge sich in den Unterlagen Adolf Hitlers befanden. Es gibt Leute, die behaupten, Arkaim sei das eigentliche Ziel von Hitlers Russlandfeldzug gewesen. Er habe hier den »Kraftpunkt der Welt« vermutet. Die konzentrische Form um eine Mitte stelle das Modell des Universums dar, wie es in der alten arisch-iranischen spirituellen Literatur beschrieben sei, an der Hitler ein unheilvolles Interesse hatte.

Die russische Akte samt Luftbildern blieb jedoch mehr als dreißig Jahre unter Verschluss, die Region war militärisches Sperrgebiet und an wissenschaftliche Forschung nicht zu denken. Das änderte sich, als ein gigantischer Staudamm errichtet

4 Arkaim heute: Nach den Ausgrabungen wurde ein kleiner Teil für Besucher als Freilichtmuseum hergerichtet – die Grundflächen zweier Häuser und ein Stück der äußeren Befestigungsanlage.

und das ganze Gebiet überflutet werden sollte. Zur Vorbereitung des Baus ließ man 1987 neue Luftaufnahmen anfertigen und entsandte ein Team von Archäologen zu den seltsamen Bodenstrukturen. In Notgrabungen unter Leitung von Professor Gennadij Zdanovich stieß das Team hier im Nirgendwo auf die Spuren eines unbekannten Steppenvolkes, mit einem Know-how, das einen Quantensprung in der Geschichte der Zivilisation bedeutete.

Nach weiteren Funden wurde der Bau des Stausees, der alle Nachweise für immer vernichtet hätte, 1991 offiziell gestoppt. Ein Glück für Archäologen und Historiker, wären sie doch andernfalls nie auf diese uralte hochzivilisierte Kultur in den unendlichen Weiten des Transural gestoßen. Und damit auf einen Wendepunkt der Menschheitsgeschichte.

5 Funde aus dem »Land der Städte«: Eine bronzene Klinge und eine Zweischalen-gussform – »State of the art« in der Bronzezeit. Diese Technik wurde damals bis nach China exportiert.

Aus der Luft sind insgesamt dreißig Siedlungen zu erkennen, die alle nach einem ähnlichen Muster errichtet wurden. Sie liegen verstreut in einem Gebiet von 250 Kilometern Durchmesser, dem »Land der Städte«, wie es heute genannt wird. Nicht nur die Bauweise der befestigten Orte, auch die hier freigelegten Keramikfunde weisen die gleiche Machart und Form auf. Es war also ganz offenbar *ein* Volk, das diese Städte einst errichtet und bewohnt hatte.

Die Ergebnisse der ersten Grabungskampagnen verblüfften die Wissenschaftler. Mitten im Nichts muss es hier vor 4000 Jahren eine Hochkultur gegeben haben, die bereits über einen erstaunlichen gesellschaftlichen Organisationsgrad verfügte. Ein rätselhaftes Volk, das »wie aus heiterem Himmel« aufgetaucht war, nach zwei Jahrhunderten seine Häuser anzündete, das Land der Städte verließ und wieder im Nebel der weiteren Geschichte verschwand. Eine vergessene Zivilisation, von der wir nichts ahnten, die namenlos ist, von der wir nicht wissen, woher sie kam und wohin sie ging.

Eine Wissensexplosion aus dem Nichts

Was war hier vor vier Jahrtausenden geschehen? Im Vorland des Ural, der Europa von den unendlichen Weiten Sibiriens trennt, im Revier von Pelzjägern, Goldsuchern und Nomaden? Umso rätselhafter, warum ausgerechnet hier palisadenbewehrte Bastionen entstanden: Zwei Verteidigungsringe mit Wohnstätten dazwischen und verbunden durch eine Ringstraße, in der Mitte ein zentraler Platz. Jedes Haus verfügte neben der Feuerstelle über einen eigenen Brunnen, außerdem gab es ein komplexes System an Abflusskanälen, die nach draußen vor den äußeren Ring führten. Die Erbauer der Siedlungen mit perfekter Kanalisation hatten ganz offensichtlich den Unterschied zwischen sauberem Trinkwasser und unreinem Nutzwasser verstanden. So etwas kannten die Archäo-

6 Die Rekonstruktion von Arkaim: Rüdiger Krause vor einem verfüllten Brunnen – jedes Haus besaß einen eigenen. Die Pfostenstümpfe markieren die Deckenpfeiler des Hauses, vorne ist der Eingang zu sehen. Im Hintergrund erkennt man den Wehrgang, der die Stadt umschloss.

logen bislang nur aus Mohenjo-Daro im heutigen Pakistan: Die freigelegten Siedlungen im fruchtbaren Indus-Tal aus der Zeit um 2000 v. Chr. – also etwa zeitgleich – verfügten über eine ausgeklügelte Wasserversorgung mit über 600 Brunnen und geruchsgeschützten Abwasserkanälen. Da hätten die Hamburger mal besser aus Geschichte lernen sollen. Die große Choleraepidemie von 1892, an der fast 10.000 Menschen starben, wäre vermieden worden. Erst der aus Berlin herbeigeeilte Mikrobiologe Robert Koch erkannte damals die Ursache: Die Hamburger nutzten das Wasser aus verunreinigten Flüssen und Fleeten als Trinkwasser.

7 Modell eines Streitwagens im Museum von Arkaim. Archäologische Funde belegen, dass die Menschen hier schon vor 4000 Jahren, vor den alten Ägyptern, mit solchen Gespannen durch die Steppe rasten.

Woher kam dieses geheimnisvolle Volk, das konzentrische befestigte Städte errichtete, das mehr als ein halbes Jahrtausend vor Troja eine komplexe Wasserversorgung beherrschte und neue geniale Techniken erfand? Techniken, deren Zeitstellung die Wissenschaftler erst recht verblüffte. Die Fremden entwickelten den frühesten Streitwagen, mit einer Speichenradtechnologie, die nach Ausweis der C14-Radiocarbondatierungen die älteste der Welt ist. Ein gutes halbes Jahrtausend, bevor er im alten Ägypten aufkommt, jagten die Fremdlinge mit solchen Gefährten bereits durch die Steppe Sibiriens – und exportierten ihre Technologie.

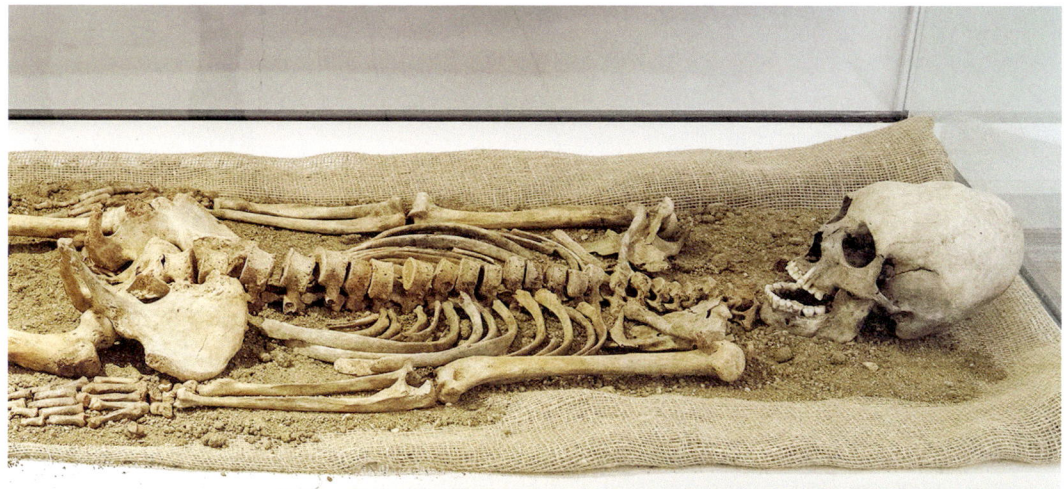

Woher wir das wissen? In kegelförmigen Grabhügeln, den sogenannten Kurganen, fanden die Archäologen neben den prächtigen Bronzewaffen und Pferden der Elitekrieger auch ihre zweirädrigen Streitwagen für die Reise ins Jenseits, die im Vergleich zu den vorderasiatischen und südeuropäischen Wagen zeitlich als früher bestimmt werden konnten.

Und noch eine Weltneuheit aus dem Land der Städte: der Trensenknebel. Mit diesem Zaumzeug lassen sich Pferde leicht lenken. Eine Technologie, die sich vom Ural aus in die bekannten Weltgegenden der bronzezeitlichen Hochkultur verbreitete, nach Vorderasien und Griechenland, bis nach Mykene. Eine Wissensexplosion, die aus dem Nichts kam.

Weniger wissenschaftlich als bei der C14-Datierung von Grabbeigaben ging es zu, als Archäologen in Arkaim ein Skelett mit einem außergewöhnlich verlängerten Schädel freilegten. Nicht nur für russische Ufologen war schnell klar: Das Skelett mit diesem seltsamen Schädel konnte nicht von dieser Welt sein, hier lagen die sterblichen Überreste eines Aliens. Und wenn nicht, dann müssen die Steppenleute zumindest das Aussehen von außerirdischen Besuchern nachgeahmt haben, indem sie Kindern den Schädel mit Seilen eng einschnürten, um ihn »alienmäßig« zu gestalten.

8 In einem Grab in Arkaim wird ein Frauenskelett mit stark verlängertem Schädel entdeckt. Das kann nur ein Alien sein, oder?

9 20.000–10.000 Jahre alte Höhlenmalerei aus dem südlichen Ural – ein außerirdischer Besuch?

Die Forscher sehen das nüchterner und erklären die Deformierung mit Stammesritualen einer unbekannten Kultur. Neue Untersuchungen ergaben eine Zeitstellung um das Jahr 200 – die Frau lebte also 2000 Jahre nach dem Verschwinden der Stadterbauer. Die ließen eine karge, unendliche Steppe zurück, in der nur noch Jäger und Nomaden herumstreiften. Als habe es diese »kulturelle Explosion« nie gegeben. Viele Funde steckten nur wenige Zentimeter unter der Oberfläche. Ein Hinweis, dass die Siedlungen nicht sehr lange existierten und – ein Glücksfall für die Archäologen – nie wieder überbaut wurden. Sonst hätte sich weit mehr »Zivilisationsschutt« abgelagert. Aber: Nach dem Abzug des »Spiralvolkes« wurden Kurgane errichtet. Und die können jetzt erforscht werden.

Pilgerziel für Schamanen, Heilsuchende und Wundergläubige

Und was hat es nun mit der konzentrisch angelegten Stadt Arkaim auf sich, die auch von Nicht-Esoterikern als Himmelsobservatorium angesehen und als »Stonehenge Russlands« bezeichnet wird? Die Archäologen gerieten tatsächlich in helle Aufregung, als sie das Gebilde sahen: zwei ineinander liegende Kreise – ein Rad innerhalb eines Rades – mit einem runden Zentralen Platz. Die russischen Mitarbeiter fühlen sich an eine Spirale erinnert. Der komplexe Aufbau sei ein begehbares magisches Mandala, errichtet nach exakten Gesetzen der Astronomie und Kosmologie, ein Sonnen- und Mondkalender, wie Chefausgräber Zdanovich recht schnell zu erkennen meinte.

10 Modell der »Spiralstadt« Arkaim mit dem unbebauten Platz in der Mitte

11 Die Spiralgalaxie M61 im Virgo-Galaxienhaufen, basierend auf Daten des Weltraumteleskops Hubble und des Very Large Telescopes.

Das Geheimnis der Spiralgalaxien

Eine Spirale, oder Schneckenlinie, ist zunächst mal eine Kurve, die um einen Punkt oder eine Achse verläuft und sich je nach Perspektive des Betrachters von diesem Zentrum entfernt oder sich ihm annähert. In den modernen Naturwissenschaften spielt die Spiralstruktur vor allem in der Astronomie eine wichtige Rolle, denn schließlich gehören fast 75 Prozent aller Galaxien im überschaubaren Universum zu den sogenannten Spiralgalaxien. Es handelt sich dabei um materielle Inseln im fast leeren Universum, die als Scheiben aus Sternen, Gas und Staub um ihr jeweiliges Zentrum rotieren. Sie zeigen sehr ausgedehnte Arme in Spiralform, in denen helle blaue Sterne und andere Sternentstehungsgebiete wie Perlen auf einer Kette aneinandergereiht sind.

Entdeckt wurden die Spiralgalaxien erst 1845, von einem gewissen William Parsons, 3. Earl of Rosse. Er konnte mit dem damals leistungsstärksten Teleskop der Welt die Spiralstruktur erkennen, wo bis dahin nur nebelige Flecken – daher der inzwischen veraltete Begriff »Spiralnebel« – am Himmel zu sehen waren.

Nach ihrer Entdeckung im 19. Jahrhundert hatten die Astronomen allerdings ein echtes Problem. Denn eigentlich dürften diese Spiralgalaxien gar nicht so häufig sein: Wenn die Spiralarme tatsächlich mit der Rotation der Galaxien zu tun hatten, was ziemlich offensichtlich zu sein schien, dann würden sie doch bereits nach wenigen Umdrehungen ganz eng aufgewickelt sein. Man kennt das von der mit Kaffee gefüllten Tasse: Rührt man mit dem Löffel einige Tropfen Kaffeesahne ein, entstehen sofort Sahnespiralarme, die dann aber nach wenigen Umdrehungen verwischen und nach kurzer Zeit verschwinden.

Was also erhält sie bei Galaxien »am Leben«? Denn dort sind sie offensichtlich sehr langlebige Gebilde, sonst würde man nicht so viele Spiralgalaxien beobachten. Man stellte fest, dass Spiralarme vor allem durch Sternentstehungsgebiete gekennzeichnet sind, aus denen die ganz besonders großen und sehr leuchtkräftigen blauen Sterne prominent hervorstechen. Diese Riesensterne leben nur wenige Millionen Jahre und beenden ihr Dasein in einer gewaltigen Supernova-Explosion.

12 Der Krebsnebel im Sternbild Stier ist der Überrest einer Supernova, die am 4. Juli 1054 von chinesischen Astronomen beobachtet wurde.

Spiralarme als Geburtsorte der Sterne – aber was ist die physikalische Ursache für diese ästhetischen Gebilde unter den Galaxien?

Nach fast hundert Jahren Forschung weiß man heute, dass die Spiralarme das Ergebnis der Kombination von Schwerkraft und Rotation sind. Wobei sich Galaxien wie unsere Milchstraße nicht wie ein starrer Körper drehen. Dreht sich eine homogene Kugel, dann wächst ihre Drehgeschwindigkeit um das Zentrum mit zunehmender Entfernung. Galaxien drehen sich nur im inneren Teil so, nach außen bleibt ihre Drehgeschwindigkeit konstant. Man spricht von differentieller Rotation: Die inneren Teile der Scheibe drehen sich damit sehr viel schneller als die äußeren Regionen. In unserer Milchstraße zum Beispiel gibt es lokale Verdichtungen von Gas, dem interstellaren Medium. Solche Gaswolken wachsen durch die Schwerkraft zunächst immer weiter an, werden also größer, bis sie von der großräumigen differentiellen Rotation erfasst, verschert und in die Form einer Spirale gezogen werden. Dies ist sozusagen die »Geburt« der Spiralarme, die durch immer neue Verdichtungen und Verscherungen wiederholt wird.

Die Bildung von Spiralarmen ähnelt in ihren Ursachen einem Verkehrsstau auf der Autobahn, ausgelöst durch einen langsam fahrenden Lkw auf der linken Überholspur. Der nachfolgende Pkw-Verkehr reagiert auf den deutlich langsameren Brummi durch eine Verkehrsverdichtung, die sich nach hinten fortsetzt, wie eine Welle. In den Galaxien mündet der Stau sozusagen in den Spiralarmen. Durch die fortgesetzte, sich immer wieder erneuernde Verdichtung und Drehung werden die Spiralarme trotz der Tendenz zur Aufwicklung weiter am Leben gehalten. Sie sind das Ergebnis der Kombination von Instabilitäten im interstellaren Medium und der Drehung der ganzen Galaxie. Damit sind die Spiralarme Ausdruck für die Dynamik und die Vernetzung der Umwandlungsprozesse von Gas in Sterne und umgekehrt innerhalb des Gravitationsfeldes der Galaxie als Ganzes. Die für uns sichtbare Form der Galaxien, die Morphologie, wird zum Spiegelbild der physikalischen Ursache-Wirkung-Beziehung. Man kann sozusagen aus der Form eines Objektes auf seine Wirkung schließen.

Bei genauem Hinsehen ist Arkaim aber keine Spirale, auch wenn es der russische Chefausgräber gerne so sah.

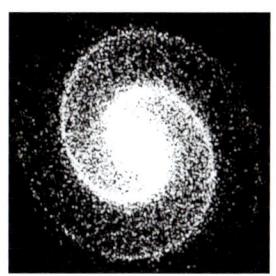

13 Der innere Teil einer Galaxie dreht sich schneller als der äußere und lässt so die Spiralarme entstehen.

14 Modell der inneren und äußeren Befestigungsanlagen von Arkaim – was wollten die Steppenbewohner mit ihren Palisaden und Stadtmauern schützen?

Bastionen im Niemandsland

Der deutsche Vorgeschichtler Rüdiger Krause hat es nicht so mit Magie und kosmischer Energie oder gar Besuchen von anderen Sternen. Für Krause ist der »Nabel der Welt« nur ein Mythos. Das Mandala ein künstlich neu angelegter Rummelplatz. Und er sieht auch keine Spiralen im Aufbau der Städte, wie die russischen Mitarbeiter. Er spricht archäologisch korrekt von »befestigten Sintashta-Siedlungen«. Ihn interessieren harte Fakten, die Ausgrabungsergebnisse. Und davon gibt es eine ganze Menge.

Luftaufnahmen und Grabungen enthüllen die einzigartige Struktur der Siedlungen: Hinter einer vier bis fünf Meter dicken und über fünf Meter hohen Mauer mit Palisaden und Wassergraben sind zwei Ringe aus einstöckigen Häusern um einen Platz im Zentrum angeordnet. Nach einem exakt vorgezeichneten Plan, der auf eine organisierte und planmäßig durchgeführte Gemeinschaftsleistung beim Bau hinweist. Und damit normalerweise auf eine hierarchische Organisation. Doch dafür gibt es im Land der Städte keinerlei Anzeichen. Es wurden weder Paläste noch Tempel gefunden, es gab keinen Herrschersitz, alle Häuser waren gleich groß.

Warum errichteten die Steppenleute derartige Bastionen? Was wollten sie mit Palisaden und Stadtmauern schützen? Mitten in diesem kargen, weiten Land? Bevor die Siedlungen angelegt wurden, gab es hier kein sesshaftes Volk. Das fanden Archäobotaniker anhand von Pollenuntersuchungen heraus. Woher also kam diese hochentwickelte neue Kultur, von der wir ohne die Luftaufnahmen und späteren Ausgrabungen nie etwas gehört hätten? War die plötzliche Blüte eine Entwicklung, die einheimische Gruppen hervorgebracht hatten? Oder waren es Fremde? Und wenn ja, woher stammten sie? Das sind Fragen, mit denen sich Paläogenetiker beschäftigen.

15 Die Überreste der Siedlung Sintashta. Nach ihr werden die Bewohner des Landes der Städte als *Sintashta-Kultur* bezeichnet.

● Mauern und Wände

● Brunnen und Gruben

● Gräben

Die Jagd nach dem Genom

Die Paläogenetik ist ein recht junger Forschungsbereich, der in den letzten Jahrzehnten durch den technologischen Fortschritt einen enormen Aufschwung erlebt hat. Als Bestandteil der Bioarchäologie untersucht sie genetische Proben fossiler und prähistorischer Überreste von Menschen, Tieren und Pflanzen. Aus den Proben werden die Erbinformationen (DNA-Bruchstücke) herausgelöst, mittels verschiedener chemischer Reaktionen vervielfältigt und ausgelesen, man spricht von *sequenziert*. Die Analyse des genetischen Materials erlaubt Artbestimmungen und Verwandtschaftsanalysen genauso wie Artbildungsprozesse und Wanderungsbewegungen von Populationen. Außerdem können Krankheiten bestimmt werden.

Anfangs beschränkte sich die Paläogenetik darauf, menschliche Stammbäume anhand statistischer Daten zu rekonstruieren. Im späteren Verlauf gelang es aber erstmals, die DNA des Zellkerns, die sogenannte nDNA und auch die DNA der Mitochondrien – das sind die Energieversorger der Zellen – zu isolieren. Mit dieser mtDNA kann man die Mutterlinie eines Organismus zurückverfolgen. So gelang es zum Beispiel, das Genom unserer pleistozänen Vorfahren wiederherzustellen. Die Paläogenetik hat sich auf diese Weise in kurzer Zeit zu einem bedeutsamen und besonders aussagefähigen Wissenschaftsfeld bei der Interpretation historischer Evolutionsprozesse entwickelt.

16 Die Paläogenetik untersucht Überreste prähistorischer Lebewesen und hat sich in kürzester Zeit zu einem bedeutenden Wissenschaftsfeld entwickelt.

17 Die Mainzer Johannes-Gutenberg-Universität ist auf die Genomanalyse von archäologischen Skelettfunden spezialisiert. Im Reinstlabor für paläogenetische Untersuchungen werden auch 38 Bestattungen aus einem bronzezeitlichem Kurgan in Neplujeschka bearbeitet. Der Kurgan mitten im »Land der Städte« wurde gleich nach Aufgabe der befestigten Siedlungen errichtet. Alle 38 Verstorbenen sind miteinander verwandt.

Eine detaillierte DNA-Analyse ist allerdings eine komplexe Angelegenheit und hat auch ihre Tücken, denn verunreinigte Proben, die letztendlich gar nicht vom Erbgut, sondern etwa aus einer eigenen Hautschuppe stammen, sind durchaus keine Seltenheit. Um das zu verhindern, tragen die Forschenden Ganzkörper-Anzüge, Handschuhe und Mundschutz. Sehr steril muss es zugehen bei der Entnahme stichhaltiger Gewebe- und Knochenproben, das gilt vor allem für die Arbeitsmaterialien. Dann werden die DNA-Bruchstücke kopiert, ausgelesen und sequenziert. Und dann wird sofort anschließend ein Leerexperiment durchgeführt, ohne gewonnene DNA-Sequenzen. Damit wird sichergestellt, dass tatsächlich nur originales Erbmaterial analysiert wird.

Zudem bedient sich die Forschung inzwischen verlässlicher Methoden, um alte und neue DNA-Sequenzen voneinander abzugrenzen. Bis 2005 war es äußerst schwierig, diese Bruchstücke aus alten DNA-Sequenzen überhaupt analysieren zu können. Erst mit der Entwicklung des »Next Generation Sequencing« wurde es möglich, mehrere DNA-Fragmente anzureichern und zu vervielfältigen.

Und wie hat man sich das jetzt genau vorzustellen?

Also: Als beste Proben für altes Erbgut gelten Knochen. Bereits weniger als ein Gramm Knochenmaterial reicht für eine Analyse aus. Wie erwähnt, enthalten Proben aber zumeist nie nur die gesuchte DNA, sondern auch bakterielles Erbgut und manchmal auch moderne Menschen-DNA. Die pulverisierte Probe muss deshalb gründlich aufgearbeitet werden.

Über mehrere Stunden löst eine Mischung aus Enzymen und Bindemitteln die nicht organischen Substanzen und Eiweiße aus dem gelösten Knochenpulver. Dann werden in einer Zentrifuge die schweren, ungelösten Substanzen von der gelösten DNA getrennt und an mineralische Membranen abgelagert. Reiner Alkohol löst die Salze aus dem abgetrennten Erbgut wieder heraus. Die DNA ist Wasser gewöhnt! Sie wird schließlich darin aufgelöst und ist bereit für die nächsten Schritte.

Wärme trennt die Doppelstränge des Erbguts auf, jeder Einzelstrang wird fixiert mit einer Adapter-DNA. Eine passende Start-DNA leitet den Kopiervorgang ein. Die ergänzte, nun wieder doppelsträngige DNA wird durch einen weiteren Adapter versiegelt. Die DNA-Fragmente der Bibliothek werden in einem nächsten Schritt zunächst vervielfacht. Die dazu nötige Technik heißt Polymerase-Kettenreaktion, englisch kurz PCR. Anschließend liest ein hochmodernes Sequenziergerät (»Next Generation Sequenzierung«) den Code der Schnipsel aus.

18 Aufbereitung der Knochenproben im Reinstlabor für die anschließenden Genom-Untersuchungen

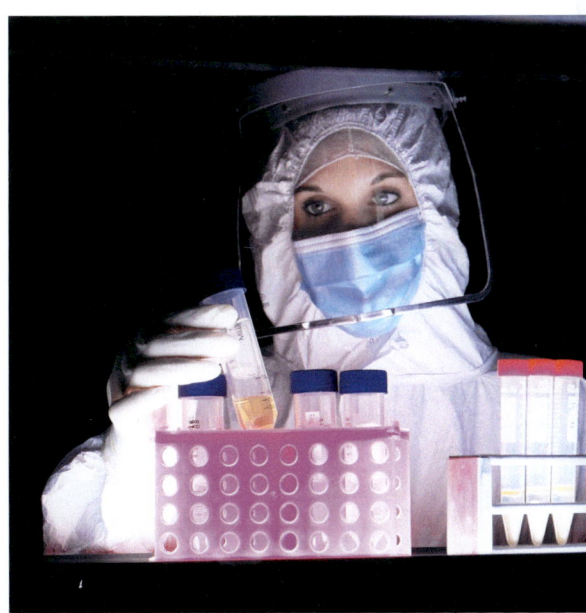

Damit ist die DNA bereit zur Analyse am Computer, der die Fragmente des Erbguts zusammensetzt. Was das Sequenziergerät entziffert hat, lässt sich nicht sofort in einen sinnvollen Zusammenhang bringen. Viele kleine Teile des bei Säugetieren oft Milliarden Buchstaben langen genetischen Codes müssen von Algorithmen in Hochleistungsrechnern wie in einem Puzzle zusammengebracht werden. Als Vorlage ist dafür das Genom eines heute noch lebenden Verwandten der untersuchten Spezies notwendig.

Wenngleich die Paläogenetik methodisch (vorerst) begrenzt ist, leistet sie insgesamt bereits einen wichtigen Beitrag, um die Evolutionsgeschichte von Pflanzen, Tieren und des Menschen präziser nachzuzeichnen. Ausgereizt sind die innovativen Methoden längst noch nicht; weshalb zu erwarten ist, dass diese genetische Teildisziplin in den kommenden Jahren und Jahrzehnten wissenschaftlich weiter voranschreitet.

Die Spur der Erze

Die besondere Bedeutung der Paläogenetik wird auch daran deutlich, dass die Deutsche Forschungsgemeinschaft im Land der Städte bis 2024 weitere fünf Kampagnen zur Sequenzierung der Genome aus den archäologischen Fundstellen bewilligt hat, um möglichst viele Details über das Leben der bronzezeitlichen Steppenmenschen nach der Aufgabe der befestigten Städte herauszufinden. Denn die meisten Geheimnisse sind bis heute nicht gelöst.

Parallel dazu geht die Arbeit der Archäologen in den Siedlungsbezirken weiter. Was war so wertvoll, dass man die Städte mit mächtigen Wällen schützen musste? Die Vorgeschichtler finden nach einem Ausflug ins Gebirge die überraschende Antwort.

19 Die Grabungen im »Land der Städte« lösen manche Fragen – und fördern doch immer wieder neue Geheimnisse zutage, die die Archäologen vor Rätsel stellen.

Alle Siedlungen sind rund um einen zentralen Platz angeordnet. Als bei Grabungen auf einer dieser unbebauten Flächen
im Inneren der benachbarten Stadt Olgino Reste von Metall-
verhüttung gefunden werden, begibt sich Krause auf die Spur
der Erze. In einem uralten Geländewagen fährt er mit dem
Geologen Anatoli Juminow ins Uralgebirge, um Bodenproben
zu sammeln.

Eine künstlich in den Berg gehauene Schlucht erweist sich
als ein geologischer Hotspot. Das Gestein birgt hier Hunderte
verschiedene Materialien auf engstem Raum. Juminow zeigt
dem deutschen Professor einige sonderbare Krater. Schnell
wird klar, die sind von Menschenhand geschlagen worden! Die
grün schimmernden Gesteinsproben bestehen aus Kupfer-
oxid. Kupfer, das braucht man für die Herstellung von Bronze.
Diese Form des Abbaus über Tage, also in offenen Gruben, ist
typisch für die Bronzezeit, also die Zeit der Stadtgründungen.

Krause vergleicht die Proben aus dem Krater mit Kupfer-
spänen der ausgegrabenen Fundstücke. Das Ergebnis: der
geochemische Fingerabdruck ist identisch.

20 Wohin führt die Spur
der Erze? Rüdiger Krause
in einer bronzezeitlich ge-
nutzen Mine im Ural, unweit
von Arkaim

Der Fingerabdruck von Metallen

✶ Die chemische Analyse von Metallen betrifft vor allem die Mischung der verschiedenen Anteile unterschiedlicher chemischer Elemente, denn gediegene, also ganz reine Metalle sind eher
selten. Zumeist handelt es sich um Erze, also um Verbindungen mit
anderen Metallen und Nichtmetallen wie Schwefel, Stickstoff und
Kohlenstoff. Für Kupfergegenstände sind es die Anteile der Kupfer-
Zinn-Eisen-Schwefel-Atome. Die gesamte chemische Verteilung der
Elementkonzentrationen in Verbindung mit den ältesten Verhüttungs-
methoden liefert einen »Fingerabdruck« des Materials.

Der Mensch hat sich früh daran versucht, Metalle für seine Zwecke
zu verändern. Es gibt Funde, die nahelegen, dass bereits vor ca. 12.000
Jahren erste metallverändernde Verfahren angewandt wurden. Ein
fester Herd könnte dabei geholfen haben, was Ackerbauern und Sied-
lern sozusagen einen Vorsprung durch Technik brachte. Anders als die

21 Ein Brocken Kupfererz.
Die Herkunft eines Metalls
lässt sich heute aufgrund
seines »chemischen Fin-
gerabdrucks« genau be-
stimmen, wenn es nicht
hochrein ist.

22 Rüdiger Krause mit
einer Klinge aus Bronze.
Davor die Bohrmaschine
zur Proben-Entnahme
zwecks Metall-Analyse

Feuerstellen der Jäger und Sammler konnten ihre Öfen nämlich ge-
schlossen werden und im Inneren höhere Temperaturen entwickeln.
Und es ist eben vor allem die Temperatur, die darüber entscheidet,
was mit den aus dem Boden geholten Materialien geschehen kann.

Wahrscheinlich haben zufällige, aber auffällige Funde von reinem Metall oder farbigen metallreichen Erzen das Interesse der damaligen
Menschen geweckt. In Feuergruben mit natürlicher Abdeckung durch
Asche könnte bei niedergehender Verbrennung Holzkohle entstanden
sein, die aus 80 Prozent Kohlenstoff besteht. Beim Verbrennen von
Holzkohle können, bei entsprechender Luftzufuhr, 1000 °C und mehr
erreicht werden. Aus metallreichem Rotkupfererz zum Beispiel wird
auf diese Weise Kupfer, aus Zinnkies – einem Kupfer-Zinn-Eisen-
Schwefel-Erz – wird eine natürliche Metallmischung, man spricht von
einer Legierung, aus Kupfer und Zinn ausgeschwitzt.

Erste zufällige Versuche könnten dann zu mehr ziel- und zweck-
gerichteten metallurgischen Überlegungen angeregt haben. Man erkannte, dass eingesetzte Blasrohre durch den zugeführten Luftsauer-
stoff die Schwefelanteile im Erz oxidieren. Ebenso den für die
schmiedende Bearbeitung von Eisen hinderlichen Kohlenstoff, falls
dieser einen Gehalt von über 2 Prozent aufweist. Schwefel und Kohlenstoff entweichen als Schwefeldioxid (SO_2) bzw. Kohlendioxid.

In der Tat sind erste zweckgerichtete Verhüttungsöfen bereits für die Zeit 4500 bis 3500 v. Chr. nachgewiesen. Die Siedlung in Arkaim ist damit ein wichtiger Baustein der allgemeinen Metallgeschichte der Menschheit. Und aus dem Vergleich der Bodenproben aus den Bergwerken der Umgebung und der Zusammensetzung in den von Menschenhand gemachten Objekten ergibt sich folgendes, von vielen Indizien gestütztes Szenario:

Der Himmel berührt die Erde

Zdanovichs geheimnisvolles »Spiralvolk« baute hier in diesen Gruben Kupfererz ab, das im Zentrum der Siedlungen dann weiterverarbeitet wurde. Die prachtvollen bronzenen Waffen – Beile, Pfeil- und Lanzenspitzen, Streitäxte – waren auch als Handels- und Exportgut sicherlich lukrativ. Dass es eine Handelskette bis nach Griechenland gab, beweist der Technologietransfer. Ihre hoch entwickelte Bronzeherstellung machte die Steppenkrieger reich. Das Metallzeitalter begann, das für die Menschheitsgeschichte von immenser Bedeutung ist. Doch im Land der Städte gibt es noch Wertvolleres, das es mit Festungen zu schützen galt.

Michail, ein ehemaliger MIG-Pilot der sowjetischen Luftwaffe, hat sich mit einem selbst gebastelten Ultraleichtflugzeug einen Traum verwirklicht. Damit erkundet er die Umgebung. Die Luftbilder zeigen ein Areal, durchlöchert wie ein Schweizer Käse. Professor Krause will das Gelände vom Boden aus erkunden. Er entdeckt tiefe künstliche Gruben, senkrecht geht es in den Abgrund. Krause seilt sich vorsichtig ab. Im Schacht stößt er auf uralte Abbauspuren. Die anschließende Gesteinsprobe offenbart: Golderz! Der Stoff, aus dem die Träume sind, der

23 Einige der Bronzefunde aus dem Museum von Arkaim: zwei Schaftloch-Äxte und eine Speerspitze

24 Ein Brocken goldhaltiges Erz. Gold war der mythische Werkstoff der Bronzezeit, und offenbar wurde es im Ural abgebaut.

mythische Werkstoff der Bronzezeit für Prestigeobjekte wie den »Schatz des Priamos« aus Troja oder die »Maske des Agamemnon« aus Mykene. Gold in der Steppe! Grund genug, sich hinter wehrhaften Mauern zu verschanzen.

Das Rätsel des riesigen eurasischen Steppenraums ist noch lange nicht gelüftet, sagt Krause. Und damit meint er auch das Vermächtnis der Steppenkrieger aus einer längst verflossenen, vergessenen Menschheitsepoche, die dennoch ihrer Zeit so weit voraus waren. Ein Steppenvolk, dessen Spuren nicht verfolgt werden können, von dem wir nur die Siedlungen kennen und Funde, die das enorme, wie aus dem Nichts auftauchende Wissen belegen.

An Aliens glaubt Rüdiger Krause trotzdem nicht, und von angeblich astronomisch-kosmischen Berechnungen und Erleuchtungen aus dem All hält er auch nicht viel. Im Gegensatz zu seinen russischen Kollegen. Allen voran ausgerechnet der

25 Bei näherer Betrachtung erscheint das ganze Gebilde gleich einem riesigen Auge mit einer Pupille in seinem Zentrum, das von der Linienzeichnung einer Iris umgeben ist.

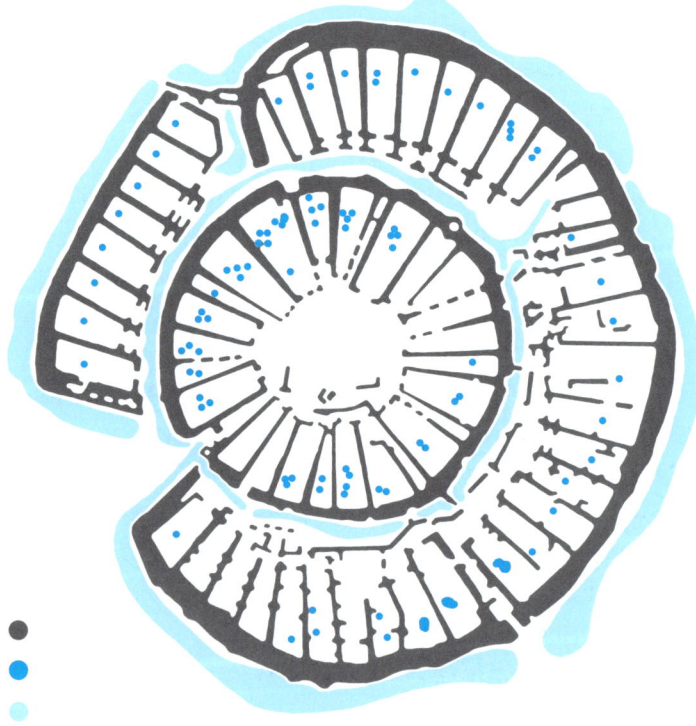

Mauern und Wände ●

Brunnen und Gruben ●

Gräben ●

Entdecker und Chefausgräber, Gennadij Zdanovich: »Das war eine Sternstunde der Menschheit! Genau hier hat der Mensch seine Welt ganzheitlich erfasst und in eine Stadt umgesetzt, den Nabel der Welt.«

Damit begründete Zdanovich die Theorie von Arkaim als Himmelsobservatorium, als »Stonehenge Russlands«, als Kraftzentrum, das Tausende von Heilsuchenden anzieht. Zdanovich ist überzeugt, dass die Erbauer exakte mathematische und astronomische Kenntnisse beim Bau der Städte einsetzten. Jede dieser Siedlungen stelle ein Modell des Universums dar und habe wohl Feuer- und Sonnenkulten gedient. Warum ausgerechnet hier das Universum abgebildet worden ist, auch das weiß er, der liebenswürdige Esoteriker: Hier liegen »außerordentliche Wirbel-Akupunkturpunkte des Planeten«.

Shamanka – der Berg der Schamanen

Das sind natürlich reine Spekulationen. Nichtsdestotrotz führten solche seltsamen Mutmaßungen und fantastischen Erklärungen dazu, dass bereits in den 1980er-Jahren auf dem Gipfel des nahe gelegenen Shamanka-Berges, des Bergs der Schamanen, ein Mandala errichtet wurde. Seit Putins Besuch wurden der sogenannte Spiralberg und Arkaim erst recht zur Kultstätte. Zur Sommersonnenwende pilgern Zehntausende hierher, um eine ordentliche Portion kraftvoller kosmischer Energie zu tanken und sich »spirituell aufzuladen«. Sie vertrauen der Übersetzung des Namens Arkaim: »Der Himmel berührt die Erde.« Wenn man nur daran glaubt.

Für Krause ist so etwas Spinnerei. Zu viel Interpretation und Magie und zu wenig Fakten. Da stimmt er eher der Grabungsleiterin der benachbarten Stadt zu. Ludmilla Koryakova gibt zwar zu, dass man es hier »mit einer sehr plötzlichen kulturellen Entwicklung« zu tun habe, glaubt aber nicht an eine Verbindung zum Kosmos: »Das ist absoluter Unsinn.«

26 Das Mandala auf dem Shamanka-Berg wurde erst vor einigen Jahren von »Gläubigen« errichtet und hat mit den ärchäologischen Stätten nichts zu tun.

27 Gruß an die Sonne auf dem Gipfel des Shamanka-Bergs bei Arkaim. Zehntausende Gläubige wollen hier Energie tanken und suchen nach heilenden kosmischen Kräften.

So sind sie, die nüchternen Wissenschaftler. Und lassen sich auch nicht von den beseelten Eintragungen von Bloggern irritieren, die von »kosmischen Spontanheilungen« berichten.

Die Macht der Psyche

Tatsächlich gibt es überhaupt keine nachgewiesenen Wirkungen von einer Art kosmischer Energie, die von Lebewesen auf der Erde wahrgenommen werden kann. Der Kosmos teilt sich uns Menschen fast ausschließlich durch die elektromagnetische Strahlung der Sterne mit, und die sind so weit weg, dass man sehr große Sammelflächen bei Teleskopen benötigt, um sie überhaupt feststellen zu können. Der einzige Stern, der für uns wirklich von Bedeutung ist, ist die Sonne. Deren verschiedene Bahnen und Standorte am Himmel hat die Anlage von Arkaim ja auch dargestellt. Hier liegt die einzige Verknüpfung zum Universum. Und die können wir alle auch heute nachvollziehen.

Was das Phänomen von angeblichen Spontanheilungen oder sonstiger Wunder angeht: Dabei spielen die menschliche Psyche und besondere äußere Rahmenbedingungen sicher eine größere Rolle als irgendwelche kosmischen Energien. Gerade die Erwartungshaltung von Erkrankten, dass ihnen an einem besonderen Ort eine Art besonderer Heilung geschehen wird, kann höchst bemerkenswerte psychosomatische Wirkungen entfalten.

Und genau das, nämlich die individuell wahrgenommene Besonderheit des Ortes, wird von den Besuchern bemerkt. Angefüllt von Liebe und Verständnis habe sie den Berg verlassen, schreibt eine Besucherin. Subjektive Wahrnehmung ersetzt aber in der wissenschaftlichen Analyse nicht den objektiven Wirkungsnachweis. Und genau der fehlt in Arkaim, wie auch an allen anderen heiligen Plätzen irgendwo sonst auf der Welt.

Immerhin, Arkaim, dieser für viele heilige Ort in Russland, könnte eigentlich ein Symbol für das Ziel eines Weltfriedens sein. Da möchte man sich doch wünschen, dass mehr Staatenlenker den Spiralberg besuchen. Auch gern zum zweiten Mal ... und öfter ... und gerade jetzt.

28 Präsident Putin mit Gennadij Zdanovich in Arkaim. Der Chefausgräber starb im November 2020 an den Folgen einer Covid-19-Infektion.

4 Das »Sirius-Rätsel« der Dogon

1 Der geheimnisvolle Maskenkult der Dogon zu Ehren ihrer Ahnen

N
W — O
S

MAURETANIEN

ALGERIEN

KIDAL

REP. MALI

●Aguelhok

●Kidal

Ersane●

●Almoustarat

Timbuktu ●   *Niger*

●Gao

Nioro du Sahel●

Binnendelta

Falaise de Bandiagara

●Kayes

Senegal

Djenné ●   ***Gondo-
Ebene***

Niger   ●Ségou

NIGER

●Niamey

●Falea

●**Bamako**

Baoulé *Bagoé*

●Sikasso

●Ouagadougou

BURKINA FASO

GUINEA

BENIN

TOGO

ELFENBEINKÜSTE

GHANA

Lomé●
●Porto Novo

●Monrovia

●Accra

LIBERIA

Abidjan●

Golf von Guinea

Atlantischer Ozean

0 100 200 300 km

Am 17. September 1931 erklettert eine Gruppe junger Franzosen in hellen Shorts und mit den zu der Zeit üblichen Tropenhelmen das unwegsame Felsmassiv von Bandiagara. Sie sind schweißdurchnässt in diesem Glutofen, nur wenige Baobabs, die afrikanischen Affenbrotbäume, spenden Schatten. Die Mitglieder der Expedition sprechen mithilfe ihres Dolmetschers ein paar Bauern an, die von der Feldarbeit kommen. Das erste Zusammentreffen mit den »Habés«, den Heiden, wie sie von den benachbarten und bereits islamisierten Peul genannt werden, verläuft friedlich.

Hier begegnen sich Kulturen, ja Welten, wie sie unterschiedlicher kaum sein können. Christentum trifft auf Animismus, Forschungsdrang auf überlieferte, verborgene Traditionen, Zivilisation auf »Wildnis«, weiße Wissenschaftler auf »primitive Neger«, wie der Politiker und Althistoriker Victor Bérard es formulierte. Als Senator hatte er sich vehement dagegen ausgesprochen, die Forschungsreise in die französische Kolonie mit staatlichen Zuschüssen zu fördern. Das Argument des Bewunderers von Heinrich Schliemann und Homer: »Da auf dieser Expedition Kulturen studiert werden sollen, die niemandem von Nutzen sind, ist die Reise völlig sinnlos.«

Von Nutzen mochten die Kulturen der »Unzivilisierten« ihm nicht sein; wohl aber deren Kultgegenstände. Die Expedition ist nicht die erste nach Afrika, aber es ist die erste unter der Schirmherrschaft des französischen Staates und wissenschaftlicher Institutionen. Ein Prestigeobjekt, begleitet von jeder Menge Presserummel, finanziert von Staat, Banken, der Autofirma Ford und privaten Geldgebern – und mit dem unverblümten Ziel, möglichst viele ethnografische Gegenstände mitzubringen, um die Sammlung des Pariser *Musée d' Ethnographie du Trocadéro* zu bereichern. Auch dank der Ausbeute

2 Der Politiker, Althistoriker und Senator Victor Bérard sprach sich gegen die Expedition aus, da die Erforschung »nutzloser Kulturen« sinnlos sei.

3 Auch dank der Ausbeute der Dakar-Djibouti-Expedition wurde das *Musée d' Ethnographie du Trocadéro* zum führenden Völkerkundemuseum Europas.

dieser Expedition wurde das Museum zum führenden Völkerkundemuseum Europas und zog 1937 anlässlich der Weltausstellung unter dem Namen »Musée de l'Homme« in einen neuen Prachtbau. Tausende Objekte des afrikanischen Volkes der Dogon gelangten so nach Paris. Darunter allerdings nur wenige Figuren. Die wurden noch immer vor den Europäern möglichst verborgen. Zu Beginn der 1930er-Jahre gab es nur eine Handvoll Skulpturen der Dogon in Europa.

Die französische Dakar-Djibouti-Expedition ist die erste große Forschungsreise in der Sahelzone, die sich wie ein Band von Westen nach Osten quer durch Afrika zieht, zwischen der Wüste Sahara im Norden und der Trockensavanne im Süden. Verschiedene afrikanische Gesellschaften sollen vergleichend studiert werden, die unter ähnlichen klimatischen Bedingungen leben. Auf einer Strecke von 20.000 Kilometern werden die Expeditionsteilnehmer zwei Jahre lang Afrika durchqueren, von West nach Ost, vom Atlantischen Ozean bis zum Roten Meer. Zwei Jahre, in denen es gilt, brennende Sonne, Entbehrungen und Krankheiten durchzustehen.

Die Forscher haben ein Empfehlungsschreiben dabei, von einem Missionar aus Dakar. Es soll die ersten Kontakte auf ihrer »Reise ans Ende der Welt« erleichtern, wie ein Teilnehmer im Expeditionstagebuch vermerkt. Knapp vier Monate haben sie gebraucht von Dakar an der Westküste Senegals bis hierher, in den Südosten der heutigen Republik Mali. Zu Pferd, per Auto und Schiff den Niger flussabwärts. Doch nun, im September 1931, sind die Strapazen der letzten Wochen wie weggewischt. Sie haben endlich das Land der Dogon erreicht – und werden hier, auf diesem zerklüfteten, hitzeglühenden Felsplateau mit Bier aus einer Kalebasse bewirtet.

Aus den Einträgen des Expeditionstagebuchs geht das Staunen über die alten Traditionen dieses abgeschieden lebenden Volkes, das keine Schrift kennt, hervor: »Alles scheint weise und bedeutsam.« Mit Begeisterung und Feuereifer tauchen die Teilnehmer ein in diesen neuen Kosmos mit seinen mystischen Bräuchen und Ritualen. Alles ist fremd, alles rätselhaft. Vor allem der Leiter der Expedition, der junge französische Völkerkundler Marcel Griaule, ist fasziniert. So sehr, dass die Dogon zu seinem Lebensinhalt werden. In den kommenden Jahrzehnten sollte er immer wieder hierher zurückkommen, mit dem Volk der Dogon leben, ihre Sprache lernen und schließlich in die größten Geheimnisse des Stammes eingeweiht werden.

4 Die »Maske der Ethnologin« oder »die Dame« – Marcel Griaule beschreibt, wie diese Maske 1935 auftauchte. Ihr Charakter imitierte genau die Gewohnheiten des Forschers, ohne diese zu verstehen – ein sogenannter Cargo-Kult.

5 Derart ausgestattet begeben sich die Forscher der Dakar-Djibouti-Expedition auf ihre zweijährige Reise.

6 Die Teilnehmer der Expedition – vorne In der Mitte, neben dem Bootsbug, steht Griaule.

7 Statue eines Hermaphroditen auf dem Häuptlingssitz. Jede Dorfgruppe besitzt eine solche oder ähnliche Figur.

Griaule ist überzeugt, dass die Kolonialmächte – der gesamte Sudan ist zu jener Zeit französische Kolonie – vernünftiger und weniger brutal mit den kolonisierten Völkern umgehen würden, wenn sie mehr über sie und ihre Denkweisen wüssten. Er glaubt, dass man sie nicht länger als »primitive Wilde« ansehen würde, wenn man ihre Kunst, ihre Kultur und ihren Glauben verstünde. Eine Ansicht, die sich im 20. Jahrhundert nur langsam durchsetzt. Es dauerte lange, ehe die eurozentrische Sicht aufgeweicht wurde. Ganz verschwunden ist sie bis heute nicht.

Die Kunst der »Wilden«

Griaule und seine Begleiter aus verschiedenen akademischen Disziplinen wissen wenig über das Volk der Dogon. Deshalb »verschlägt es uns schier den Atem«, wie Griaule schreibt, als sie in diese fremde Kultur eintauchen. In den Jahren 1904 und 1905 hatte der Archäologe Louis Desplagnes die »Falaise de Bandiagara«, das 200 Kilometer lange Felsmassiv von Bandiagara, erkundet und Fotos und jahrhundertealte Statuetten mitgebracht. Die ältesten stammen aus dem 11. Jahrhundert,

einer Zeit, in der in Europa der Speyerer Dom und die Abtei-
kirche von Cluny im romanischen Stil erbaut wurden und mit
den Wikingern zum ersten Mal »Weiße« Amerika betraten.

Das Außergewöhnliche an den jahrhundertealten Statuetten: Sie künden von einem bemerkenswerten Zivilisations-
schritt, den andere afrikanische Gesellschaften so nicht auf-
weisen. Nur wenigen Liebhabern afrikanischer Kunst waren
die Meisterwerke Anfang des 20. Jahrhunderts bekannt.
Heute sind sich Kunstkenner einig: Die europäische Kunst-
geschichte ist nicht ohne die Formensprache der Dogon-Plas-
tiken denkbar. Der abstrakte Stil ihrer
Ahnenfiguren spielte eine Schlüsselrolle
bei der Entstehung des Kubismus. Künst-
ler von Picasso über Braque und Kirchner
bis hin zu Modigliani waren fasziniert von
der Reduzierung der Skulpturen auf einfache geometrische Formen.

Doch erst mit der Dakar-Djibouti-Expedition begann die systematische wissenschaftliche Erforschung dieses rätselhaften
Volkes, das angeblich über unglaubliches
astronomisches Wissen verfügte und in
seinen Masken, Figuren und Tänzen uralte
Mythen lebendig werden ließ.

8 Ohne die afrikanische
Kunst gäbe es keinen Kubismus – Picasso selbst war
Sammler der faszinierenden
fremden Skulpturen.

Ganz geheime Geheimnisse

Marcel Griaule kommt bei der Erforschung der Dogon eine
Schlüsselrolle zu. Auf die große Expedition folgen mehrere
kleine, die Recherchen über die Bedeutung ihrer Masken bilden die Grundlage für seine Dissertation im Jahr 1938. Immer
wieder kehrt er zurück, weil er spürt, dass ihm das Wichtigste
bislang verschlossen blieb. Dann, endlich, nach 15 Jahren eth-
nologischer und archäologischer Studien, wird er in das »uralte geheime Wissen« der Dogon eingeführt. Der Traum eines
jeden Völkerkundlers!

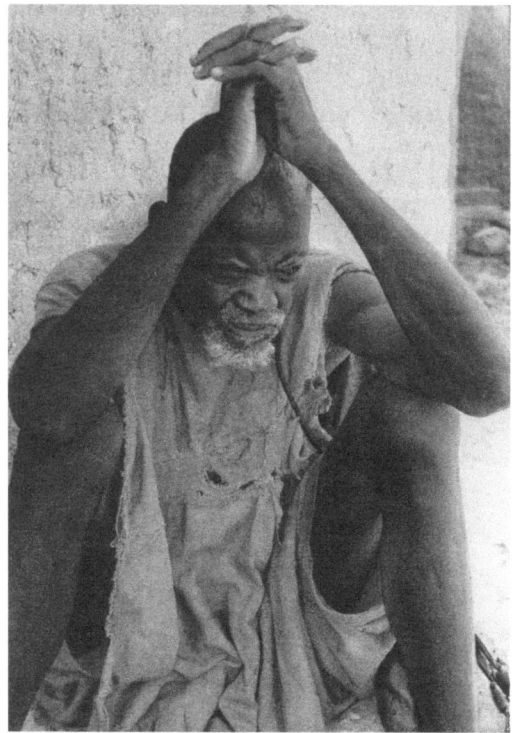

9 Aufnahme des blinden Jägers und initiierten Weisen Ogotemmeli aus dem Jahr 1946. Das Foto wurde auch als Titelbild für Griaules Buch verwendet.

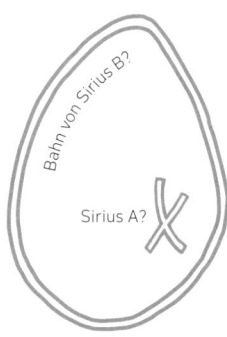

10 Zeigt diese Zeichnung der Dogon Sirius A und seinen unsichtbaren Begleiter, den Weißen Zwerg Sirius B?

Griaule gilt bei den Dogon inzwischen als Stammesangehöriger und genießt das Vertrauen des blinden Jägers, Weisen und Heilers Ogotemmeli. Er ist es, der Griaule mit Billigung der Dorfältesten einweiht in die vielschichtige, komplizierte Mythologie und Kosmologie und/oder Kosmogonie der Dogon. Eine Schrift kannte die Ethnie nicht, wohl aber eine Geheimsprache zur Weitergabe des alten, geheimen Wissens. An 33 aufeinanderfolgenden Tagen reden sie per Dolmetscher miteinander. Was Ogotemmeli offenbart, ist eine Sensation.

1948 veröffentlicht Griaule die »Gespräche mit Ogotemmeli. Eine Einführung in die religiösen Ideen der Dogon«. 6000 Fotos hatte er aufgenommen, auch von den Tausenden von Zeichen, die die Dogon anscheinend über astronomische Systeme und kalendarische Messungen gefertigt hatten.

Griaule zufolge beschrieb Ogotemmeli in den Gesprächen auch das komplexe System des 8,6 Lichtjahre entfernten Sterns Sirius. Seine sich ändernden Farben und seinen unsichtbaren Begleiter, den Weißen Zwerg Sirius B: Sirius (in der Sprache der Dogon *sigu tolo*) werde auf einer ovalen Umlaufbahn von seinem kleinen Begleiter *po tolo* (benannt nach einem sehr kleinen Getreidekorn) umkreist, wofür dieser fünfzig Jahre brauche. Alles Phänomene im Universum, von denen die Dogon eigentlich nichts wissen konnten, weil sie mit bloßem Auge nicht zu erkennen sind. Und doch scheinen sie Eingang in ihre tausend Jahre alte – oder noch sehr viel ältere – Mythologie gefunden zu haben. Woher wussten diese Menschen so gut Bescheid über astronomische Zusammenhänge, und vor allem über das Doppelsternsystem Sirius, über das selbst in unseren Tagen noch immer neue Erkenntnisse gewonnen werden?

Sirius B wurde 1862 zum ersten Mal von der Erde aus gesichtet. Alvan Graham Clark, Sohn eines amerikanischen Herstellers von Teleskoplinsen, hatte eine neue Objektivlinse ausprobieren wollen und so den Sirius-Begleiter entdeckt. Aber erst im Jahr 2000 zeigte das Weltraumteleskop Hubble, dass B fast denselben Umfang wie die Erde hat. Wie konnte das Wissen um den Weißen Zwerg B, über das Griaule in den 1940er-Jahren berichtete, in diese abgelegene Gegend gelangen?

Das sagenhafte Timbuktu

Das Gebiet der Dogon liegt 300 Kilometer südlich der Wüstenstadt Timbuktu. Der Islam hatte hier die altafrikanischen Glaubensvorstellungen schon früh ersetzt. Die legendenumwobene Oasenstadt am Rand der Sahara war im 14. Jahrhundert mit ihrer berühmten Universität das Zentrum der islamischen Gelehrsamkeit, die Keimzelle eines enormen Wissens, das über Jahrhunderte dem der Europäer weit überlegen war.

11 Das legendäre Timbuktu am südlichen Rand der Sahara war im Hochmittelalter nicht nur ein geistiges und kulturelles Zentrum, sondern auch ein wichtiger Handelsplatz und Kreuzungspunkt zahlloser Karawanen.

12 In einer zumeist aus Deutschland finanzierten Rettungsaktion konnten viele der Manuskripte aus der Ahmed-Baba-Bibliothek vor der Verbrennung durch Islamisten bewahrt werden.

Übertriebene und abenteuerlich-romantisch aufgeladene Berichte von Reisenden führten zum Mythos der unermesslich reichen Stadt, deren Straßen mit Gold gepflastert seien. Wertvoller als Gold war aber das enorme Wissen der Gelehrten, deren schriftliche Überlieferungen bis in die Zeit des europäischen Hochmittelalters zurückreichen. Die alten Manuskripte befanden sich nicht nur in der berühmten Ahmed-Baba-Bibliothek, sondern teils seit Jahrhunderten ungeschützt im Familienbesitz, zu Zigtausenden verwahrt in Truhen und Schränken. 2012 übernahmen rebellische Tuareg und Islamisten die Stadt, zerstörten sogar die weltbekannten Mausoleen islamischer Gelehrter und verbrannten alle Schriften, die sie nur fanden. Einer einmaligen, überwiegend von Deutschland finanzierten Rettungsaktion ist es zu verdanken, dass Kiste um Kiste, versteckt unter Obst, Gemüse und Salzplatten, unter Lebensgefahr ins 1000 Kilometer entfernte Bamako gebracht werden konnte. An die 300.000 Manuskripte wurden so vor der drohenden Vernichtung gerettet.

Es sind unermesslich wertvolle Schätze der Menschheit, die hier bewahrt werden konnten. Die islamischen Gelehrten verfügten aus heutiger Sicht über erstaunliche Kenntnisse auch im Bereich der Astronomie. Der Stern Sirius selbst wurde erstmals im 7. Jahrhundert v. Chr. erwähnt, in den Schriften des Griechen Hesidos, kein Wunder bei dessen alles überstrahlenden Helligkeit am Nachthimmel. Auch in anderen frühen Hochkulturen wie dem Alten Ägypten kennt man den Stern – aber nirgendwo, auch nicht in den Handschriften der islamischen Gelehrten, war von seinem unsichtbaren Begleiter Sirius B die Rede.

13 Einige der geretteten Manuskripte, die jetzt in der Hauptstadt Bamako liegen – fast 300.000 sind es insgesamt.

Besuche vom Stern Sirius

Griaules Veröffentlichungen über das erstaunliche, ja unmögliche Wissen der Dogon brachten den US-amerikanischen Orientalisten und Schriftsteller Robert K.G. Temple auf eine einträgliche Idee zu einem Buch. 1976 erschien »The Sirius Mystery«, das weltweit Furore machte.

14 Sirius A und B, aufgenommen vom Hubble-Weltraumteleskop. Sirius B ist der kleine leuchtende Punkt unten links. Mit bloßem Auge ist er von der Erde aus nicht zu sehen. Woher kannten ihn die Dogon?

Temple wollte Belege dafür gefunden haben, dass die bis ins 20. Jahrhundert isoliert lebenden Dogon ihre detaillierten Kenntnisse über den hell leuchtenden Sirius und seinen Begleiter direkt aus erster Hand erhalten hatten. Nämlich von Besuchern des Sterns höchstpersönlich!

Bis heute nimmt eine Fülle von Autoren Bezug auf diese Publikation – die Kritiken reichen dabei von wissenschaftlich kritisch (»völliger Quatsch«) bis hin zu pseudoarchäologisch begeistert (»Beweis für Besuche aus dem All«). Temples mysteriöse Thesen finden sich auch in der Populärkultur wieder, in zahlreichen Filmen, TV-Serien und selbst in Musikkompositionen.

15 Die rituellen Maskentänze sind ausschließlich
den Männern vorbehalten,
die auch weibliche Figuren
darstellen.

16 Die Tänze geben den
Schöpfungsmythos der
Dogon wieder.

Mit dem Erscheinen des Buches über das »Sirius-Rätsel«
geriet das bisher weitgehend unbekannte Volk plötzlich in die
globalen Schlagzeilen, es inspirierte zu massentauglichen Kri-
mis wie »Der Fluch der Dogon« und zu »Abenteuerreisen« in
den abgelegenen Südosten der heutigen Republik Mali. Das
Dogon-Land wurde zu einer der wichtigsten Touristenattrak-
tionen Malis, eine Autobahn mitten hinein wurde geplant,
Reiseveranstalter lockten mit »Geisterreisen zu den Dogon«
und der Begegnung mit einer archaischen Kultur. Die farbenprächtigen Maskentänze zu Ehren ihrer mythischen Ahnen
wurden zu einem beliebten Handy-Spektakel, natürlich gegen
Bezahlung. Und im Gepäck der Heimreisenden findet sich
nicht selten eine »Airport-Art«-Figur: Der Duft von frischem
Holz statt dieses unverwechselbaren geheimnisvollen, rauchi-
gen Geruchs verrät, dass die Figur frisch geschnitzt wurde.
Auch wenn die Statuetten zwecks besserer Verkäuflichkeit
vorher in der Erde vergraben worden waren.

Doch Touren auf alten Wegen zu versteckten Höhlen brachten auch einen Ausverkauf antiker Artefakte mit sich, die bisher vor den Europäern verborgen und geschützt waren. Dem Einbruch der westlichen »Zivilisation« folgten entsprechende unerwünschte Auswirkungen auf die Jugendlichen, die scharenweise ihre Dörfer, ihre alte Kultur, ihre Traditionen aufgaben, und die ihr »altes Wissen«, wie das um das Sirius-Geheimnis, nur noch aus den Erzählungen der Durchreisenden kennen.

Was wussten die Dogon wirklich?

Da Sirius B mit bloßem Auge nicht zu erkennen ist und die Dogon nicht über Teleskope oder andere entsprechende Instrumente verfügten, schloss Robert Temple aufgrund der Griaule-Berichte, dass die Dogon in prähistorischer Zeit Kontakt mit Besuchern vom Sirius hatten, die ihnen von ihrem Doppelsternsystem erzählten. Das habe sich als uraltes Bewusstsein in ihren Mythen erhalten, die – so Temple – eigentlich Reportagen seien über längst vergangene, aber dennoch reale Besuche Außerirdischer auf Erden. Und Temple geht noch weiter. Das Volk der Dogon soll ursprünglich von der hochstehenden Zivilisation der alten Ägypter abstammen, wo die Sirius-Besucher sich vor 5000 Jahren aufgehalten und die Dogon danach immer wieder beehrt hätten.

Eine waghalsige Spekulation. Aber die präastronautische und New-Age-Literatur sieht die detaillierte astronomische Beschreibung der Himmelskörper in der Kosmogonie der Dogon einmal mehr als Beweis, dass Außerirdische uns in der fernen Vergangenheit besucht haben.

Archäologen und Ethnoarchäologen haben in ihren Feldstudien jedoch nicht das geringste Indiz dafür gefunden, dass die Dogon einst vom Nil eingewandert sind. Vielmehr glauben sie aufgrund der Vergleiche in Technologie, Kunsthandwerk, Sprache und archäologischer Funde an eine Herkunft aus dem heutigen Grenzgebiet zwischen Südmali und Guinea. Zwischen dem 12. und 14. Jahrhundert sollen die Dogon von dort

17 Die Etagen- oder Stockwerkmasken sind bis zu fünf Meter hoch. Trotzdem wird mit ihnen getanzt. Die Dogon kennen etwa hundert verschiedene Maskentypen. Jede einzelne hat eine geheimnisvolle, uralte Bedeutung.

18 An den Felswänden der Falaise de Bandiagara findet man restaurierte Kornspeicher der Tellem, die das Gebiet vor den Dogon bewohnten.

auf die 1000 Kilometer entfernte unzugängliche Falaise de Bandiagara geflohen sein, um der Islamisierung zu entgehen und ihren traditionellen Glauben bewahren zu können. Archäologische Feldforschungen belegen, dass sie dabei die dort ursprünglich lebenden Tellem verdrängten. Wenn die Sirius-Besucher also tatsächlich, wie von Temple postuliert, vor dem 14. Jahrhundert auf dem Felsplateau landeten, hätten sie dort nur den Stamm der Tellem angetroffen. Und in deren Mythologie taucht überhaupt kein Sirius-Stern auf.

Sirius – die Nummer eins am Nachthimmel

Er ist der Star unter den Sternen, die hellste Kerze am dunklen Firmament. Dabei ist er gerade einmal gut doppelt so schwer wie die Sonne. Aber er ist nur läppische 8,6 Lichtjahre von unserem Sonnensystem entfernt. Und deshalb ist er so hell. Und weil er von überall auf der Welt im Laufe des Jahres gesehen werden kann, spielt er natürlich eine wichtige Rolle in den Legenden und Mythen aller Kulturen – und zwar auch in unserer technisch-wissenschaftlichen Kultur. Doch davon später mehr.

Sirius lässt sich besonders gut zur Winterzeit am südlichen Himmel ausmachen. Als deutlich hellster Stern am Firmament ist er leicht zu erkennen. Im Spätwinter und Frühling ist er zumeist der erste gut sichtbare Stern nach Einbruch der Dämmerung. Mit Teleskopen lässt er sich zuweilen auch tagsüber ausmachen. Gegen Ende August erscheint Sirius dann sogar noch vor dem Sonnenaufgang und leitet die sprichwörtlichen Hundstage ein – also die besonders heißen Tage des Jahres.

Früher, also viel früher, vor Tausenden von Jahren, verehrte man ihn als Verkünder der Nilflut in Ägypten, als wichtigen Kalenderstern im Zweistromland; bei den alten Griechen und Römern waren die Tage des Hundsterns Sirius im August mit Hitze, Feuer und Fieber verbunden. Die Chinesen verehrten ihn als »Himmelswolf«, für die nordamerikanischen indigenen Völker bewacht Sirius die Seelen auf der Reise in die Milchstraße, und für die hochseetüchtigen Südseevölker war er der Leuchtturm ihrer Navigation auf dem riesigen Pazifik.

19 Sirius ist der Hauptstern im Sternbild *Canis Major* (Großer Hund) und der hellste Stern am Nachthimmel. Auf dieser Karte aus »Uranias Mirror« von 1824 bildet er die Nase des Hundes.

Wie gesagt, alles kein Wunder, denn wenn die Sonne untergegangen ist und der Mond sich auf dem Nachthimmel nicht zeigt, dann ist Sirius das hellste Licht über unseren Köpfen.

Jetzt aber erst mal die nackten Zahlen, also das, was die messende Wissenschaft aus seiner elektromagnetischen Strahlung über Sirius herausgefunden hat: Er ist 2,1-mal so schwer wie die Sonne, sein Radius beträgt 1,7 Sonnenradien. Mit anderen Worten: Er hat einen Durchmesser von 3,4-mal 700.000 Kilometer, das sind knapp 2,4 Millionen Kilometer, oder ungefähr die sechsfache Entfernung Erde-Mond. Er hat eine Oberflächentemperatur von 10.000 Kelvin, ist also deutlich heißer als die Sonne und erscheint deshalb auch weißlich blauer als unser Heimatgestirn. Weil er so groß und so heiß ist, ist seine Leuchtkraft auch sehr groß – er strahlt nämlich 25-mal kräftiger als die Sonne. Und das tut er seit mehr als 200 Millionen Jahren.

20 Das Doppelsternsystem Sirius A und B kreist um ein gemeinsames Zentrum, mit einer Rotationsperiode von 50,052 Jahren.

Woher wir das wissen? Nun, da man seit rund neunzig Jahren weiß, wie Sterne ihre Energie freisetzen – nämlich durch die Verschmelzung von leichten Atomkernen in schwerere Kerne –, kann man heute »das Leben« eines Sterns, auch das von Sirius, von seiner Entstehung bis zu seinem Tod ziemlich genau rekonstruieren und vorhersagen. Man weiß, wie Sterne entstehen, und weiß auch, wie Sterne sterben.

Sirius A

Sonne

Jupiter

Gegenwärtig ist Sirius A, so heißt er nämlich offiziell, ein ganz normaler Stern, der Wasserstoff zu Helium fusioniert. Aufgrund seiner
doppelt so hohen Masse wird sein Leben allerdings viel kürzer sein als
das der Sonne. Denn Sterne sind Gaskugeln, die – unter der Wirkung
ihrer eigenen Masse und damit Schwerkraft – Druck auf ihr Inneres
ausüben. Je höher die Masse, umso höher ist der Druck. Der Gravita-
tionsdruck eines Sterns presst dessen Atomkerne so nah zusammen,
dass es zur Verschmelzung von leichten Atomkernen zu größeren Ker-
nen kommt.

Eigentlich sind ja alle Atomkerne positiv elektrisch geladen und
müssten sich daher abstoßen. Da es aber die starke Kernkraft gibt,
die hundertmal stärker als die elektromagnetische Kraft ist, können manche Kerne eben doch miteinander verschmelzen. Wenn es
nur Gravitation und elektromagnetische Kraft gäbe, dann würden
Sterne kaum strahlen, denn es gäbe keine Kernfusion.

Beim Verschmelzen wird Energie freigesetzt, die durch Aufheizung
des Gases im Stern der zusammenpressenden Schwerkraft entgegen-
wirkt. Solange diese beiden Kräfte – Schwerkraft und durch Kernfusion verursachter thermischer Druck – sich die Waage halten,
strahlt der Stern die in seinem Inneren frei werdende Energie nach
außen hin konstant ab.

21 Ein Größenvergleich
zwischen dem Riesen-
planeten Jupiter, unserer
Sonne und dem Sirius A

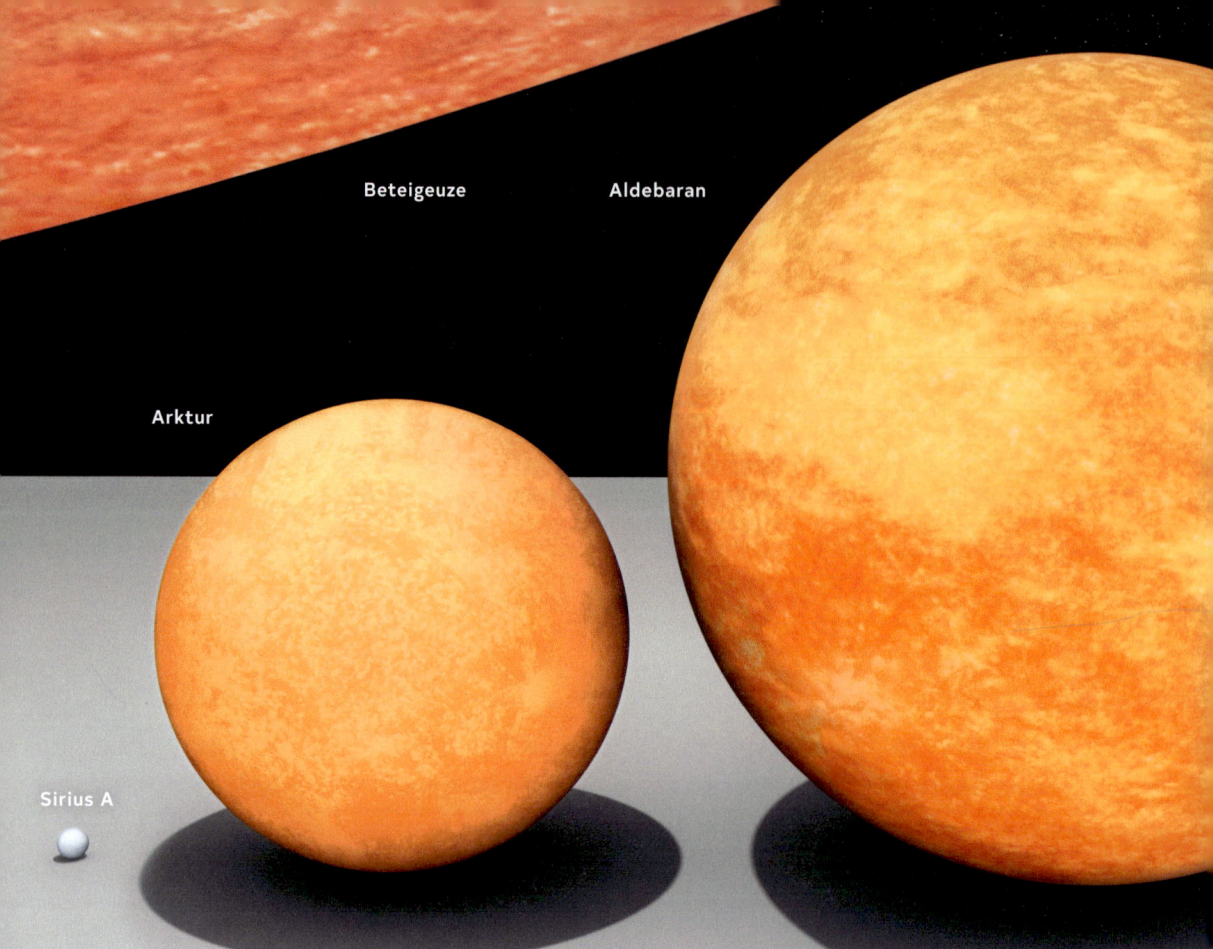

Beteigeuze   Aldebaran

Arktur

Sirius A

22 Die Größe von Sirius A im Vergleich zu den Roten Riesen Arktur (Hauptstern im Sternbild Bärenhüter), Aldebaran (dem »roten Auge« des Stiers) und Beteigeuze (dem Schulterstern des Orion)

In diesem Zustand befindet sich Sirius A aktuell. Er verschmilzt Wasserstoff zu Helium. Aber es kommt die Zeit, wo der Stern seinen Brennstoffvorrat an Wasserstoff verbraucht und in Helium verwandelt hat. Was jetzt weiter passiert, hängt nur von der Masse des Sterns ab. Für Sirius, der doppelt so schwer wie die Sonne ist, verläuft das Leben – nachdem er seinen Wasserstoff fast vollständig in Helium verwandelt hat – folgendermaßen: Sobald das Zentrum des Sterns vor allem Helium enthält und keine Fusion mehr stattfindet und damit Energie freisetzt, fällt es unter seiner eigenen Schwerkraft zusammen. Im Zentrum des Sterns beginnt beim Erreichen von hohen Temperaturen und Dichten die Verschmelzung von Heliumkernen. Dabei entstehen Kohlenstoff, Sauerstoff und Stickstoff, und es wird Energie freigesetzt. Das Zentrum verschmilzt Helium, und in den umgebenden Hüllen verschmilzt Wasserstoff zu Helium. Im Zentrum und in den Hüllen wird dabei Energie freigesetzt, die nach außen drängt. Und das alles führt dazu, dass der ganze Stern sich auszudehnen beginnt.

Bei Sirius werden das viele Milliarden Kilometer sein. Zum Vergleich: Die Sonne wird sich von 1,4 Millionen Kilometern Durchmesser zu einem Riesen von 150 Millionen Kilometern ausbreiten. Sirius wird viel Masse verlieren und sie ins interstellare Medium abgeben, seine äußeren Hüllen werden ins Riesenhafte wachsen. Dabei wird er sich abkühlen, und seine Farbe wird ins Rote wechseln. Für einige Millionen Jahre wird Sirius ein Roter Riese sein. Danach werden seine Hüllen wegtreiben, und es verbleibt ein Sternrest, der endgültig unter seiner eigenen Schwerkraft zusammenbrechen wird. Aus dem Roten Riesen wird ein Zwerg, ein heißer und deshalb Weißer Zwerg. Und um diese Sternleiche geht es von nun an.

23 Die Färbung eines Roten Riesen lässt sich schon mit bloßem Auge am Nachthimmel erkennen – wie hier bei Beteigeuze, der Schulter des Orion, links oben im Bild.

Was ist ein Weißer Zwerg?

Ein Roter Riese ist zwar groß, aber mit Temperaturen von ein paar Tausend Grad einfach ein ganz normaler Ball aus normalem Gas. Sein Druck ist das Produkt aus Teilchendichte und Temperatur. Das kann man sich vorstellen: heißes Gas. So was ist dünn und leuchtet.

Aber was ist da im Zentrum des verblichenen Sterns? Dort ist die Verschmelzung von Helium in Kohlenstoff, Stickstoff und Sauerstoff ja auch irgendwann zu Ende. Das dauert nur 200 Millionen Jahre, und dann ist Schluss. Keine Energie wird mehr freigesetzt, von nun an regiert nur noch die Schwerkraft. Und sie, die Gravitation, presst die Teilchen des verbliebenen Sternrests immer weiter zusammen. Die Gasteilchen kommen sich immer näher und näher. Das Material, das jetzt entsteht, ist kein normales Gas mehr, man spricht hier von »entarteter Materie«. Ihr Druck kommt nicht mehr zustande durch das Produkt von Teilchendichte und deren Temperatur, sondern ist nur noch von der Dichte abhängig. Selbst bei T=0 Kelvin besitzt dieses Zeugs noch Druck gegen die eigene Schwerkraft.

Und woher kommt dieser Druck?

Er hat etwas damit zu tun, dass die Materie nicht beliebig zusammengepresst werden kann. Materie, in ihre einzelnen Teilchen zerlegt, hat ganz andere Eigenschaften als die Welt der Dinge um uns herum. Man könnte es vielleicht so sagen: Materie besteht nicht aus Materie, sondern aus Energie und Materie. Sie ist auch nicht so fest und un-

24 Physik-Nobelpreisträger Wolfgang Pauli entdeckte das nach ihm benannte Pauli-Prinzip. Seine Kollegen sollen darunter allerdings seine Ungeschicklichkeit im Umgang mit Laborgeräten verstanden haben. Angeblich versagten die Geräte schon bei seiner bloßen Anwesenheit.

durchdringlich, wie wir glauben. In der Welt der Atomkerne und Elektronen geht es viel unbestimmter und weicher zu, als wir denken. Das war schon bei der Kernfusion so und wird jetzt, beim Sterben eines Sterns und dem Kollaps unter der Wirkung seiner eigenen Schwerkraft, noch viel wichtiger. Denn Schwerkraft schiebt die Teilchen einfach immer weiter zusammen. Nur bis wohin?

Wolfgang Pauli, ein genialer Physiker, hat in den 1920er-Jahren ein Prinzip entdeckt, das nach ihm Pauli-Prinzip genannt wird. Es erklärt, dass Sternleichen, die nicht allzu schwer sind, aus Teilchen bestehen, die einen gewissen Mindestabstand halten müssen und deshalb einen Druck gegen die eigene Schwerkraft ausüben können. Das Pauli-Prinzip besagt, dass die Teilchen in der uns umgebenden Materie sich in mindestens einer Eigenschaft von ihren direkten Nachbarn unterscheiden müssen. Dies betrifft vor allem ihren Spin, eine Art Eigendrehung. Er kann entweder nach oben oder nach unten weisen. Und zwei Elektronen können nur dann sehr eng zusammengepresst werden, wenn sie sich in der Ausrichtung unterscheiden.

Mit anderen Worten: Teilchen wie die Elektronen sind immer in einem Doppelpack, das eine mit Spin nach oben und das andere mit Spin nach unten. Wie eng die beiden Elektronen zusammengepackt werden, welchen minimalen Abstand die Teilchen einnehmen, das hat Pauli auch ausgerechnet. Damit ergibt sich eine maximale Energie, die die Teilchen erreichen können. Summa summarum konnten die Astronomen mithilfe des Pauli-Prinzips berechnen, wie groß und wie schwer eine Sternleiche aus entarteten Elektronen sein könnte. Dabei stellte sich heraus, dass alle Sterne von der Größe des Sirius als kleine Kugeln aus entarteter Materie sterben. Womöglich als große Kohlenstoffkristalle, also Diamanten vom Ausmaß des Planeten Erde. Das nämlich – rund 10.000 Kilometer – ist die Größe, auf die ein Sternrest von einer halben bis ganzen Sonnenmasse schrumpft, wenn nur noch die Schwerkraft und das Pauli-Prinzip am Werk sind. Objekte dieser Art sind kleine, heiße, weiße Kugeln, deshalb werden sie Weiße Zwerge genannt.

Sirius A wird in einigen Hundert Millionen Jahren zu einem Weißen Zwerg werden, nachdem er sich vorher zu einem Roten Riesen aufgeplustert hat. Sein Begleiter, Sirius B, von dem jetzt gleich die Rede sein wird, ist schon längst ein kleines stellares Überbleibsel eines großen Sterns, der vor vielen Hundert Millionen Jahren verstorben ist und ein – nach astronomischen Maßstäben – winziges Etwas übrig gelassen hat. Und weil dieses Überbleibsel so klein ist, hat es sehr lange gedauert, bis man es entdeckt hat.

Sirius B – so schwer wie die Sonne und so groß wie die Erde

Die Existenz des fast unsichtbaren, winzigen Begleiters des strahlenden Helden Sirius A wurde 1844 zum ersten Mal vermutet. Aufgrund der Eigenbewegung der vorgeblich so festen Sterne am Himmelsfirmament. Schon 1718 hatte der englische Astronom Edmond Halley bei einem Vergleich mit einem antiken Sternkatalog festgestellt, dass sich Sirius bewegt haben müsse. Seine Position war ungefähr um einen ganzen Vollmonddurchmesser verschoben. Wie konnte das sein?

Es dauerte mehr als hundert Jahre, bis Friedrich Wilhelm Bessel diese Eigenbewegung des Sirius als eine Art »Torkeln« beschrieb. Sirius zog nicht geradlinig, sondern in einer Schlangenlinie über den Himmel. Sein Lauf wurde ganz offenbar gestört, durch einen unsichtbaren Begleiter, einen Trabanten, so Bessels Vermutung.

1862 erspähte dann der bereits erwähnte Alvan Graham Clark diesen Störenfried beim Test einer neuen Teleskoplinse, die einen Durchmesser von knapp einem halben Meter hatte. Der neu entdeckte

25 Sirius B hat einen Durchmesser von 12.020 km und ist damit geringfügig kleiner als die Erde. Allerdings ist er über 300.000 Mal so schwer und mit einer Oberflächentemperatur von 24.727 °C deutlich heißer als die Sonne.

Sirius B   Erde

Sirius B und der altvertraute helle Hundsstern Sirius A umrunden einander alle fünfzig Jahre – das wussten scheinbar auch die Dogon –, woraus sich die Massen ableiten lassen. Sirius B hat eine Masse von etwa einer Sonnenmasse.

Über Jahrzehnte hinweg blieb Sirius B eine bloße Kuriosität, denn eine genaue Untersuchung seines Lichts ist äußerst schwierig. Er steht sehr nah an Sirius A und verschwindet fast völlig im Licht des Hundssterns. Aber 1915 gelang es endlich: Es zeigte sich, dass er eigentlich zweieinhalbmal heißer sein muss als sein Partner, um sein Spektrum zu verstehen, denn laut seinem Spektrum ist Sirius B 25.000 Kelvin heiß. Aber er ist 10.000-mal lichtschwächer als Sirus A.

Mit anderen Worten: Er ist sehr heiß, hat aber so wenig Leuchtkraft – dieses Ding muss winzig sein. Winzig und eine Sonnenmasse! Seine Dichte ist irre hoch. 37 Kilogramm pro Kubikzentimeter! Hier drängen sich etwa 330.000 Erdmassen in einer Kugel von Erdformat zusammen. Sein Vorläufer war etwa doppelt so schwer wie Sirius A. Er lebte deshalb auch viel kürzer, blähte sich auf und blies den Großteil seiner Materie ins All. Zurück blieb nur der freigelegte Sternkern – also der einstige, nun aber inaktive Fusionsreaktor.

Weiße Zwerge wie Sirius B sind Sternleichen, unfassbar dicht gepackte Kugeln aus Sauerstoff und Kohlenstoff. Sie kühlen im Laufe von Jahrmilliarden aus. Auch Sirius A wird in einigen Hundert Millionen Jahren zum Weißen Zwerg werden. Die beiden werden sich für eine Ewigkeit umkreisen, bis sie dereinst in vielen Hundert Milliarden Jahren miteinander verschmelzen werden.

Mythos Weißer Zwerg

Weiße Zwerge sind also deshalb sehr kleine stellare Leichen, weil am Ende eines Sternenlebens keine Energie mehr freigesetzt wird, die sich der eigenen Schwerkraft als Druck entgegenstellen könnte. Wir wissen aber seit rund hundert Jahren, dass die quantenmechanischen Eigenschaften der Bausteine der Materie einen allerletzten Druck gegen die Schwerkraft erzeugen, wenn sich Teilchen wie Elektronen sehr, sehr nahekommen. Dann werden alle quantenmechanischen Register gezogen, und es entsteht ein Druck, der nur noch von der Dich-

26 Physik-Nobelpreisträger Subrahmanyan Chandrasekhar errechnete 1930 die kritische Masse, ab der ein Sternenrest sich noch stärker verdichtet als zu einem Weißen Zwerg.

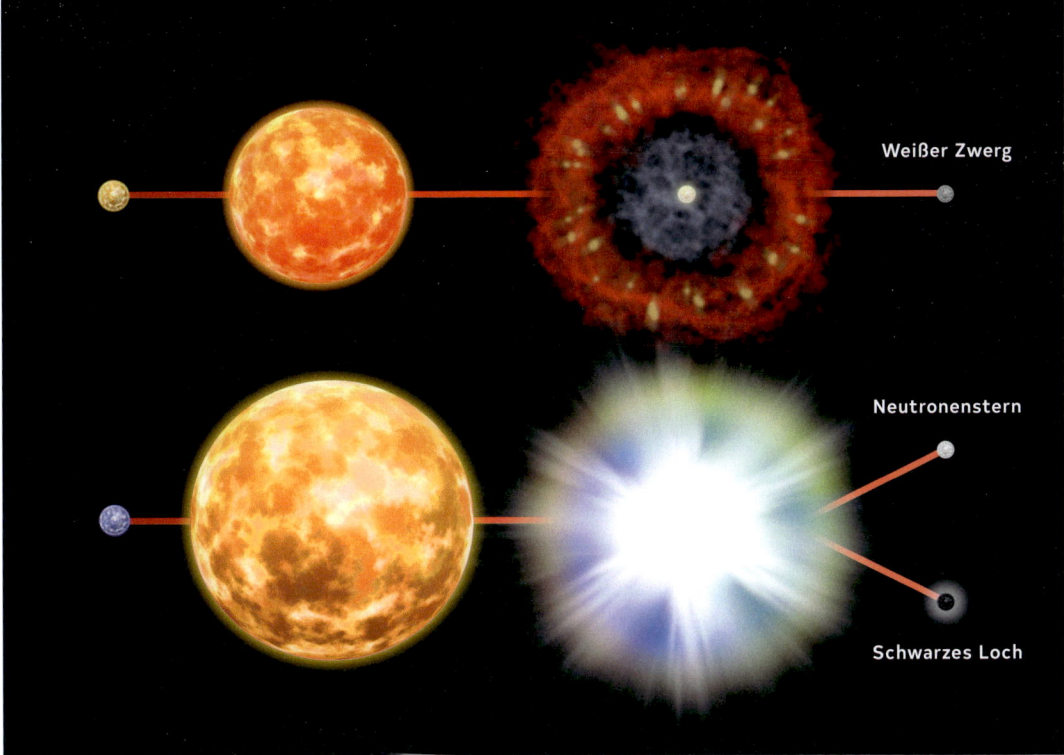

Weißer Zwerg

Neutronenstern

Schwarzes Loch

te abhängt. Die Elektronen sind so eng gepackt, wie es nur maximal möglich ist. Wir können sogar die Grenzmasse für diese Kristallkugeln aus Kohlenstoff und Sauerstoff und entarteten Elektronen ganz genau angeben: Es sind 1,44 Sonnenmassen, die sogenannte Chandrasekhar-Masse, benannt nach dem indisch-amerikanischen Physiker und Nobelpreisträger Subrahmanyan Chandrasekhar, der diese Grenze 1930 errechnet hat. Wenn also ein Sternenrest im Inneren eines ausgebrannten stellaren Fusionsreaktors kleiner ist als diese Grenze, entsteht ein Weißer Zwerg. Groß wie die Erde und schwer wie die Sonne.

Ist der Rest schwerer, dann werden auch die Atomkerne zusammengepresst. Sie sind kleiner als die Elektronenhülle. Ein solcher gepackter Rest eines ausgebrannten Sterns ist rund doppelt so schwer wie ein Weißer Zwerg, aber nur so groß wie die Innenstadt von München, nämlich rund 10 Kilometer. Das sind dann Neutronensterne, das Endstadium eines Sterns mit großer Masse. Und wenn so ein Sternrest noch schwerer ist, sich seine Masse auf ein winziges Volumen konzentriert und die Gravitation in seinem Umfeld so stark ist, dass nicht mal mehr das Licht da rauskommt, dann wird daraus ein Schwarzes Loch. Aus!

27 Der Lebenszyklus von Sternen verschiedener Masse, über das Stadium eines aufgeblähten Roten Riesen und eines planetaren Nebels (oben) bzw. einer Supernova (unten). Je nachdem, wie schwer der verbleibende Sternenrest im Zentrum ist, beendet der Stern sein Dasein als Weißer Zwerg (oben), Neutronenstern oder sogar als Schwarzes Loch.

Sirius B ist also eine Sternenleiche, die uns vom Rand der erkenn-baren Wirklichkeit berichtet. Er ist Kernphysik und Sternphysik. Sirius B ist eines der stärksten Indizien für die Richtigkeit der Quantenmecha-nik mit ihren merkwürdigen Eigenschaften und Vorhersagen über die Zustände von Materie. Die Quantenmechanik ist eine der größten Ab-straktionen menschlichen Geistes, sie hat die Computer und die Atom-bombe möglich gemacht, aber auch den Laser und Kernspintomogra-fen. Sie ist das Mysterium der modernen Physik, mit geheimnisvollen Eigenschaften und Merkmalen. Sirius B ist eines davon. Eine Sternlei-che, die man ohne ein sehr, sehr gutes Teleskop nicht entdecken kann.

Woher sollen die Dogon dann davon gewusst haben? Aus erster Hand sicher nicht. Denn Besucher vom Sirius hat es definitiv noch nie gegeben. Das Sternsystem Sirius ist viel zu jung für belebte Planeten, und die beiden Sterne selbst sind kein Zuhause für Lebewesen.

Im Reich der Zauberer und Wahrsager

Wenn es aber nicht die alten Ägypter oder die fremden Besucher aus dem All waren, woher stammt dann das rätselhafte astronomische Wissen der Dogon? Von französi-schen Kolonialbeamten, von den Kameraden an der Front im Ersten Weltkrieg, von Missionaren? Doch die 1862 gewonne-nen Erkenntnisse über das komplexe Sirius-System konnten eigentlich nur Astronomen haben. Tatsächlich waren 1893 französische Astronomen im senegalesischen Dakar an Land gegangen und mit ihrer Ausrüstung ins Landesinnere gereist, um hier unter klarem Himmel die totale Sonnenfinsternis vom 16. April 1893 zu beobachten. Sie hatten ihr Observatorium zwar nicht im Land der Dogon eingerichtet, aber sie hatten engen Kontakt zu den Einheimischen. Vielleicht ließen sie sie während ihres fünfwöchigen Aufenthalts durch die Teleskope schauen und erklärten ihnen in Mußestunden den Sternen-himmel: Wissen, das über benachbarte Stämme wie die Bam-bara zu den Dogon gelangt sein könnte. Aber warum haben dann nur die Dogon dieses Wissen in ihrer Mythologie und die anderen Stämme nicht?

AN EQUATORIAL WITH SPECTROSCOPE ATTACHMENT.

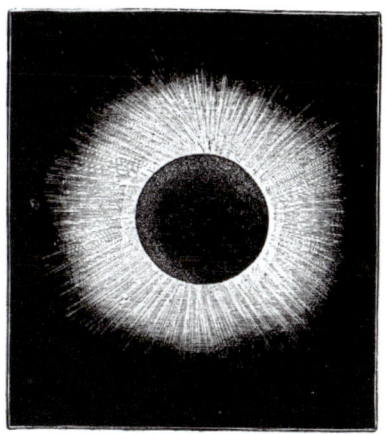

Von Paris sind es knapp sechs Flugstunden nach Bamako. Von der Hauptstadt der ehemaligen französischen Kolonie Mali geht es flussabwärts den Niger entlang gen Nordosten, Richtung Timbuktu. Die Route führt vorbei am Weltkulturerbe Djenné, der mittelalterlichen Stadt mit dem bekanntesten Beispiel für die weltberühmte Lehmarchitektur Malis.

28 Bildteil eines zeitgenössischen Zeitungsberichts zur totalen Sonnenfinsternis vom 16. April 1893 im Senegal

29 Die berühmte Große Moschee von Djenné. Da das Gebäude vollständig aus Lehm errichtet ist, muss es jedes Jahr nach der Regenzeit ausgebessert werden, woran sich die gesamte Bevölkerung beteiligt.

30 Eine Bastion, die sich mitten durch das Dogon-Land zieht: die Falaise de Bandiagara. Wie eine gewaltige Festung ragt sie aus der Savannenlandschaft, bis zu 500 Meter hoch, an die 200 Kilometer lang. Die Wohnstätten wurden anfänglich direkt in die schwindelerregend hohen Klippen hineingebaut.

Nach knapp 800 Kilometern erreichen wir, auf holperigen Pisten durchgeschüttelt, die Falaise de Bandiagara. Der Felsen (Falaise) zwischen Hochplateau und Savanne, auf den sich die Dogon einst flüchteten, fällt bis zu 500 Meter tief und fast senkrecht zur weiten Gondo-Ebene ab. Seit 1989 gehört er zum Weltnatur- und Weltkulturerbe.

Wie Schwalbennester schmiegen sich die ockerfarbenen Lehmbauten der Dogon in die Klippen, nur durch Steigbäume zu erreichen. Ein perfekter Schutz. Erst viel später, als sie keine Bedrohung mehr fürchten mussten, errichteten sie ihre Dörfer auch auf dem gewaltigen roten Sandsteinplateau und am Fuß der Klippen in der fruchtbareren Ebene.

Im Jahr 1974, als ich in Begleitung meines Mannes, des Hamburger Honorarkonsuls von Mali, zum ersten Mal hierherreiste, gab es noch keine Touristenmassen, die die Dörfer der Dogon heimsuchten. Mali war erst 14 Jahre zuvor aus der französischen Kolonialherrschaft entlassen worden. Robert Temples Buch »The Sirius Mystery« war noch nicht erschienen, aber die Ältesten kannten Marcel Griaule und seine »Gespräche mit Ogotemmeli«. Griaule wird ihnen allein deshalb für immer in Erinnerung bleiben, weil er 1949 einen Staudamm errichten ließ, der die Erträge der Dogon vervielfachte. Neun Jahre vor unserem Besuch war Griaule gestorben; die

Dogon-Stämme hatten eine große rituelle Trauerfeier veranstaltet, Traueraltäre errichtet und die große Trauerzeit *Dama* eingehalten. Eine Ehre, die nur Stammesmitgliedern mit hohen Würden zuteilwird.

Als wir die Falaise erreichen, spenden die Affenbrotbäume in der glühenden Hitze Schatten. Wie die Teilnehmer der großen Expedition suchen auch wir Schutz unter dem Dach der Baobabs. Ihr kurzer dicker Stamm, der sich in wenigen Metern Höhe stark verjüngt, um sich dann zu einer breiten unförmigen Krone zu öffnen, führte zu einer Legende: Als Gott – welcher auch immer – die Bäume auf der Erde gepflanzt hatte, murrte Baobab herum, weil ihm seine Gestalt im Vergleich zu den anderen hohen und schlanken Bäumen nicht gefiel. Als Gott das Gezeter satthatte, riss er den Baobab zur Strafe samt Wurzeln aus dem Boden und pflanzte ihn verkehrt herum wieder ein. Und es sieht tatsächlich so aus, als ragten nicht die Äste seiner Krone, sondern seine Wurzeln in den Himmel.

Oben auf den felsigen Klippen thront das Männerhaus *Toguna*. Die Decken sind bewusst niedrig, damit niemand aus der Ratsrunde bei hitzigem Palaver aufspringt – er würde sich heftig den Kopf stoßen. Für die Dogon war und ist die Harmonie im Umgang miteinander immens wichtig, der Respekt voreinander zwischen Mann und Frau, Jung und Alt.

31 Ein afrikanisches Wahrzeichen: der Baobab. Der Affenbrotbaum ist ein wichtiger Schattenspender in der brennenden Hitze des Sahel und von alten Legenden umwoben.

32 Toguna, das Männerhaus der Dogon, bietet Schatten für das Palaver der Dorfältesten. Das niedrige Dach soll erregtes Aufspringen bei hitzigen Diskussionen verhindern.

33 Die charakteristischen hölzernen Türen an den Getreidespeichern der Dogon haben einen Verschlussriegel und sind mit symbolhaften traditionellen Motiven geschmückt.

Vorbei am *Toguna* geht es zum Steilhang, zur Begrüßungszeremonie. Ein breiter weißer Strom aus getrocknetem Hirsebrei zieht sich als Zeugnis Aberhunderter Rituale den schroffen Abhang hinunter. Der Klippenrand liegt voller Scherben. Auch für uns wird eine Zeremonie abgehalten, ein Hirse-Trankopfer. Ein Tontopf mit Hirsebrei wird den steilen, tiefen Hang hinuntergeschüttet. Die Beschwörungsformeln können wir nicht verstehen, und sie werden uns auch nicht übersetzt.

Später, nach der Vorführung eines Maskentanzes und bei einer Kalebasse Hirsebier, frage ich mit Hilfe unseres Dolmetschers die Dorfältesten, was sie von den Aussagen Ogotemmelis zur Astronomie in der Mythologie der Dogon und den Besuchern vom Sirius halten. Die Antwort kommt schnell – und sie ist eindeutig. Nichts! Damit sollten sie ganz auf der Linie der wissenschaftlichen Publikationen der folgenden Jahre liegen.

Marcel Griaule hatte verstanden – und es so in seinen frühen Veröffentlichungen der Gespräche mit Ogotemmeli dargestellt –, dass die uralte, sehr komplexe Mythologie der Dogon Kenntnisse des Sirius-Systems beinhaltet, die über die Generationen hinweg immer weitergegeben wurden. Dass also dieses abgeschieden lebende Volk seit vielen Jahrhunderten etwas wusste, das erst 1862 wissenschaftlich entdeckt wurde. Dass es sogar Zeichnungen über das System Sirius A und B gab. All dies lieferte die Grundlage und war Anlass für das heiß diskutierte »Sirius-Rätsel« der archaischen Dogon.

Doch wie ist der Sachstand heute?

34 Ritueller Maskentanz – die Originalmasken sind heilig und werden in geheimen Höhlen in den Klippen bis zum nächsten Fest aufbewahrt.

Fantasie und Träumereien

Heute wird vermutet, dass die angebliche Sirius-Astronomie
in der Mythologie der Dogon dem insistierenden französischen Ethnologen wahlweise durch einen Übersetzungsfehler
nahegebracht wurde oder durch eine Kontamination mittels
Suggestivfragen durch Marcel Griaule selbst. Er hatte in Paris
auch Astronomie studiert, kannte also das 1862 entdeckte Sirius-System und mag es seinem Gewährsmann wohl unab-
sichtlich in den 33 ermüdenden Gesprächstagen in den Mund
gelegt haben. Was dann wahrscheinlich zu den waghalsigen
Interpretationen einzelner der Tausenden von Zeichnungen
führte.

Auch etliche andere Aussagen über das astronomische
Wissen der Dogon entpuppten sich in den letzten Jahrzehnten
als falsch. Der niederländische Anthropologe Walter van Beek
arbeitete selbst mit den Dogon und versuchte, Teile des Materials von Griaule zu verifizieren. Er glaubt ebenfalls, dass die
Erzählungen zum Teil das Ergebnis von Missverständnissen
sowie einer Überinterpretation durch Griaule sind.

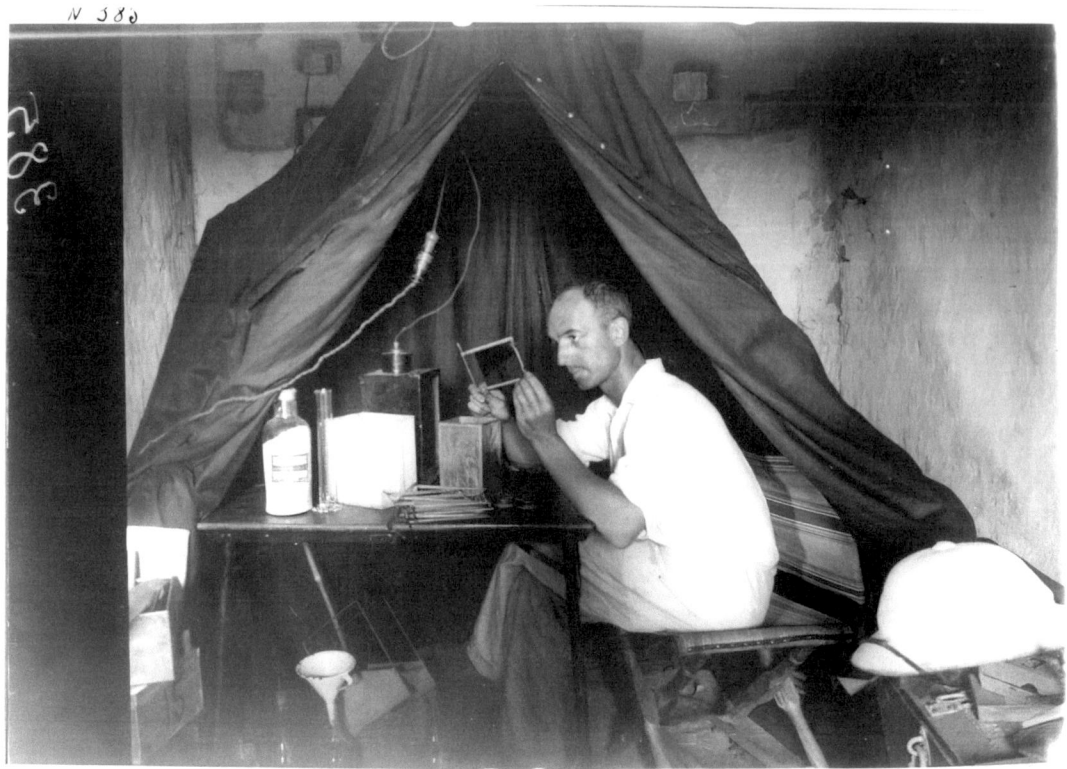

36 Marcel Griaule entwickelt die Fotos, die er während der Expedition Dakar-Djibouti aufnimmt, direkt vor Ort – es ist wahr, die Dogon wurden von einer technisch höherstehenden Zivilisation besucht. Nur kam die aus dem fernen Europa.

Fazit: Das »Sirius-Rätsel« ist keines. Eigentlich schade. Die Dogon wurden zwar (vor hundert Jahren) von einer technisch höherstehenden Zivilisation besucht – doch nicht von einer außerirdischen. Daran wird auch Temples 1998 erschienene und erweiterte Ausgabe des »Sirius Mystery« nichts ändern. Das Buch trägt den Titel »Das Sirius-Mysterium: Neue wissenschaftliche Erkenntnisse über den Kontakt mit Außerirdischen vor 5000 Jahren«. Ethnologen und Archäologen sind sich einig, dass es sich dabei um reine Pseudowissenschaft handelt.

Sirius zieht nun mal viele Menschen in seinen Bann und regt ihre Fantasie und ihre Träume an. Bereits 1752 erschien eine Erzählung des französischen Philosophen Voltaire über einen außerirdischen Besucher vom Stern Sirius auf dem Planeten Erde. Und Voltaire ist kaum pseudoarchäologischer Veröffentlichungen verdächtig. Der Stern, der am Abendhimmel am hellsten leuchtet, ist und bleibt ein Faszinosum, das auch den Pionier der elektronischen Musik, Karlheinz Stockhausen, fesselte. Am Anfang seines Werks »Sirius« ertönt aus Lautsprechern das rotierende Bremsgeheul von vier Raumschiffen, mit denen die Boten von Sirius auf der Erde landen. Der Komponist selbst behauptet von sich, vom Stern Sirius zu stammen und nach seinem Tod (er ist 2007 verstorben) von Köln-Kürten aus dorthin zurückzukehren. Zumindest dies werden wir überprüfen können, wenn die Raumsonde Voyager 2, die 1977 gestartet ist, wie vorgesehen am Sirius vorbeifliegt. Das dauert nur noch 296.000 Jahre. Aber dann werden wir sicher Genaueres wissen.

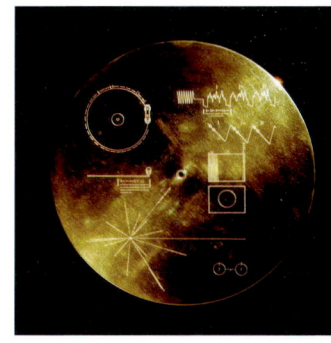

37 »Sounds of the Earth« ist die mit verschiedenen irdischen Geräuschen bespielte goldene Schallplatte betitelt, die die Voyager-Sonden als Botschaft im Gepäck haben.

38 Die beiden Voyager-Sonden sind die am weitesten von der Erde entfernten menschengemachten Objekte. In 296.000 Jahren wird Voyager 2 am Sirius vorbeifliegen.

5 Pyramiden, Tempel und der Weltraum

von Peter Prestel

1 Die Große Sphinx vor der Mykerinos-Pyramide, die um 2510 v. Chr. fertiggestellt wurde. Sie ist die kleinste der drei großen Pyramiden von Gizeh.

🔍 Majestätisch ruhig fließen die Wassermassen des Nils am Taltempel des Chephren vorbei, während sich einige Priester wortlos auf eine Zeremonie vorbereiten. Die morgendliche Ruhe wird unterstrichen von einem ganz speziellen Licht. »Sahar« nennen die Araber das Licht vor Sonnenaufgang, das mit dem Begriff »Morgenröte« nur unzureichend beschrieben ist. Es ist eher blau-gelblich und sorgt mit dem aufsteigenden Dunst des Wassers für eine einzigartige Stimmung, die die Tempelpriester noch einen Moment genießen, bevor sie in einer feierlichen Prozession den von bunten Reliefs geschmückten korridorartigen Weg zum Totentempel an der großen Chephren-Pyramide entlangschreiten werden.

Die letzte Ruhestätte des Pharaos, der vor über viereinhalb Jahrtausenden, von 2570 bis 2530 v. Chr., während der 4. Dynastie das Reich am Nil beherrschte, ist nämlich viel mehr als nur die weithin sichtbare, mittlere Pyramide auf dem Hochplateau von Gizeh. Sie ist an der höchsten Stelle des felsigen Plateaus errichtet, und ihre Spitze ragt beeindruckende 143,5 Meter über den Wüstensand. Schon im ersten spärlichen

2 Morgendunst umgibt kurz vor Sonnenaufgang die Pyramiden von Gizeh.

Morgenlicht ist die faszinierende Form der Pyramide nicht nur vom Taltempel, sondern sogar aus viel weiterer Entfernung jenseits des Nils schemenhaft zu erkennen. In dieser geheimnisvollen Atmosphäre am frühen Morgen wirkt die Pyramide wie von einer anderen Welt. Verstärkt wird der Eindruck dadurch, dass die Chephren-Pyramide nicht allein auf dem Plateau steht. Gleich nebenan steht die Grabstätte von Chephrens Vater Cheops, mit 146,6 Metern Höhe und einer Kantenlänge von 230,3 Metern die größte Pyramide des alten Ägyptens. Die kleinere Mykerinos-Pyramide ergänzt das faszinierende Bild im Morgendunst von Gizeh.

Festlich gewandet und mit Weihegaben beladen, setzt sich der Zug der Tempelpriester in Bewegung. Ihr ritueller Gesang hallt durch den Korridor des Aufwegs, als sie die aus dem Felsen gehauene Skulptur der Sphinx hinter sich lassen. Oben am Totentempel vor der Pyramide des Chephren angekommen, dann ein magischer Moment: Über dem Nil geht die Sonne auf. Als Erstes erreichen die Sonnenstrahlen das vergoldete Pyramidion, den Schlussstein an der Spitze der Pyramide, der zu glänzen beginnt wie eine kleine Schwester der Sonne. Als sich deren Scheibe aus dem Dunst des Nils erhebt, taucht sie die mit glatt polierten Kalksteinplatten verkleidete Ostseite der Pyramide in ein ebenfalls goldenes Licht. Der perfekte Mo-

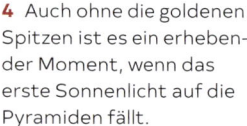 **4** Auch ohne die goldenen Spitzen ist es ein erhebender Moment, wenn das erste Sonnenlicht auf die Pyramiden fällt.

5 Grafische Rekonstruktion der Chephren-Pyramide. Die Seiten waren mit poliertem Kalkstein verkleidet, und der Schlussstein, das Pyramidion, war vergoldet.

ment, die perfekte Symmetrie, das verschlägt selbst den altgedienten Tempelpriestern jedes Mal wieder den Atem.

Selbst wenn die Kalksteinverkleidungen heute fast alle verschwunden sind und die Pyramiden von Gizeh deshalb nicht mehr die Originalhöhe erreichen, haben diese gewaltigen Bauwerke nichts von ihrer Faszination eingebüßt. Sie gehörten zu den Sieben Weltwundern der Antike und sind die wohl bekanntesten Bauwerke der Weltgeschichte. Aber noch immer umgeben sie zahlreiche Mysterien. Wozu wurden sie errichtet? Wie konnte der Bau dieser Anlagen gelingen, noch dazu mit so unvergleichlicher Präzision? Woher stammte das technische Wissen? Und was haben Sonne, Mond und Sterne mit den Pyramiden im alten Ägypten zu tun?

Zum Himmel, zur Sonne

Um die Pyramiden auch nur annähernd verstehen zu können, muss man sich in die geistige, religiöse und gesellschaftliche Welt der alten Ägypter hineinversetzen. Der Pharao war der gottgleiche Herrscher eines Großreichs. Er verkörperte den straff organisierten Zentralstaat, und die in seinem Auftrag errichteten Bauwerke symbolisierten seine Macht. Nicht wenige Ägyptologen sehen in der klaren geometrischen Figur der Pyramide einen Ausdruck für Ordnung, für ein funktionierendes

6 Der Sonnengott Re, dargestellt durch Skarabäus und Sonnenscheibe, wird vom Schöpfergott Nun am Anfang der Zeit auf seiner Sonnenbarke in den Himmel gehoben. Dieser Papyrus entstand fast 1500 Jahre später als die Pyramiden.

und dauerhaftes Staatswesen, in dessen Zentrum oder besser an dessen Spitze der Pharao steht. Doch da stellt sich die Frage, warum sich in der Pyramide auch die Grablege des Pharaos befindet. Als Symbol der Staatsideologie würde das Bauwerk auch ohne einen solchen praktischen Nutzen funktionieren. Und an dieser Stelle kommen die Religion und die geistige Vorstellungswelt der alten Ägypter ins Spiel.

Ägyptologen haben Pyramidentexte entziffert, in denen die Strahlen der Sonne als eine Art Rampe beschrieben werden, auf welcher der verstorbene Pharao zum Zentralgestirn emporsteigt. Ein Bild, das man nachvollziehen kann, wenn man die Pyramiden im Licht des Sonnenaufgangs bewundert oder eine geschlossene Wolkendecke plötzlich über den Pyramiden aufbricht und einzelne Sonnenstrahlen über ihnen vom Himmel zur Erde leuchten. So kann man sich die Pyramiden schon als Symbole für den kosmischen Himmelsaufstieg des Herrschers vorstellen. Zumal vor dem Hintergrund, dass der altägyptische Sonnengott Re eine zentrale Rolle in der Religion einnahm und sich die Pharaonen in der 4. Dynastie, also auch Chephren und sein Vater Cheops, jeweils als »Sohn des Re« bezeichneten. Die Himmelfahrt via Pyramide führte, so der Glaube, zu einer Vereinigung des göttlichen Königs mit seinem göttlichen Erzeuger, mit der Sonne, gleichzeitig Quell allen Lebens auf Erden.

Bauwerke für die Ewigkeit

Allein die nüchternen Fakten lassen noch heute staunen. Die Grabmäler der Pharaonen Cheops und Chephren waren zu ihrer Zeit – und weit darüber hinaus – die mit Abstand größten Bauwerke der Menschheit. Es sollte unglaubliche 4000 Jahre dauern, bis die 2575 v. Chr. fertiggestellte Cheops-Pyramide, die 146 Meter in den Himmel ragt, von einem anderen Bauwerk an Höhe übertroffen wurde: Im Jahre des Herrn 1311 wurden die Arbeiten an der Kathedrale von Lincoln beendet, und einer ihrer drei Türme maß der damaligen Überlieferung nach 159 Meter. Die gotische Kathedrale ist ein Symbol der Macht, an dem die Normannen nach der Eroberung Englands mehr als 200 Jahre lang bauten. Ein Wermutstropfen dabei ist, dass sie diese Rekordhöhe nur erreichten, indem sie einen gewaltigen hölzernen Turmhelm auf den steinernen Vierungsturm der Kathedrale setzten, der 1549 durch einen Sturm zerstört wurde. Die Pyramiden waren und sind da viel dauerhafter, obwohl sie viel schneller errichtet wurden. Die Grabbauten von Gizeh wurden jeweils zu Lebzeiten des Pharaos in Auftrag gegeben, geplant und auch fertiggestellt.

Und dann ist da ja noch die reine geometrische Form der Pyramiden. Kein anderes Bauwerk erscheint bis heute so perfekt.

7 Die Kathedrale von Lincoln ist eines der bedeutendsten gotischen Bauwerke Englands. Mit dem 159 Meter hohen Turm in der Mitte überragte das Bauwerk als erstes in der Menschheitsgeschichte die Cheops-Pyramide.

Ein paar Fakten zur Großen Pyramide, wie die letzte Ruhestätte des Pharaos Cheops auch genannt wird: Der Pharao
herrschte von etwa 2620 bis 2580 v. Chr. über das Doppelreich
am Nil. Erst nach seiner Thronbesteigung konnte Cheops seine Grabanlage in Auftrag geben, die bis zu seinem Tod auch
vollendet wurde: Die Bauzeit betrug nur rund zwanzig Jahre,
ein Klacks, verglichen mit anderen Monumentalbauten selbst
aus viel späterer Zeit.

Die Kanten der Basis sollten jeweils 440 ägyptische Ellen
lang sein, das sind 230,38 Meter. Moderne Messungen haben
minimale Abweichung von unter 20 Zentimetern ergeben,
also unter einem Promille. Der Neigungswinkel der Außen-
wände beträgt knapp 52 Grad, und die vier himmelwärts stre-
benden Kanten vereinigen sich in 146 Metern Höhe über dem
Wüstensand. Bauforscher haben errechnet, dass über 200
Steinlagen mit tonnenschweren Blöcken übereinander-
geschichtet wurden, um diese Höhe zu erreichen. Sie schätzen das Gesamtgewicht der Cheops-Pyramide auf sechs Millionen Tonnen. Wahrscheinlich wurden mehr Steinquader
verbaut als für alle jemals in England gebauten Kirchen zusammen.

Auf der Baustelle arbeiteten Zehntausende, die Steinblöcke
transportierten, zurichteten, exakt in der Waagerechten ver-
bauten und danach die Außensteine fein glätteten und polierten. Alles für die perfekte Form. Damit das Vorhaben noch ein
Stück schwieriger wurde, verlegten die Baumeister die Grabkammer in die Pyramide hinein und nicht wie wahrscheinlich
zuerst geplant in den Felsboden des Fundaments. Gänge,
Kammern und schließlich die Grabkammer des Cheops wur-

8 So wurden vermutlich tonnenschweren Stein-quader durch den Sand bewegt. Über die genaue Ausführung des Baus zerbrechen sich die Wis-senschaftler heute noch die Köpfe.

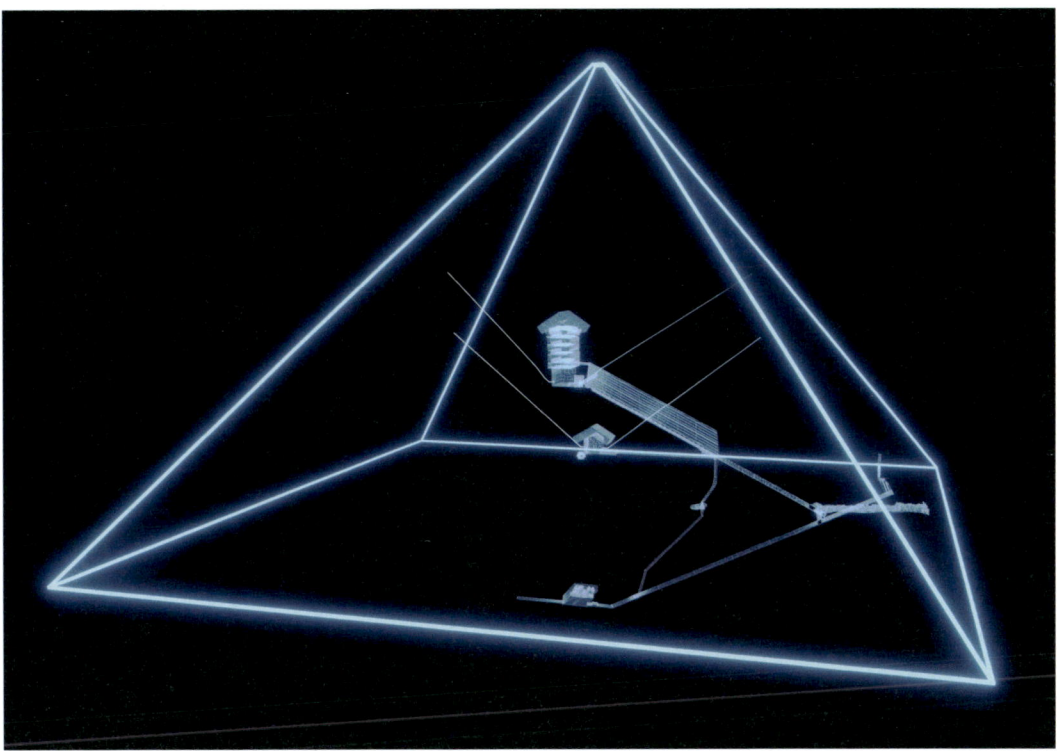

den mit einer Vielzahl von Sicherungen gegen Grabräuber geschützt. Allein über das unsichtbare Innenleben der Grabkammer kann man ganze Bücher schreiben.

Wie genau der Bau ausgeführt worden ist, darüber zerbrechen sich die Gelehrten seit Jahrzehnten die Köpfe. Verschiedene Rampentheorien konkurrieren mit Überlegungen zu Umlenkrollen und Hebevorrichtungen. Endgültig bewiesen ist bisher keiner der Vorschläge. Die konkrete Ausführung bleibt eines der größten Geheimnisse der Archäologie, denn die ägyptischen Baumeister haben keinen Bauplan hinterlassen, nicht mal einen Hinweis auf die Konstruktion. Was wir wissen, ist, dass am Ende der Schlussstein gesetzt wurde. Der wiegt 6,5 Tonnen und hat selbst die Form der Pyramide, nur um etwa das Hundertfache verkleinert. Dieses Pyramidion wurde anschließend wohl mit dem Edelmetall Gold oder der Gold-Silber Legierung Elektron verkleidet, damit die Spitze golden in der Sonne glänzte.

9 Querschnitt durch die Pyramide des Cheops: Anders als bei seinem Sohn Chephren liegt die Grabkammer dieses Pharaos mitten im Bauwerk.

Erstaunlich ist auch die relativ kurze und frühe Phase des Pyramidenbaus in der altägyptischen Geschichte, die mit ihren 31 Dynastien immerhin drei Jahrtausende umspannt. Ein Blick auf die Familienverhältnisse der in Gizeh ruhenden Herrscher verdeutlicht das. Im Jahr 2510 v. Chr. stirbt Pharao Mykerinos und wird in der kleinsten der drei Pyramiden von Gizeh bestattet. Er ist der Sohn des Chephren, der 20 Jahre vor ihm gestorben war und in der benachbarten Pyramide seine letzte Ruhestätte fand. Dessen Vater Cheops hatte die Tradition des Pyramidenbaus auf dem Hochplateau von Gizeh begründet. Als Vorbild dienten ihm drei Pyramidenbauten, die wiederum sein Vater Snofru, der erste Herrscher der 4. Dynastie, in Meidum und Dahschur errichten ließ. Pyramidenbau als reine Familienangelegenheit, so scheint es beinahe.

Bestattet ist Snofru in Dahschur, in der sogenannten Roten Pyramide, die wegen der Farbe des Kalksteins im Kern des Bauwerks so heißt. Bei ihrer Fertigstellung um das Jahr 2620 v. Chr. war sie mit feinen Tura-Kalksteinen verkleidet. In Sichtweite erhebt sich die »Knickpyramide« in den ägyptischen Himmel. Bei ihrem Bau war es anscheinend zu gra-

10 Statische Probleme während der Bauphase sorgten für Planänderungen und letztlich für die etwas unglückliche Form der Knickpyramide von Dahschur.

vierenden statischen Problemen gekommen, denn der ursprünglich steile Neigungswinkel von 58 oder womöglich sogar 60 Grad wurde ungefähr auf halber Höhe auf 54 Grad und später sogar auf 43 Grad verringert. Zudem wurde die Basis durch eine Art Steingürtel erweitert, damit das kühne Bauwerk nicht einstürzte.

Der Bau wurde zwar vollendet, doch Snofru war mit dem Ergebnis offenbar nicht zufrieden und befahl die Errichtung der Roten Pyramide. Sie hatte von Anfang an einen geringeren Neigungswinkel von 43 Grad. Und damit gelang seinen Baumeistern die erste »echte« Pyramide mit einer Kantenlänge von 220 Metern und einer Höhe von 105 Metern.

Das allererste große Pyramidenbauwerk des Snofru steht jedoch nicht in Dahschur, sondern im rund 60 Kilometer südlich gelegenen Meidum. Dort ließ er eine Stufenpyramide bauen, nach dem Vorbild eines seiner Vorgänger. Es war Pharao Djosers (er herrschte von 2720 bis 2700 v. Chr.) genialer Baumeister Imhotep, der die Stufenpyramide von Sakkara erdachte und ausführte. Der Universalgelehrte war eine der herausragendsten Persönlichkeiten seiner Zeit. Imhotep verfügte über umfassendes medizinisches, astrologisches, theologisches und technisches Wissen, er war der Hohepriester von Heliopolis, Oberbildhauer und Bauleiter des Pharaos. Und das ist nur ein Ausschnitt aus seinen Fähigkeiten und Titeln. Doch für viele Ägyptologen überragt eine Zuschreibung alle anderen: Er gilt als der »geistige Vater« der Pyramiden.

12 Statuette des großen Universalgelehrten Imhotep. Er zeichnete für den Bau der Stufenpyramide von Sakkara verantwortlich.

13 Die Stufenpyramide von Sakkara ist eine symbolische Darstellung des mythologischen Urhügels. Und Himmelstreppe für den verstorbenen Pharao Djoser.

Der geniale Baumeister konstruierte das Grabmal des Pharaos Djoser in Sakkara, über dem sich eine 60 Meter hohe Stufenpyramide erhob, die den Urhügel symbolisieren sollte, der bei der Schöpfung der Erde aus dem Urmeer emporgestiegen war. Ein hochsymbolisches Bauwerk also, das bereits eng mit der Glaubenswelt der alten Ägypter verbunden war. So sollte der verstorbene Pharao später über die Stufen der Pyramide himmelwärts zum Sonnengott Re emporsteigen. Das allein zeigt schon, dass die Pyramiden viel mehr waren als monumentale Machtdemonstrationen. Die Pyramiden und mit ihnen deren Umfeld mit Tempeln, ummauerten Höfen, überdachten Gängen und weiteren Grabanlagen waren aus Stein geformte Glaubensvorstellungen. Deshalb versahen Generationen von Tempelpriestern ihren kultischen Dienst im magischen dreieckigen Schatten der steinernen Giganten.

Wissen, das vom Himmel kam?

Von der »Erfindung« der Pyramiden durch Imhotep und der Bestattung des Mykerinos in der letzten Pyramide von Gizeh vergingen gerade einmal 200 Jahre. Genauso lange benötigte man Jahrtausende später in Lincoln, um eine einzige Kathedrale zu bauen. Die Kürze und Plötzlichkeit, aber auch die menschheitsgeschichtlich frühe Erscheinung des Phänomens Pyramiden ließen viele Ägypten-Begeisterte zweifeln, ob derartige technische und logistische Megabauten überhaupt von Menschen erdacht und geschaffen worden sein konnten. Diese Explosion der Fähigkeiten erscheint vielen wie ein Wissen, das vom Himmel gefallen ist. Oder, wie ein Journalist des Magazins *Der Spiegel* einmal formulierte: »Das ist so, als würde auf die Nutzbarmachung des Feuers sogleich der Bau der Atombombe folgen.«

Wie war das möglich? Brachten Außerirdische den Bauplan auf die Erde und halfen so den Pharaonen bei ihren unvorstellbaren Bauwerken? Das ist eine These, die immer wieder zu hören und zu lesen ist, besonders auf pseudowissenschaftlichen Webseiten. Selbst Tesla-Chef Elon Musk twitterte 2020, seiner Ansicht nach hätten Aliens die ägyptischen Pyramiden erbaut. Unterschätzt der visionäre Unternehmer hier nicht seine Vorvorvorgänger, die in der Mathematik, der Astronomie und der Architektur neue Wege beschritten und Höchstleistungen vollbrachten?

14 Tempelschreiber auf einer Darstellung aus der 6. Dynastie – im Pharaonenstaat funktionierte die Bürokratie.

Die Realität scheint sehr viel banaler, als Anhänger der Idee von Besuchern aus dem All das wohl gern hätten. Im Alten Reich, in dem der Pyramidenbau seine Blüte erlebte, legte eine bürokratische Revolution die Ressourcen für die gigantischen Bauvorhaben frei. Eine funktionierende Verwaltung, ein ausgefeiltes Steuersystem und eine perfekte Arbeitsorganisation sind die unsichtbaren Fundamente der ägyptischen Pyramiden,

Ausdruck eines extrem guten und effizient organisierten Staatswesens. Zudem konnten die Pharaonen auf ein Heer von unterschiedlichen Bauspezialisten zurückgreifen, die über verblüffende technische und logistische Fähigkeiten verfügten, die zum Teil bis heute nicht rekonstruiert werden konnten. Und dann war da natürlich noch die Allmacht des gottgleichen Herrschers, der seine Visionen ohne Rücksicht auf irgendwelche Gremien oder Bauvorschriften umsetzen konnte.

Für die Tempelpriester von Gizeh waren die Pyramiden und ihre dazugehörigen Tempel Realität und Auftrag zugleich. Denn nur die regelmäßig durchgeführten Opfer und Rituale garantierten die spirituelle Funktion der gigantischen Bauwerke. In der massiven Steinarchitektur spiegelt sich die Sehnsucht der Ägypter nach Beständigkeit, nach Ewigkeit. Das belegen auch altägyptische Texte in einer der frühesten Schriften der Welt. Die in die Tempelwände und Grabkammern eingravierten Schriftzeichen, die Hieroglyphen, stehen für einen weiteren epochalen Schritt in der Menschheits-

15 Schriftsprache als epochaler Schritt: Hieroglyphen auf den Wänden der Grabkammer des Metjen, eines hohen Beamten unter Pharao Snofru

geschichte. Denn mit der Erfindung eines Schriftsystems bestand erstmals die Möglichkeit, besondere Begebenheiten, historische Ereignisse, religiöse Gesetze oder auch ganz alltägliche Dinge exakt festzuhalten und der Nachwelt zu überliefern. Für die Altertumswissenschaftler markiert die Erfindung der Schrift im alten Ägypten zusammen mit den Keilschrifttexten Mesopotamiens den Übergang von der Vorgeschichte in das historische Zeitalter. Im alten Ägypten konnte nur eine Elite lesen und schreiben. Die Position des Schreibers war eine herausragende im ägyptischen Staatswesen, nur diese Auserwählten hatten Zugang zum Wissen, das durch den »geheimen« Schriftcode vor unbefugtem Zugriff geschützt war.

16 Jüngere Darstellung des Ibis-köpfigen Mondgottes Thot. Er war auch der Gott der Magie, der Wissenschaft und der Schreiber.

Ein mystischer Lichtgeber

Die Inschriften auf der Tempelwand verblassen, als sich nach Sonnenuntergang sehr schnell die Dunkelheit über das Land am Nil legt. Die Bauern kehren nach einem langen Arbeitstag, der bei Sonnenaufgang begann, von den Felder zurück in ihre Dörfer auf der Ostseite des Nils. In der letzten Dämmerung erhebt sich magisch die Silhouette der drei Pyramiden vom Hochplateau auf der anderen Seite des großen Flusses. Heute finden auch die Nachzügler relativ sicher ihren Weg nach Hause, denn ein satter Vollmond bescheint die ansonsten unbeleuchteten Dörfer. Ehrfürchtig schauen die letzten Heimkehrer zum Himmel, bevor sie in ihren Behausungen verschwinden.

Der Mond ist nach der Sonne das zweitwichtigste Gestirn in der Vorstellungswelt der Ägypter. Das hat nicht nur religiöse Gründe. In den alten Kulturen spielte der Mond als »Lichtgeber« während der Nacht eine viel größere Rolle als heute, wo Straßenlaternen und Licht per Knopfdruck Städte und Wohnungen erleuchten. Das über dem Nil glitzernde Mondlicht war für die alten Ägypter nicht nur sehr praktisch, sondern zugleich eine fast magische Erscheinung.

17 Jüngere Darstellung der Mondphasen, repräsentiert durch verschiedene Gottheiten, mit dem Auge des Re auf dem Vollmond und dem Mondgott Thot ganz rechts (Hathor-Tempel, Dendera)

Das fahle Licht des Vollmonds erhellt den Weg des Priesters zum Tempel des Ibis-köpfigen Gottes Thot. Der Mondgott der alten Ägypter verwaltete als Schreiber auch die Schriften der Welt von Menschen und Göttern und galt als ausgezeichneter Rechner. Das prädestinierte ihn, den komplizierten Lauf des Mondes am Himmel zu berechnen. Thot teilte die Zeit ein, begründete den Kalender und herrschte über die Geschichtsschreibung, davon war nicht nur die Priesterschaft überzeugt, sondern auch alle anderen Menschen an beiden Ufern des Nils.

Der Priester hat inzwischen über versteckte Treppenaufgänge das Tempeldach erklommen. Ihm obliegt die Mondbeobachtung, die er auf einem Papyrus festhält. Dabei geht es um die möglichst exakte Bestimmung und Darstellung der Mondphasen. Auf einer Tempelwand ist – quasi als Vorlage – ein unterschiedlich beschattetes Horus-Auge aufgemalt. Das zeigt auch, wie wichtig der Lauf des Mondes für die religiösen Rituale in den Tempeln ist.

Wanderer in der Nacht

Schon zu Urzeiten beobachteten die Menschen, dass der Mond sein Aussehen in einem festgelegten Rhythmus verändert, vom Vollmond über den Halbmond zum Neumond und wieder zurück. Die ältesten Kalender der Menschheit waren vermutlich Mondkalender.

Die Ägypter bestimmten die Mondphasen sehr exakt zur Einteilung des Jahres, und deshalb ist der Mondgott Thot der Herr der Chronologie und des Kalenders. Sein Name steht auch für den ersten Monat im Verwaltungskalender im Neuen Reich, der das Jahr in zwölf Monate einteilte.

Lange Zeit galt der Mond, unser Erdmond, als Unikat. Als dann aber Galileo Galilei am 7. Januar 1610 zum ersten Mal ein selbst gebautes Teleskop in den Himmel richtete und dabei die vier großen Monde des Jupiters entdeckte – Io, Europa, Ganymed und Kallisto –, war das natürlich eine Riesensensation. Bis dahin konnte sich niemand vorstellen, dass auch andere Planeten Monde haben könnten.

Monde sind ganz grundsätzlich kleinere Begleiter von größeren Objekten. In den letzten Jahren hat sich die Zahl der Monde in unserem Sonnensystem enorm vergrößert, auf gut 200. Dank besserer Teleskope und vor allem durch Sonden, die durch das Sonnensystem reisen, wurden zahllose Brocken bis zur Größe eines Fußballstadions gefunden, die die großen, äußeren Planeten umkreisen.

Mit der steigenden Zahl von Entdeckungen wächst auch die Vielfalt der Mond-Typen und deren Bahneigenschaften. Inzwischen wird intensiv darüber diskutiert, ob für die Bezeichnung »Mond« nicht eine bestimmte Mindestgröße eingeführt werden sollte, damit man kleinere Brocken von »richtigen« Monden unterscheiden kann. Ein richtiger Mond sollte schon mal eher rund sein, seine Schwerkraft sollte ihn also geformt haben. Unser Mond ist ein richtiger Mond und noch dazu der fünftgrößte bekannte Mond im Sonnensystem. Er hat immerhin ein Achtzigstel Erdmasse und einen Durchmesser von 3476 Kilometern, das ist ein Viertel des Erddurchmessers. Im Vergleich zu seinem Zentralkörper Erde ist er also außergewöhnlich groß. So ein Mond steht der Erde astronomisch normalerweise gar nicht zu, so etwas wie der Erdmond gehört eigentlich zu Riesenplaneten wie dem Jupiter oder dem Saturn.

18 Die von Galilei entdeckten Jupitermonde Io, Europa, Ganymed und Kallisto, 1979 fotografiert von Voyager 1

19 Galilei zeigt den Musen sein Teleskop und proklamiert ein heliozentrisches Weltbild – Stich aus dem *Opere di Galileo Galilei*, Bologna, 1655–56.

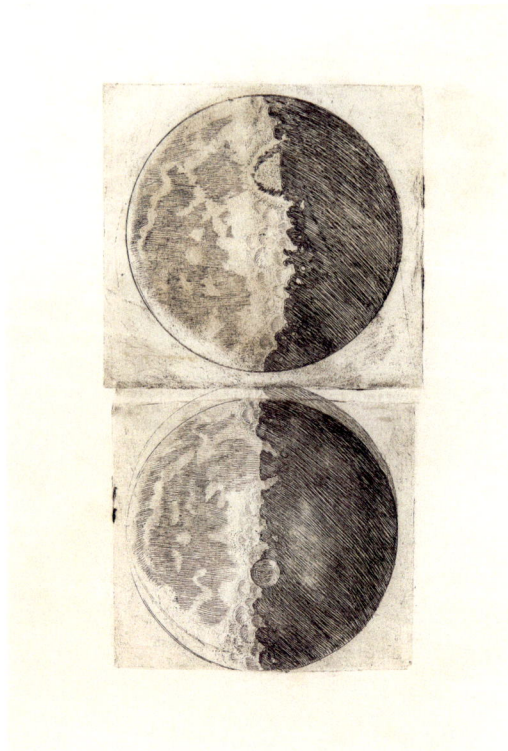

20 In seinem 1610 erschienenen Buch *Sidereus Nuncius* deutete Galilei die Unregelmäßigkeiten in der Licht-Schatten-Grenze erstmals als Berge auf der Mondoberfläche.

Weil unsere Erde aber einen so großen und schweren Begleiter hat, ist sein Einfluss auf die Erde auch so groß. Der Mond sorgt für die Gezeiten, also für Ebbe und Flut, er stabilisiert die Rotationsachse der Erde und sorgt dafür, dass diese Achse nicht zu sehr schwankt, und schließlich bremst er durch die Gezeiten die Drehung der Erde auf die heutigen 24 Stunden ab. Ohne den Mond würde die Erdachse innerhalb von einigen Millionen Jahren so sehr schwanken, dass das Klima auf der Erde für hoch entwickeltes Leben völlig unzumutbar wäre. Man stelle sich vor, eine Erdhälfte würde ständig von der Sonne beschienen und die andere läge in dauernder Dunkelheit und Kälte. Die damit zusammenhängenden Luftdruckschwankungen wären so rabiat, dass Windstärke 12 nur ein laues Lüftchen darstellen würde im Vergleich mit den Stürmen auf einer mondlosen Erde. Die Rotationsachse des Mars hat solche dramatischen Schwankungen erlebt. Vermutlich hat er deshalb auch sein Wasser verloren.

Die Gezeitenreibung führt auch dazu, dass der Mond sich Jahr für Jahr um 4 Zentimeter von der Erde entfernt. Da der Mond sich genau einmal um die eigene Achse dreht, während er einmal um die Erde kreist, zeigt er der Erde immer dieselbe Seite. Er ist von Geburt an der Erde »zugetan«. Diese sogenannte synchronisierte Rotation führt dazu, dass der Drehimpuls, der der Erde durch die Gezeitenreibung verlorengeht, auf den Bahndrehimpuls des Mondes übertragen wird. Mit anderen Worten: seine Bahn wird immer größer, er entfernt sich immer weiter von der Erde. Es wird eine Zukunft geben, in der der Mond so weit von der Erde weg sein wird, dass es nur noch Ringverfinsterungen der Sonne geben wird. Total kann der Mond der fernen Zukunft die Sonne nicht mehr verdecken, es wird immer ein leuchtender Ring bleiben.

Die Phasen des Mondes sind seit Menschengedenken immer dieselben, daran hat sich nichts geändert. Deshalb ist der Mond, als besonders gut sichtbarer Wanderer in der Nacht, der ideale Himmelskalender. Denn es muss schon wirklich richtig stark bewölkt sein, damit sein Licht nicht durch die Wolkendecke scheint. Das Licht des Mondes ist übrigens reflektiertes Sonnenlicht.

Was seine Auswirkungen auf des Menschen Gemüt und seine Frisuren, auf Tier und Holz betrifft, darüber schweige ich als Physiker lieber. Soll doch jede(r) glauben, was er oder sie will. Und damit wären wir wieder bei den alten Ägyptern.

Die Ankunft des Hapi

Die Beobachtung des Mondes, der Mondkalender und die dazugehörigen Feste und Riten bestimmten einen wichtigen Teil des Lebens der Menschen im Pharaonenreich. So gab es beispielsweise die Vorstellung, dass man bestimmte Tätigkeiten in der Landwirtschaft unbedingt in den lunaren Zyklus einbinden musste. Eine zentrale altägyptische Mondregel lautete: Man muss säen zur Zeit des zunehmenden Mondes und ernten zur Zeit des abnehmenden Mondes. Noch wichtiger war die Berechnung der alljährlichen Nilüberschwemmung. Sie war von zentraler Bedeutung für Wohlstand und Auskommen der Menschen und für das Funktionieren des Staates.

21 Eine frühe Luftaufnahme zeigt die Ausmaße der Nilschwemme direkt bei den Pyramiden von Gizeh.

Die alljährliche Nilflut schwemmte fruchtbaren Schlamm mit vielen Mineralstoffen in die Anbaugebiete zu beiden Seiten des Nils und machte die Felder so sehr nährstoffreich. Vor dem Ereignis wurden spezielle Erddämme errichtet, um den begehrten Schlamm auf den Feldern zu halten, wenn das Wasser sich wieder zurückzog. Doch die Überschwemmungen, ausgelöst durch tropische Monsunregenfälle im Hochland von Äthiopien, verursachten immer wieder auch große Verheerungen an der Infrastruktur. Dämme brachen, Gebäude und ganze Dörfer wurden weggespült, Tiere und nicht selten auch Menschen ertranken, Gerätschaften und Werkzeuge verschwanden in den braunen Wassermassen, die in regelrechten Flutwellen über das Land kommen konnten. Also galt es, alles rechtzeitig in Sicherheit zu bringen, was sich vor den Fluten schützen ließ. Auch deshalb war die kalendarische Bestimmung der Nilüberschwemmung eine überlebenswichtige Aufgabe für das Staatswesen und die einzelnen Menschen im Reich der Pharaonen. Natürlich hatte auch die Nilflut ihre eigene Gottheit: Hapi, »der Überfluss gibt an allen guten Dingen«, wie ein altägyptischer Text besagt. Die Bewohner des Niltals erwarteten also jedes Jahr ab Juni mit Freude, aber auch mit Furcht die »Ankunft des Hapi«.

22 Hapi, der Fruchtbarkeitsgott – hier dargestellt mit einer Lilienkrone auf einem jüngeren Sandsteinrelief aus der 12. Dynastie

Der Mond bestimmte einen Teil des religiösen Lebens im Schatten der Pyramiden. Die Priester im Tempel hatten immer einen Mondmonat lang Dienst. Wenn dieser zu Ende war und sie sozusagen frei hatten, blieben sie aber weiter an die strengen Regeln des Tempels gebunden. So durfte Tempelwissen niemals nach außen dringen. Das bedeutete auch, dass das Wissen um den Himmel und die Mechanismen der Gestirne nur der absoluten Elite vorbehalten war. Schon bei der Priesterausbildung wurde den Novizen eingebläut, dass das, was man im Tempel gehört und gesehen hatte, die Tempelmauern nicht verlassen sollte. Diese Vorschriften standen gleich bei den Eingängen für die Priesterinnen und Priester an den Tempelwänden – als tägliche Mahnung.

20 Ägyptische Priester bei der Beobachtung des Himmels

Mit den Sonnenbarken himmelwärts

In der Hierarchie der Tempelgötter stand der Sonnengott Re (auch Amun-Re, Amun, Atun, später Aton) an oberster Stelle. Er verkörperte die lebenspendende Sonne und wurde schon

24 Diese Barke aus Zedern-holz wurde 1954 auf der Südseite der Cheops-Pyramide ausgegraben.

seit der Frühzeit des ägyptischen Reiches verehrt und ange-betet. Er war die mächtigste ägyptische Gottheit und ragte aus der Vielzahl der ägyptischen Götter heraus, die alle Bereiche des Lebens am Nil beherrschten. Sie waren immer und überall gegenwärtig. Auch der Pharao war sich ihrer Anwesenheit und ihres Einflusses stets bewusst, deshalb tat er alles, die göttli-chen Gesetze einzuhalten, besonders natürlich die die Sonne und den Gott Re betreffenden Regeln. So musste der Sonnen-lauf unbedingt immer in Gang gehalten werden. Die Wichtig-keit dieser Aufgabe können die heutigen Ägyptologen daran ablesen, dass zum Beispiel das Haupt-Dekorationsthema in den Königsgräbern des Neuen Reiches der Lauf der Sonne ist. Bei Tag und Nacht. In den sogenannten Unterweltbüchern wird die nächtliche Sonnenfahrt während der zwölf Nacht-stunden dargestellt, in der der Sonnengott Re auf einer Barke, geschützt in einer Kajüte, durch die Unterwelt fährt, um am nächsten Morgen als Skarabäus wieder aufzugehen.

Diese Fahrt spielt auch bei den Pyramiden von Gizeh eine wichtige Rolle, wie archäologische Funde zeigen sollten: Bei der Untersuchung der Tempelanlagen und der Umgebung der Pyramiden wurden Barken aus Zedernholz ausgegraben. Über den Zweck dieser Barken gibt es zwar unterschiedliche Interpretationen, doch eine davon gilt vielen Ägyptologen als besonders einleuchtend. Die Boote waren wahrscheinlich für den verstorbenen Pharao Cheops vorgesehen, der an der Sei-te des Sonnengottes Re die Fahrt – bei Tag mit dem Boot Mangjet durch das Himmelsmeer und bei Nacht mit dem Boot Meseket durch die Unterwelt – bewerkstelligen konnte. Die Wissenschaftler führen als Beleg für ihre These auch Py-ramidentexte an: »Der König kommt zu Re ... er steigt hinauf mit Atum, geht auf und unter mit Re und den Sonnenbarken.«
    Pyramide und Totentempel bildeten eine transzendente Residenz für den verschiedenen Pharao, ein Haus für die Seele des Verstorbenen. Die gigantischen Anlagen im Wüstensand waren »ein Staat aus Stein«, wie der deutsche Philosoph Georg Wilhelm Friedrich Hegel es einst nannte. Dabei war jeder Auf-

wand gerechtfertigt, denn der Pharao herrschte gottgleich, er war Stellvertreter der Götter auf Erden, und auch sein Weiterleben im Jenseits war für die Menschen von großer Bedeutung. Die Ordnung aufrechtzuerhalten war politischer und religiöser Auftrag zugleich.

Himmlische Ausrichtung

Die enge Verbindung der Pyramiden mit der Sonne könnte auch als Leitsystem bei der Ausrichtung und Konstruktion der Bauwerke gedient haben. Neue Laservermessungen haben ergeben, dass die Pyramiden auf dem Gizeh-Plateau sehr exakt in der Nord-Süd-Achse ausgerichtet sind und auch die rechten Winkel der Bauwerksfundamente kaum messbar von den idealen 90 Grad abweichen. Doch ist mit der Orientierung an der Sonne, ihrem Auf- und Untergang und ihrem Zenit eine solche Präzision überhaupt zu erreichen?

25 Half der Sonnengott Re den Baumeistern der Pyramiden bei deren genauen Ausrichtung?

N

26 Nahezu perfekt ausgerichtet: Satellitenaufnahme der Pyramiden auf dem Hochplateau von Gizeh: oben die Cheops-Pyramide, in der Mitte die des Chephren und links unten die des Mykerinos

Gute Frage! Stellt man sie einem Vermessungsspezialisten, wird der zu bedenken geben, dass die Sonne am 29. Breitengrad sehr hoch im Zenit steht und somit die genaue Bestimmung des Himmelssüdpols außerordentlich schwierig ist. Entsprechend hoch sind die zu erwartenden Messungenauigkeiten. Hinzu kommt, dass die genauen Punkte am Himmel für Sonnenauf- und Sonnenuntergang nicht immer gut auszumachen sind. Die Sonne erscheint und versinkt am Abend relativ groß am Horizont und ist oft noch vom Morgen- bzw. Abenddunst verschleiert, was eine Bestimmung des Sonnenmittelpunkts erschwert. Auch deshalb verweisen viele Experten darauf, dass weniger die Sonne als eher der dunkle Nachthimmel für die Ausrichtung der Pyramiden eine Rolle gespielt haben dürfte.

Sehen wir uns also mal an, auf welche Weise die alten Ägypter die Ausrichtung der gewaltigen Bauwerke hinbekommen haben könnten. Eine Frage, um die auch ein Forschungsprojekt der Ägyptologin Kate Spence von der University of Cambridge kreist. Sie hat im November 2000 im Fachmagazin *Nature* die Ergebnisse ihrer Untersuchungen veröffentlicht und konnte damit Antworten für einige Fragen des Pyramidenbaus anbieten.

Ausgangspunkt ihrer Überlegungen war die Tatsache, dass alle acht Pyramiden auf dem Plateau von Gizeh nur ganz geringfügig von der Nord-Süd-Ausrichtung abweichen. Die ersten Pyramiden sind dabei leicht in östlicher Richtung versetzt, die später errichteten leicht westlich. Für die damaligen Messverhältnisse fast perfekt nach Norden ausgerichtet ist die Cheops-Pyramide mit einer Abweichung von nur drei Bogenminuten. Bis zu Spences Artikel nahm man an, dass die alten Ägypter für die Ausrichtung der Pyramiden immer die gleiche Methodik angewandt hätten. Ein Standardsystem sozusagen, das immer dieselben Ergebnisse hervorbrachte. Eine offensichtliche Möglichkeit (mit oben erwähnten Einschränkungen) wäre die Beobachtung des Sonnenaufgangs- und Sonnenuntergangspunktes gewesen.

Genau an diesem Punkt setzte Spence an. Wie konnte es sein, dass eine sehr genaue Ausrichtung wie bei der Cheops-Pyramide bei früheren und späteren Pyramiden nicht erreicht wurde? Messfehler sind menschlich, und auch der Alte Ägypter war nur ein Mensch und kein Alien, wie manche mutmaßen mögen. Die Ägyptologin fragte sich, ob andere Himmelskörper bei der Ausrichtung eine Rolle gespielt haben könnten. Wie wäre es zum Beispiel mit dem Polarstern, um den Himmelsnordpol zu finden? Funktioniert leider nicht, denn Polaris steht zwar für uns heute nahe dem nördlichen Himmelspol, aber damals, vor über 4500 Jahren eben nicht. Grund dafür ist die Verlagerung der leicht geneigten Erdachse, mit einer Periode von 26.000 Jahren. Diese sogenannte Präzession, kombiniert mit dem »Nicken« der Rotationsachse, der Nutation, kann sehr präzise in der Zeit zurückgerechnet werden. Ebenso die Bahnen der Sterne am Himmel und damit natürlich ihre genaue Position.

Warum das so genau funktioniert? Weil es im Universum außer der Schwerkraft kaum eine Kraft gibt, die die Bahnen der Himmelskörper bestimmt. Es gibt keine Reibung an Gas oder Staub, die die Geschwindigkeit von Sternen,

27 Die Erdachse taumelt, vergleichbar mit einem Kreisel – das nennt man Präzession. Zu anderen Zeiten sorgte sie dafür, dass sich der Polarstern nicht am Himmelsnordpol befand.

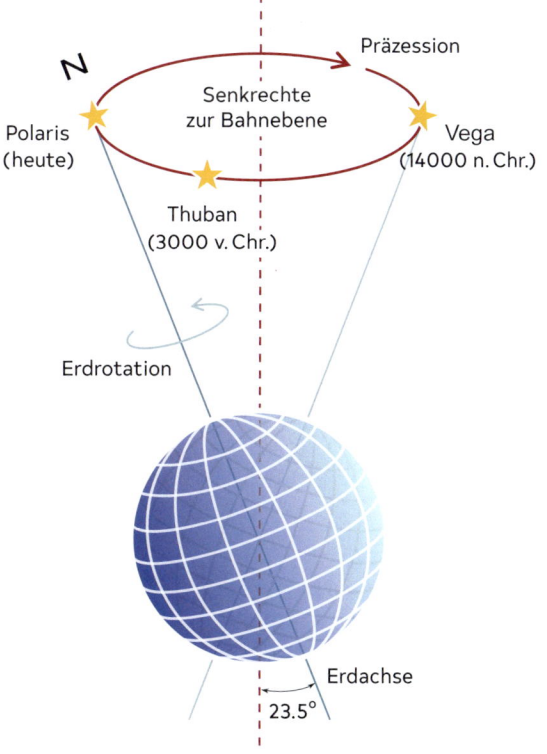

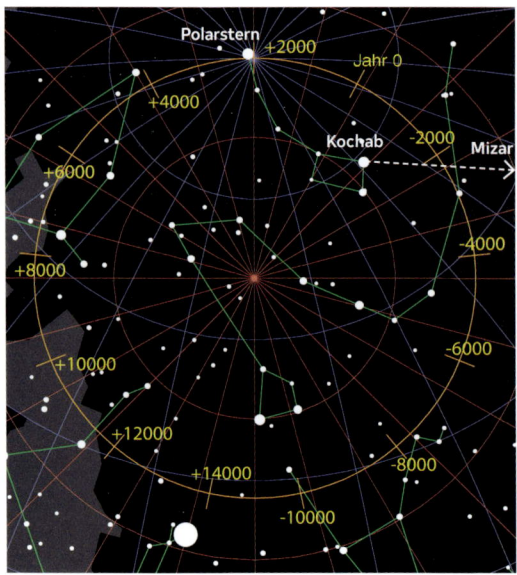

28 Der Kreis, den der Himmelsnordpol durch die Präzession beschreibt. Zu Cheops' Zeiten konnte er durch eine gedachte Linie zwischen den Sternen Kochab und Mizar (außerhalb des Bildes) bestimmt werden.

aber auch die Geschwindigkeit der Planeten um unsere Sonne abbremsen würde. Deshalb sind Vorhersagen über Mond- und Sonnenfinsternisse, aber auch über Planetenkonstellationen so genau. Und genau deshalb kann man auch die Vergangenheit des Himmels so exakt rekonstruieren.

Kate Spence hat genau das getan und herausgefunden, dass die Ägypter mit zwei Sternen den Himmelsnordpol bestimmt haben könnten: Im Jahr 2467 v. Chr. standen der Stern Kochab (im Sternbild Kleiner Bär) und der Stern Mizar (im Sternbild Großer Bär) zu einem bestimmten Zeitpunkt so am nördlichen Sternenhimmel, dass sie mit einer senkrechten Linie zu verbinden waren, die genau den Nordpol des Himmels kreuzte.

Ägyptische Astronomen wussten, dass diese beiden Sterne sich um den unsichtbaren Himmelspol drehen. Die genaue Nordrichtung konnte man dann feststellen, wenn die beiden Sterne senkrecht übereinanderstanden und man das Lot fällte. Zu Cheops' Zeiten war genau das gegeben.

Warum das so wichtig und richtig sein könnte? Weil so nicht nur eine sehr einfache Erklärung für die äußerst exakte Ausrichtung der Cheops-Pyramide gefunden war, sondern weil damit auch die systematischen Abweichungen der früheren und späteren Pyramiden verständlich werden. Kein Messfehler, sondern die Konstellation am Himmel. Denn die beiden Sterne verlagern ihre Position just so, dass es vor Cheops zu einer Ostabweichung und nach Cheops zu einer Westabweichung kommen muss.

Kate Spence gelang mit der astronomischen Rekonstruktion, mit der Rückwärtssimulation des Fixsternhimmels, auch eine genauere Einordung zur zeitlichen Errichtung der Pyramiden. Anhand ihres Modells berechnete sie den ungefähren Zeitpunkt für den Bau der Cheops-Pyramide auf die Jahre zwischen 2485 und 2475 v. Chr. Frühere Angaben datierten das Bauwerk auf 2554 v.Chr. – plus/minus hundert Jahre; dank Spence' astronomischer Rekonstruktion gelang es, diese Abweichungsspanne auf zehn Jahre zu verkleinern.

Ein Seelenkorridor für den Pharao

Der Priester auf dem Tempeldach hat von dort nicht nur eine hervorragende Sicht auf den Mond und seine verschiedenen Phasen, sondern auch ideale Bedingungen zum Studium des Sternenhimmels. Einige Zeit nach Einbruch der Dunkelheit ist beinahe absolute Ruhe eingekehrt, die Nachtstunden ermöglichen höchste Konzentration, und keine Lichtquellen stören seinen Blick auf das Firmament, das sich in tiefschwarzer Dunkelheit auf allen Seiten bis zum Horizont spannt. So kann der Tempelpriester mit bloßem Auge von einem festen Standpunkt aus um die 3000 Sterne sehen, die hellsten von ihnen sind ihm wohl vertraut und sicher auch ihre Bahnen.

Sterne gelten im ägyptischen Glauben als unzerstörbar und sind deshalb wichtige Konstanten in der geistigen Vorstellungswelt. Religion und Astronomie sind für den Sterne beobachtenden Priester auch nicht voneinander zu trennen, denn er ist fest davon überzeugt, dass einige der Götter in der »Duat«, dem Jenseits, dem Totenreich von Osiris, leben. Deshalb beobachtet er zur Sommersonnwende nach Einbruch der Dämmerung gebannt, wo Orion und Sirius am Firmament erscheinen. Denn dort ist nach der Überlieferung diese »Duat«. Allein schon für deren Lokalisierung war die exakte Sternbeobachtung sehr wichtig. Doch der Priester hat noch viel mehr zu tun während seiner Nachtschicht auf dem Tempeldach. So beobachtet er die Zirkumpolarsterne, die um den Nördlichen Himmelspol kreisen und nicht untergehen. Von der nach Norden ausgerichteten Pyramide soll der Pharao zu diesen Sternen, die nie untergehen, aufsteigen. Diesem Zweck dienten wahrscheinlich die »Luftschächte«, die von der Königs- und der Königinnenkammer in der Pyramide himmelwärts gen Norden führen. Sie haben einen Durchmesser von ca. 20 Zentimetern und führen bis zu einem Verschlussstein an der Pyramidenoberfläche.

29 Von den Grabkammern führen schmale Schächte nach oben, die zur Bauzeit der Pyramide vermutlich in Richtung bestimmter Sterne zeigten.

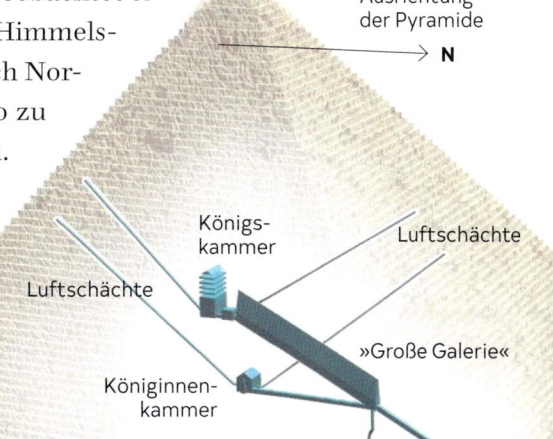

Ausrichtung der Pyramide

N

Königs-kammer

Luftschächte

Luftschächte

»Große Galerie«

Königinnen-kammer

Viele Ägyptologen sehen sie als »Seelenkorridore« an. Eine Vereinigung der Seele des Pharaos mit den unsterblichen Sternen ist das Versprechen auf das ewige Leben.

Sterne zählen

30 Friedrich Wilhelm Bessel bestimmte 1838 erstmals die Entfernung eines Sterns von der Erde.

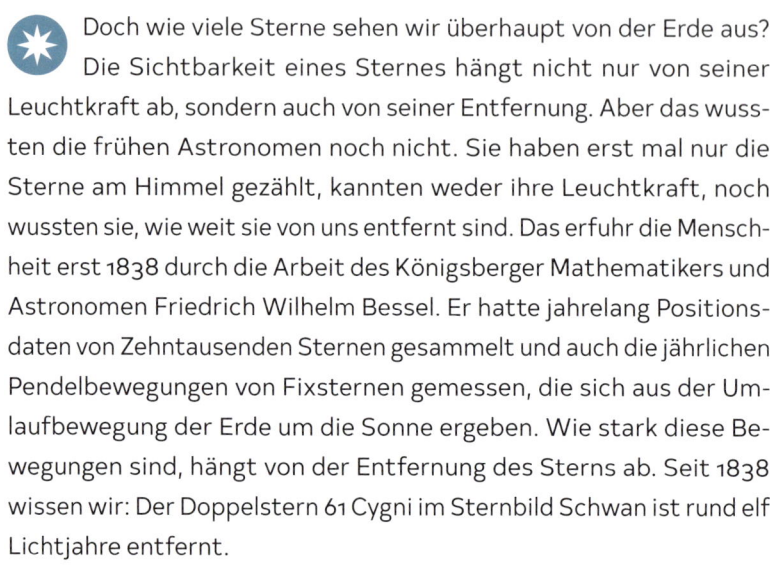 Doch wie viele Sterne sehen wir überhaupt von der Erde aus? Die Sichtbarkeit eines Sternes hängt nicht nur von seiner Leuchtkraft ab, sondern auch von seiner Entfernung. Aber das wussten die frühen Astronomen noch nicht. Sie haben erst mal nur die Sterne am Himmel gezählt, kannten weder ihre Leuchtkraft, noch wussten sie, wie weit sie von uns entfernt sind. Das erfuhr die Menschheit erst 1838 durch die Arbeit des Königsberger Mathematikers und Astronomen Friedrich Wilhelm Bessel. Er hatte jahrelang Positionsdaten von Zehntausenden Sternen gesammelt und auch die jährlichen Pendelbewegungen von Fixsternen gemessen, die sich aus der Umlaufbewegung der Erde um die Sonne ergeben. Wie stark diese Bewegungen sind, hängt von der Entfernung des Sterns ab. Seit 1838 wissen wir: Der Doppelstern 61 Cygni im Sternbild Schwan ist rund elf Lichtjahre entfernt.

Weil unser Auge aber ja nur auf die sichtbare Helligkeit eines Sterns reagiert, haben die Astronomen schon in der Antike ein System aufgestellt und zwar ein ziemlich merkwürdiges Schema der »scheinbaren Helligkeit«. Sie gibt an, wie hell ein Himmelskörper einem Beobachter auf der Erde im Vergleich zu einem anderen Himmelskörper *erscheint*. Das hat aber nichts mit der tatsächlichen Leuchtkraft von Himmelsobjekten zu tun, denn darüber gibt die »absolute Helligkeit« Auskunft.

Für das System der »scheinbaren Helligkeit« gilt: je niedriger die Klasse, desto heller das Objekt. Sterne der ersten Größenklasse erscheinen also heller als die der zweiten Größenklasse usw.. Die astronomischen Vergleichswerte werden dabei auf einer Skala beschrieben, mit dem Zusatz »mag« (kurz für Magnitudo) als Maß für die Helligkeit. Sehr, sehr helle Objekte haben einen negativen mag-Wert. Die Sonne – von der Erde aus betrachtet der hellste sichtbare Himmelskörper – wird der Größenklasse -26,8 mag zugeordnet. Der Mond liegt bei –12,5 mag und Sirius als der hellste Stern hat die scheinbare Helligkeit von –1,4 mag.

Ob man die Sterne am Himmel auch tatsächlich beobachten und damit Aussagen über ihre Helligkeit treffen kann, hängt von vielen Faktoren ab. Zunächst einmal schränkt der natürliche Horizont meist die Sicht des Himmels ein. Das galt auch schon für die alten Ägypter. Immerhin mussten sich die Astronomen damals nicht mit zwei wirklich starken Störquellen für heutige Himmelsbeobachtungen herumschlagen: nämlich mit der Helligkeit elektrischer Beleuchtung und der Dunstglocke aus Abgasen, die in unserer Zeit über großen Städten hängt und die Sicht vernebelt. Allerdings hatten die ägyptischen Astronomen auch keine Teleskope. Sie hatten nur ihre Augen als Beobachtungsinstrumente und konnten damit in einer klaren Nacht genauso viele Sterne am Himmel beobachten, wie die modernen Astronominnen und Astronomen mit ihren technischen Hilfsmitteln: Rund 6000 funkeln insgesamt am Himmel, alles Sterne, die zu unserer Milchstraße gehören.

Wer sie alle zählen will, muss gut ausgeschlafen sein, darf weder depressiv noch betrunken sein und muss natürlich über gute Augen verfügen. Denn das sind wichtige Faktoren in Sachen Sichtfähigkeit in der Dunkelheit. Und natürlich hängt die tatsächlich beobachtbare Zahl der Sterne auch von der geografischen Breite und der Jahreszeit ab. Denn da die Erde sich um die Sonne dreht, werden in verschiedenen Jahreszeiten unterschiedliche Bereiche des Himmels von der Sonne überstrahlt. Außerdem sind die Winternächte länger und dunkler als Sommernächte, deshalb sieht man im Winter mehr Sterne als

31 Für so eine Ansicht muss der moderne Astrofotograf schon ganz schön in die Trickkiste greifen – die hatten die alten Ägypter zwar nicht, aber dafür kannten sie auch keine Licht- und Luftverschmutzung.

32 Das Weltraumteleskop GAIA der ESA

im Sommer. In Berlin beispielsweise lassen sich im Sommer gut 2350 Sterne ausmachen, im Winter dagegen deutlich mehr als 2520.

Heute lassen die Astronomen zählen, und zwar von Rechenmaschinen. Große Weltraumteleskope, deren Blick nicht durch die Erdatmosphäre gestört wird, erfassen mit ihren Sensoren und Teleskopen auch noch die leuchtschwächsten Sterne in der Milchstraße. Ein großartiges Beispiel für diese Sternsammlungen ist das Weltraumteleskop GAIA der Europäischen Weltraumorganisation ESA. Es zählt an die 100 Milliarden Sterne in unserer Milchstraße.

Und heute wissen die Astronomen auch um den Unterschied zwischen »scheinbarer« und »absoluter« Helligkeit. Die wird aus der einheitlichen Entfernung von 32,6 Lichtjahren gemessen. Sterne, die weniger als 32,6 Lichtjahre entfernt sind, *erscheinen* uns daher heller, Sterne, die weiter entfernt sind, naturgemäß weniger hell. Was die absolute Helligkeit der Sonne angeht, wäre sie nur ein Stern der Größenkategorie 5. Von der Erde aus betrachtet ist sie aber das hellste Licht am Firmament.

Aber, wie gesagt, ohne technische Hilfsmittel, also ohne Teleskope hier auf der Erde oder im Weltall, sehen wir Menschen des 21. Jahrhunderts genauso viele Sterne mit bloßem Auge wie die alten Ägypter, nämlich auf dem ganzen Himmel Pi mal Daumen 6000. Und genau wie wir nahmen sie die Sonne und den nächtlichen Sirius als die am stärksten leuchtenden Himmelskörper wahr. Auge bleibt eben Auge. Doch in Wirklichkeit sieht es eben so aus:

33 Sirius A, der Hauptstern des Sternbildes »Großer Hund«, ist der hellste Stern am Nachthimmel. Er ist mit 8,6 Lichjahren einer unserer Nachbarn im All und etwa 1,7-mal so groß wie die Sonne.

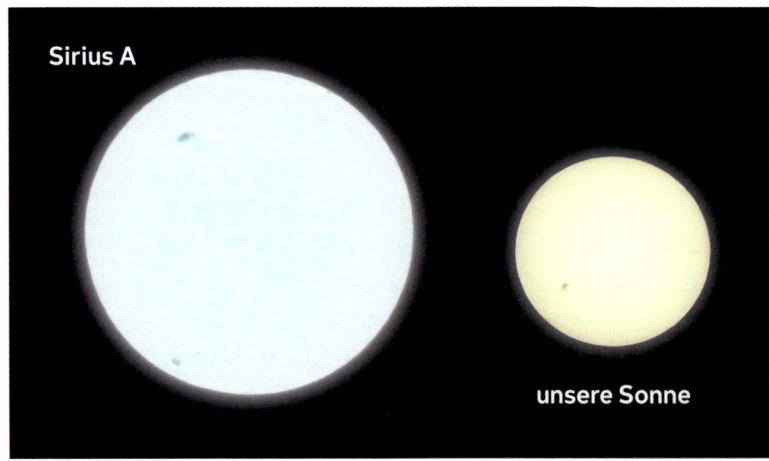

Röntgen mit Myonen

Hilfe aus dem Weltraum erhoffen sich Forscher bei den noch ungelösten Fragen zum Bau der Pyramiden. Zu gern würden sie in die massiven Körper hineinschauen, um mehr über den genauen Aufbau zu erfahren, denn bisher gelangt man ins Innere einer Pyramide nur über die Gänge und Kammern, die die ägyptischen Baumeister angelegt hatten. Und selbst da ist sich die Wissenschaft nicht sicher, ob alle entdeckt sind oder ob es noch geheime Schächte und Räume gibt. 2002 wurde beispielsweise eine Roboterkamera hinter eine versteckte Tür geschickt. Mit dieser entdeckte man eine weitere versiegelte Tür und kam nicht weiter. Nun also die Hoffnung aus dem Weltraum, sie heißt »Myonen«. Das sind winzigste Elementarteilchen, die mit beinahe Lichtgeschwindigkeit ständig auf die Erde einprasseln: Pro Quadratmeter und Sekunde sind es 10.000. Ein Myon ist etwa 200 Mal schwerer als ein Elektron. Mit dieser großen Masse und der hohen Geschwindigkeit, mit der ein Myon unterwegs ist, kann es auch dichtes Material wie Stein durchdringen.

34 Myonen entstehen in der oberen Atmosphäre, wenn die kosmische Strahlung auf die Kerne der dort vorhandenen Atome trifft. Sie ähneln in vielerlei Hinsicht den Elektronen, haben aber eine rund 200-mal größere Masse.

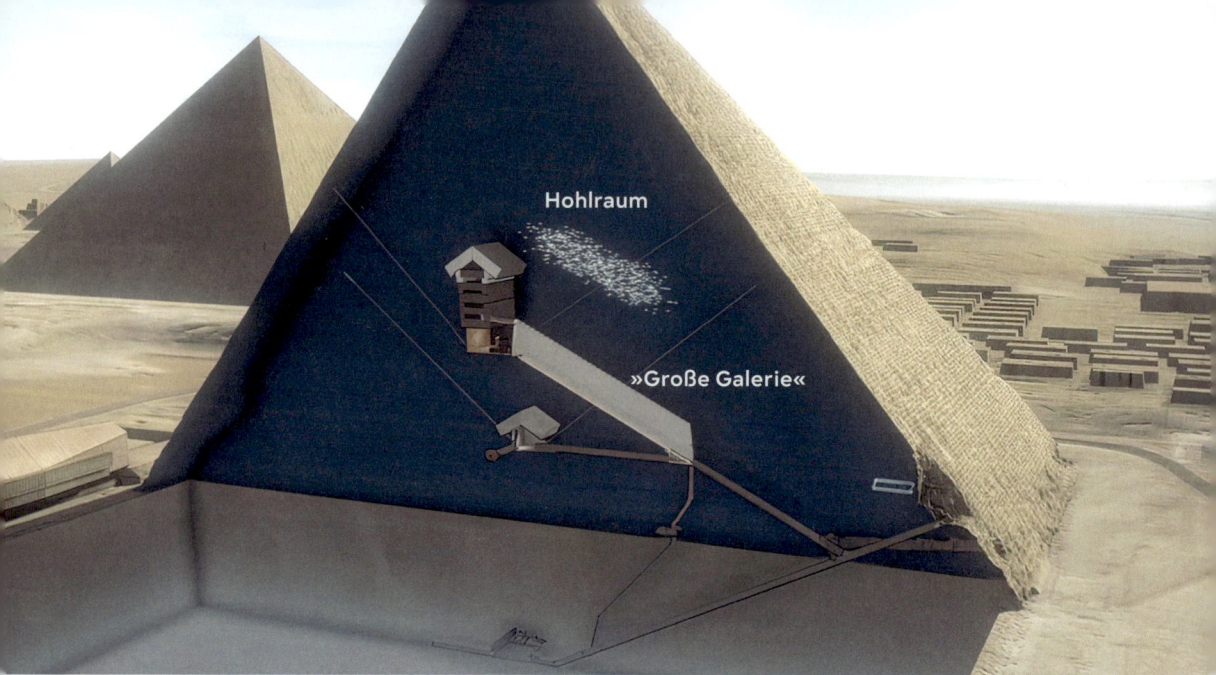

Hohlraum

»Große Galerie«

35 Der mit den Myonen-
scans entdeckte Hohlraum
oberhalb der »Großen Galerie« der Cheopspyramide.
Mit einem solchen Fund
hatten die Wissenschaftler
vom »ScanPyramids«-Pro-
jekt nicht gerechnet.

Diese Eigenschaften nutzt die Myonentomografie. Dabei
werden Detektoren, die die Spuren der Myonen festhalten
können, in oder unter das zu untersuchende Objekt platziert.
Meist verwenden die Forscher dazu Platten, die mit einem
Silberbromidgel beschichtet sind und so ähnlich reagieren wie
Fotopapier, das belichtet wird. Nur dass in diesem Fall die
Myonen für die Belichtung sorgen. Der Trick dabei ist, dass die
Myonen zwar feste Materie durchdringen, aber dreidimensio-
nale Spuren in der Beschichtung der Detektoren hinterlassen.
Diese kann man auswerten, denn die Myonen werden bei ihrer
Reise je nach Dichte des Materials durch feste Stoffe abge-
lenkt. Die geringste Ablenkung tritt auf, wenn sie Luft durch-
dringen, wie es zum Beispiel bei einem Hohlraum der Fall ist.

Und weil sich gerade bei den Pyramiden hartnäckig Thesen
über verborgene Geheimnisse halten, ist ein internationales
Team seit 2015 in dem groß angelegten Projekt »ScanPyramids« damit beschäftigt, die wichtigsten ägyptischen Pyramiden mithilfe der Myonen zu durchleuchten. Es ist im Prinzip
wie beim Röntgen in einer Arztpraxis, nur dass sich hier Wissenschaftler auf eine Reise in das unsichtbare Innere der rätselhaften Bauwerke begeben.

Mit Spannung wurden die ersten Ergebnisse des »Scan
Pyramids«-Projekts erwartet. Das Team hatte die Detektoren

unter anderem an verschiedenen Stellen der Cheops-Pyramide platziert, die dann jeweils vierzig Tage lang von den Myonen beschossen wurden. Ihre Spuren auf den Detektoren wurden anschließend dreidimensional vermessen und statistisch ausgewertet. Als die Daten der verschiedenen Messplätze 2017 in einem Hochleistungsrechner zu einem 3D-Modell zusammengefasst wurden, trauten die Wissenschaftler ihren Augen kaum. Auf dem Monitor erschien ein etwa 30 Meter langer Hohlraum im Innern der Cheops-Pyramide, direkt oberhalb eines Ganges, der als »Große Galerie« bekannt ist. Eine Riesenüberraschung, denn eigentlich hatten die Forscher damit gerechnet, mit ihren Messungen endgültig alle Spekulationen über unentdeckte geheime Gänge und Kammern beenden zu können. Nun bekamen diese Spekulationen neues Futter.

Was sich in diesem Hohlraum befindet, wird wohl weiter ein Geheimnis bleiben. Denn ein Weg in den Raum ließ sich auf den Scans nicht ausmachen. Und einen Gang hineinzubohren, könnte die Statik des gesamten Baus gefährden. Und so wird die Suche nach den Geheimnissen der Pyramiden weitergehen. Die Faszination dieser perfekten Bauwerke mit ihrer religiösen, magischen, aber auch ganz praktischen Verbindung in die Weiten des Weltraums wird wohl auch die kommenden Generationen noch in ihren Bann ziehen, ihnen Rätsel aufgeben.

36 Alle Pyramiden von Gizeh auf einen Blick. Sie werden ihre Geheimnisse auch weiterhin nicht so leicht preisgeben.

6 Waren »sie« da? Das Geheimnis der »Cargo-Kulte«

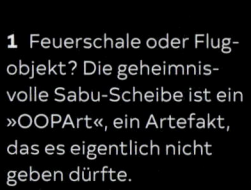

1 Feuerschale oder Flugobjekt? Die geheimnisvolle Sabu-Scheibe ist ein »OOPArt«, ein Artefakt, das es eigentlich nicht geben dürfte.

Mittelmeer

Rosette

Damietta

Alexandria

Buto

Sakha

Tanis

Pelusium

Naukratis

Saïs

Busiris

Avaris

Nildelta

Tanta

Bubastis

Bitterseen

Athribis

UNTERÄGYPTEN

Heliopolis

Gizeh

Kairo

Sues

Unas

Memphis

Sakkara

Golf von Sues

Faijûm

Meidum

Krokodilopolis

Herakleopolis

Nil

ÄGYPTEN

Oxyrhynchos

MITTELÄGYPTEN

Antinoë

Tuna el-Gebel

Minia

Beni Hassan

Aschmunên

El-Bersheh

El-Amarna

Meir

Hatnub

Assiut

Badari

Sohag

Achmim

Abydos

Dendera

OBERÄGYPTEN

Koptos

0   20   40   60 km

Theben-West

Theben
(Karnak, Luxor)

Armant

»OOPArts«, Out Of Place Artifacts, sind Artefakte, also künstlich hergestellte Teile, die fehl am Platz sind, die offenbar zur falschen Zeit am falschen Ort hergestellt wurden. Dinge, die nicht existieren dürften, weil sie noch gar nicht erfunden waren, weil sie die Chronologie der Menschheitsgeschichte auf den Kopf stellen würden oder belegen, dass »sie« doch auf unserem Planeten waren. Sie, die Besucher aus den fernen Galaxien.

»OOPArts« stellen die Archäologen vor Rätsel, elektrisieren die Pseudowissenschaftler und lassen Gedankenspielen, Fiktionen und Spekulationen breiten Raum. Was nicht selten zu handfesten Verschwörungstheorien führt, nach denen es eine »verbotene Archäologie« gebe. Anhänger dieser Theorien sind der Auffassung, dass Archäologen und Historiker uns seit Jahren anlügen und massenweise Fakten über die Entstehungs- und Zivilisationsgeschichte der Menschheit unterdrücken, indem sie Beweise in Museumskellern verschwinden lassen oder Artefakte bewusst »falsch« interpretieren.

2 Das Original der rätselhaften Scheibe befindet sich im Ägyptischen Museum in Kairo.

Peter Sander ist ein nüchterner Wissenschaftler. Dass seine Mitarbeiter ihm mit Filzstiften ein buntes Bild malten und an sein Board hefteten, hängt mit einer 5000 Jahre alten fliegenden Untertasse zusammen, einem unbekannten Flugobjekt, das offenbar bei den alten Ägyptern gelandet war. Und mit Sanders neugieriger, zupackender Art, Unbekanntes zu entschlüsseln.

Bis Juni 2020 war Sander beim Luft- und Raumfahrtkonzern Airbus der Mann für die Zukunftstechnologien und leitete ein interdisziplinä-

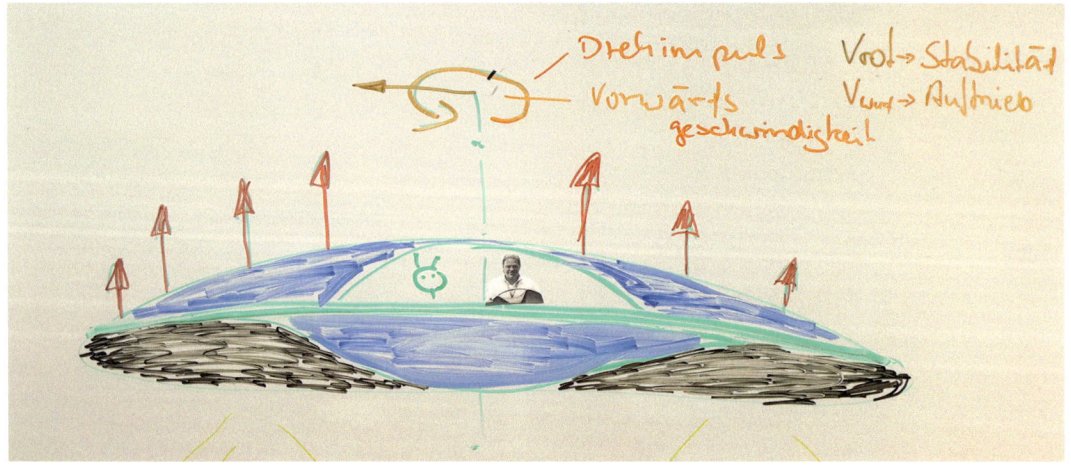

3 Besuch der Außerirdischen? Peter Sander mit einem Alien am Leitstand. Das blaue UFO hat die Form der Sabu-Scheibe.

res Team zur innovativen Materialentwicklung. Mit Erfolg: Die Airbus-Tüftler setzen inzwischen auf den 3D-Druck von Flugzeugteilen. Ersatz kann damit schnell vor Ort »on demand« hergestellt werden, auch für den Riesenflieger A380, das größte in Serie produzierte Verkehrsflugzeug in der Geschichte der Luftfahrt. Aber ein UFO, eine fliegende Untertasse, hätten sie noch nie gedruckt, versichern die Airbus-Leute glaubhaft.

Flugzeugingenieur Sander war sofort interessiert, als wir ihm von einem seltsamen Objekt erzählten, das Archäologen schon 1936 in Sakkara ausgegraben hatten, in der Nähe der ersten ägyptischen Pyramide des Pharaos Djoser (Regierungszeit um 2720-2700 v. Chr.). Das Grab, in dem man das Objekt gefunden hatte, ist sogar noch älter als die Pyramide. Es wurde um 3000 v. Chr. für Prinz Sabu angelegt, wohl ein Sohn des Pharaos Anedjib. In dessen Königsgrab entdeckten die Archäologen ein Tonsiegel mit Sabus Namen und dem Titel »Verwalter von Horus, der Stern der Götterschaft«.

Doch der Stern der Götter, der verstorbene Prinz, lag nicht, wie man hätte erwarten können, in der Mitte des Grabes. Dort, genau im Zentrum der Grabkammer, lag diese merkwürdige kreisrunde Schieferscheibe, das Prinzenskelett seitlich daneben. Das futuristisch aussehende Ding musste also eine immense Bedeutung haben.

Nach seinem Fundort wird das mysteriöse Objekt »Sabu-Scheibe« genannt. Verwendung unbekannt. Präastronautiker tippen auf das Antriebsrad eines Raumschiffs.

Eine irrwitzige Idee? Könnte es der Form nach Auf- und Antriebseffekte haben? Genau das wollten Sander und sein Airbus-Team untersuchen.

Das Ägyptische Museum in Kairo, wo sich das Original befindet, lieferte die präzisen Daten für einen 3D-Nachbau: Durchmesser 61 Zentimeter, Höhe 10,6 Zentimeter, drei umgeschlagene Laschen wie bei einer Schiffsschraube, in der Mitte eine Nabe. Ein Rotationskörper? Ein Speichenrad? Das Bauteil eines unbekannten Antriebsaggregats?

Nur: Das ungewöhnliche Ding ist aus Stein, aus sehr dünn gearbeitetem, fein poliertem Schiefer. Nicht gerade das geeignete Material für ein UFO-Aggregat. Allerdings kopierten die alten Ägypter oft Dinge und bauten sie in anderen Materialien und Maßen nach. Sie imitierten vielleicht auch technische Objekte, obwohl sie ihren Zweck nicht verstanden. Diese Scheibe jedenfalls ist ein einzigartiges Stück in der Ägyptologie, eine

4 Grabstätte des Prinzen Sabu, in der Mitte die seltsame Schieferscheibe

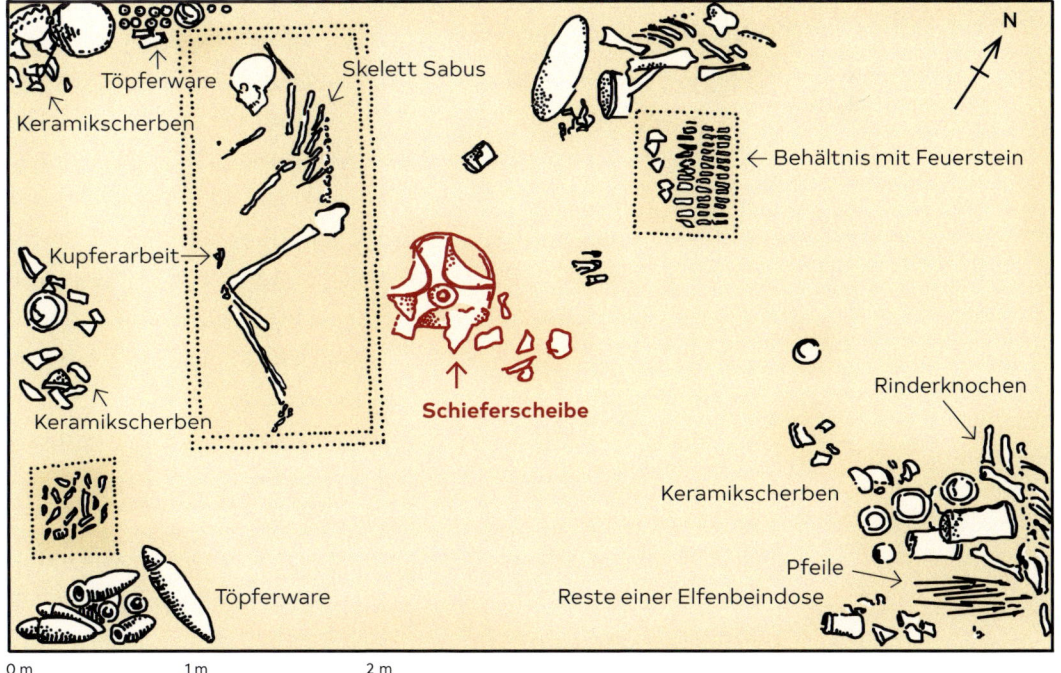

5 Ein 3D-Nachbau der
Sabu-Scheibe

noch nie gesehene oder beschriebene Form. Ein vergleichbarer
Gegenstand wird weder in Bildern noch Texten erwähnt. Es
handelt sich hier also ganz offensichtlich nicht um einen
schnöden Gebrauchsgegenstand oder dessen Nachbildung in
Schiefer. Denn sonst hätten Archäologen in den Hunderten
von inzwischen freigelegten Gräbern mehr davon gefunden.

Der britische Ägyptologe und Ausgräber des Fundes, Walter
B. Emery, hielt damals fest, das Wunderding habe ein »kurioses
Design«, für das es keinerlei Erklärung gäbe. Sein Kollege Cyril
Aldred, seinerzeit Direktor am Royal Scottish Museum in Edin-
burgh, vermutete, dass das Steinobjekt »möglicherweise eine
ursprünglich aus Metall hergestellte Form imitiert«.

Und damit ist für Ufologen klar: Das ist der Nachbau eines
vor langer Zeit gesehenen Raumschiffs einer fremden Zivilisation. Zumindest eines Teils davon. Ist das nur die überbor-
dende Fantasie der üblichen Verdächtigen, der Präastronautiker? Oder gibt es weitere Indizien, dass »sie« einst an den
Ufern des Nils gelandet waren? Gibt es in den Malereien der
altägyptischen Gräber Hinweise auf extraterrestrische Flüge
und bemannte Raumschiffe? Stellten die alten Ägypter vielleicht in ihren Gräbern dar, was sie zu Lebzeiten gesehen und
erlebt oder was ihre Ahnen überliefert hatten?

Himmelsfahrten

Ortsbesuch in Theben-West, hier wollen wir nach Belegen suchen. Denn hier liegt das Grab des Amenhotep, genannt Huy, Vizekönig von Kusch, Verwalter der nubischen Provinzen zur Zeit des Pharaos Tutanchamun und bekannt vor allem wegen der gut erhaltenen farbenfrohen Bilder im Inneren der Anlage.

Die Wandmalereien sind beeindruckend. Sie erzählen vom Leben und Alltag des Vizekönigs, zeigen Dankopfer, schöne Prinzessinnen und Nubier, die dem Pharao Tributgaben überbringen. Neben diesen prächtigen Bildern gibt es rätselhafte detaillierte Wandmalereien von – »Raumschiffen«.

Tatsächlich kann, wer will, in der Zeichnung eine mehrstufige bemannte Rakete erkennen. Hantieren die zwei Personen da unten nicht mit Leitungen und Hebeln? Und gehen von der untersten Stufe nicht Schläuche und Röhren zur Energieversorgung ab? Wird hier eine Rakete für den Rückflug aufgetankt? Und was hat es mit dieser seltsamen Pyramide oben auf sich? Ist das nicht eine Raumkapsel?

6 Huy, Vizekönig von Kusch (Nubien), vor dem Thron des Pharaos Tutanchamun

7 Eine mehrstufige Rakete mit Raumkapsel beim Auftanken?

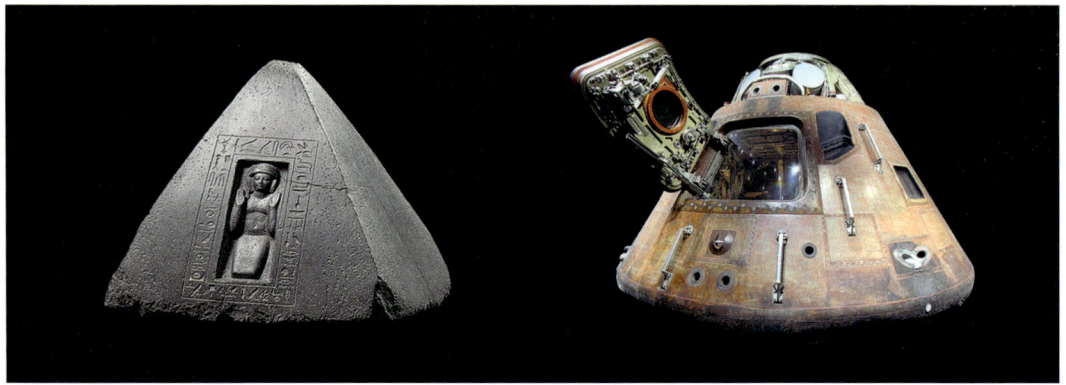

8 Pyramidion vom Grab des Ptahmose. Ähnlichkeiten mit einer bemannten Raumkapsel kann sehen, wer mag.

Kann man so sehen – eine Rakete mit der Raumkapsel in der obersten Stufe.

Könnte doch sein, dass Außerirdische mit so einem Pyramidion auf dem Planeten Erde landeten. Und wieder starteten. Und den Pharao für sein Fortleben im Jenseits praktischerweise gleich mitnahmen ...

Es gibt eine weitere Zeichnung im Grab des Huy, auf der sogar vermeintlich das Abheben der »Rakete« mit dem Feuerschweif skizziert ist.

Zeichnungen wie diese werden von Präastronautikern gern als Beweis für eine vergessene Hochtechnologie in vorgeschichtlicher Zeit angeführt und für einen früheren extraterrestrischen Besuch am Nil. Als die alten Ägypter die Obelisken errichteten, sollen sie die Form der »Raketen« nachgeahmt und die »Raumkapsel« für den Umriss der Pyramiden kopiert haben. Ein typisches Beispiel also für einen »Cargo-Kult«, die (symbolische) Nachahmung erlebter oder überlieferter Handlungen bzw. die Nachbildung von Bauten oder Gegenständen, ohne deren eigentliche Bedeutung zu erfassen.

Der Begriff entstand im 19. Jahrhundert in Melanesien, als die bis dahin isoliert lebenden Bewohner zum ersten Mal Kontakt mit Europäern hatten. Das Aussehen der Fremden und das gar wundersame Frachtgut (engl. *cargo*), die Apparate und Werkzeuge waren so andersartig, dass die Melanesier anfangs glaubten, diese seltsamen Wesen kämen aus dem Reich der Ahnen und Götter. Sie wollten auch in den Genuss dieser prak-

9 Start der »Rakete« – mit Feuerschweif und Pyramidion an der Spitze

tischen Sachen kommen und bauten die Dinge, die sie bei den Europäern gesehen hatten, mit ihren Werkstoffen und Möglichkeiten nach.

Der Kult entwickelte sich weiter, als die US-Armee während des Zweiten Weltkriegs massenhaft Material über den Inseln Melanesiens abwarf: Zelte, Waffen, Konservendosen, Kleidung. Diese vom Himmel gefallenen Güter veränderten das Leben der Bewohner. Als nach Kriegsende die Landepisten im Urwald wieder zuwuchsen, schnitzten sich die indigenen Einwohner Kopfhörer aus Holz und trugen sie, wie sie das bei den Funkern gesehen hatten. Über nachgeahmte Mikrofone bestellten sie die erwünschte Fracht, so wie sie es beobachtet hatten. Selbst Flugzeuge imitierten sie in Originalgröße – mit Stroh und Lehm. Mit der Nachahmung der Amerikaner erhofften sie, weiterhin »Cargo« aus der Luft zu bekommen. Damit die Götter nur ja die richtige Abwurfstelle fänden, zündeten sie Holzfeuer als Signale an. So, wie sie es gesehen hatten.

Die Götter, die den Planeten Erde besuchten

Nicht nur Vizekönig Huy wird für die fantastische Spekulation über einen altägyptischen Cargo-Kult als Zeuge angeführt. Die Pyramide des Pharaos Unas (ca. 2380–2350 v.Chr.) liegt direkt neben der von Djoser in Sakkara. Obwohl es die kleinste in Sakkara ist, hat sie eine enorme Bedeutung. In ihr wurden die sogenannten Pyramidentexte entdeckt, eingemeißelt in die Wände der Grabkammer, die älteste und umfangreichste Sammlung religiöser Texte, die wir aus Ägypten und weltweit kennen. Sie beschreiben die Jenseitsvorstellungen im Pharaonenreich: Mit seinem Tod löst sich der Pharao von der diesseitigen Welt und steigt zum Himmel auf, dem Aufenthaltsort der Götter. Dort steht der verstorbene

10 Inschriften in der Grabkammer des Pharaos Unas – die umfangreichsten religiösen Texte, die aus dem alten Ägypten bekannt sind

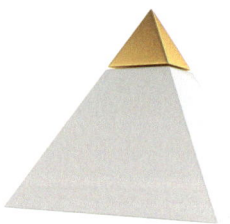

11 Als »Pyramidion« wird der Schlussstein einer Pyramide oder eines Obelisken bezeichnet. Der Stein bildet die Proportionen der Pyramide in verkleinerter Form nach. Das Pyramidion an der Spitze der Cheops-Pyramide war vergoldet.

12 Vergoldetes Pyramidion am Obelisken von Luxor. Er steht heute in Paris, auf dem Place de la Concorde.

König als Stern am Nachthimmel oder – nach anderen Fassungen – als Begleiter des Sonnengotts.

In den Texten werden die Pyramiden auch als »Rampen« bezeichnet, über die der Pharao nach seinem Tod den Himmel erreichen kann, zu seinem weiteren Fortbestehen im Jenseits. Den Abschluss der Pyramiden bildete die »himmlische Kammer«, das sogenannte Pyramidion. Diese Schlusssteine, die auch Obelisken zieren, waren wohl mit Gold, Elektrum (Legierung aus Gold und Silber) oder Kupfer überzogen. Die glänzenden Spitzen fingen das Sonnenlicht ein und schafften so eine Verbindung von der Erde zur Sonne, zum Sonnengott Re und zum verstorbenen Pharao.

In Unas' Pyramidentexten, die auf noch ältere Überlieferungen zurückgehen, stoßen wir auch auf einen metallglänzenden harten Stein: den mythischen »Benben«, der als heiliger Stein in Heliopolis verehrt wurde. Nach altägyptischer Vorstellung entstand hier die Welt. Der Benbenstein oder das Pyramidion galten als das Gefährt, mit dem die ersten Götter auf die Erde kamen. Und zurückkehrten, wohin auch immer. Etliche Sonnentempel hatten ihren eigenen Benbenstein.

Zu den oberirdischen Bauten monumentaler Gräber hoher Beamter des Neuen Reiches gehörten in vielen Fällen ebenfalls kleinere Pyramiden, deren oberer Abschluss von einem separat gearbeiteten Pyramidion gebildet wurde.

Auch die Benbensteine werden von UFO-Gläubigen als Cargo-Kult angesehen: Die alten Ägypter hätten hier Objekte (nämlich Raumkapseln) aus Stein nachgebaut, die sie selbst oder ihre Vor-Vorväter einst live gesehen hatten.

Alienbesuch am Nil?

Eigentlich ganz praktisch: Wenn wir uns auf einen Götter- bzw. Alienbesuch mittels Raketen und Raumkapseln, so wie wir sie heute kennen, als Ideenlieferanten und praktische Helfer einlassen, dann passt doch alles auf Wunderbarste zusammen. Die Indizien:

— Wir haben ein futuristisch aussehendes unbekanntes Objekt im Zentrum einer 5000 Jahre alten prinzlichen Grabkammer. Ägyptologen meinen, es könnte die Nachahmung
eines Metallgegenstandes sein. Dieses Objekt – die Sabu-
Scheibe – ist nur ein einziges Mal gefunden und auch nirgendwo beschrieben worden. Es ist also kein Alltagsobjekt.

— Es gibt Zeichnungen im Grab des Huy, die an eine Rakete
mit einer Weltraumkapsel an der Spitze denken lassen.
Diese Kapsel ist bemannt dargestellt. Die Rakete auf den
Bildern hat beim Abheben einen Feuerschweif.

— In Heliopolis soll der heilige Benbenstein verehrt worden
sein, er war metallisch glänzend und wurde »Himmels-
kammer« genannt. Es gibt noch weitere Benbens, die aussehen wie eine (bemannte) Weltraumkapsel. Obelisken
und Pyramiden sind von den Pyramidia himmelwärts ge-
krönt, geschaffen aus glänzendem Metall.

13 »Raketenförmiger«
Obelisk im Tempel von
Karnak, errichtet von Köni-
gin Hatschepsut; Proton-
Rakete

14 Pyramidion der Grab-
pyramide des königlichen
Schreibers Iniouia in Sakkara – eine gleich zweifach
bemannte Raumkapsel?

— Es gibt 4300 Jahre alte Pyramidentexte, die auf einen Mythos von vor 5000 Jahren – der Zeit der Sabu-Scheibe – zurückgehen sollen und die Jenseitsvorstellungen der alten
Ägypter von der »Himmelfahrt« begründeten. Darin ist
von einem Gefährt die Rede, mit dem die ersten Götter auf
die Erde kamen. Erst zeitlich danach wurden Pyramiden
(Kopien der Weltraumkapsel?) und Obelisken (Raketen?)
und Benbensteine (Weltraumkapsel?) gebaut.

Die Beweiskette scheint klar: »Sie« waren hier. Am Nil. Vor
mindestens 5000 Jahren. Und damit ist auch das Rätsel um
den Bau der gewaltigen Pyramiden gelöst: Denn Menschen
allein konnten damals doch unmöglich über das dafür benötigte mathematisch-technische Wissen verfügen. Oder?

Oder:
— Man sieht das, was man kennt. (Aber wieso haben sich
Raketen in 5000 Jahren nicht weiterentwickelt?)
— Man sieht das, was man sehen möchte. (Eine Raumkapsel.)
— Erläuterungen zu den Darstellungen werden gern ver-
nachlässigt. Der Text zum Benben des wohl in einer Nische
knieenden Ptahmose lautet: »Der Siegler des Königs von
Unterägypten, der Sem-Priester, der Hohepriester des
Ptah, Ptah-mose.« Also kein Weltraumbummler.

15 Opferszene mit Ge-
fangenen im Grab des Huy,
Vizekönig von Kusch,
rechts ein Ausschnitt
(vgl. Bild 6 und 7, S. 169)

— Man liest das, was man lesen möchte. (Altägyptische Texte unterliegen diversen Interpretationen, auch Unas' Pyramidentexte.)

— Und man konzentriert sich nur auf die Bildausschnitte, die in die eigene Theorie passen. Denn das Gesamtbild der »Rakete« sieht so aus wie in Bild 15 gezeigt.

Die vollständige Zeichnung zeigt die typischen ägyptischen Opferständer mit einer in Gold gearbeiteten Landschaft Nubiens. Wie man deutlich erkennen kann, hantieren die auf dem Fuß des Ständers dargestellten Personen nicht mit Leitungen, sondern sind an den Ellenbogen auf dem Rücken gefesselt und angebunden – die seit Jahrhunderten übliche Darstellung der Unterwerfung der Feinde Ägyptens. Das hatte übrigens schon der Franzose Jean-François Champollion festgestellt, dessen Entschlüsselung der Hieroglyphen auf dem Stein von Rosette ein Meilenstein in der altägyptischen Forschung war. Champollion war einer der Ersten, der die farbenprächtigen Wandmalereien im Grab des Vizekönigs von Kusch beschrieb.

16 Reliefdarstellung eines Gefangenen (Esna-Tempel)

Das Rätsel der Sabu-Scheibe – ein Fall für Peter Sander

Aber bleiben wir noch einen Moment bei der Annahme, extraterrestrische Wesen hätten den alten Ägyptern tatsächlich einen oder gar mehrere Besuche abgestattet. Wenn »sie« wirklich da waren, um die Pharaonen zu ihrer letzten Reise ins Jenseits zu holen, warum finden wir dann keine Hinterlassenschaften? Außer, möglicherweise, eine ominöse Scheibe, von der wir überhaupt nicht wissen, wozu sie diente?

Passt die 5000 Jahre alte Sabu-Scheibe auch in dieses Cargo-Puzzle? Ist sie die Kopie eines mysteriösen außerirdischen Gegenstands, einer fliegenden Untertasse, die auf den einstigen Besuch der Götter/Aliens auf unserem Planeten hinweist? Ist sie der Nachbau eines »göttlichen« Hightech-Endgeräts,

17 An seiner Nabe ist der Nachbau der Sabu-Scheibe frei drehbar befestigt; so können die Strömungsverhältnisse ermittelt werden.

nur aus einem anderen Material gefertigt, so wie die hölzernen Kopfhörer in Melanesien?

Sander und sein 15-köpfiges Team aus Spezialisten für 3D-Druck, ProtoSpace, Flugphysik und Windkanalmessungen machten sich an die Arbeit. Die Airbus-Tüftler stellten in ihren zwei Millionen Euro teuren 3D-Druckern präzise Kopien der Scheibe in verschiedenen Größen und Materialien her, von Titan bis Plastik, und testeten den Nachbau im Windkanal. Sie wollten herausfinden, ob das Ding tatsächlich eine Auf- oder Antriebsfunktion hat.

Für Peter Sander sind die Ergebnisse der Windkanal-Messungen eindeutig: Ein Triebwerk ist ausgeschlossen, weil die Schaufeln beidseitig symmetrisch sind. Dadurch gleichen sich die Effekte aus: »Wir haben es schräg angeströmt. Wenn es einen Propeller- oder einen Turbineneffekt gäbe, dann hätte es angefangen, sich zu drehen. Also, es ist definitiv keine Turbine oder so was.«

Peter Sander ist ratlos. Die Scheibe musste eine besondere Bedeutung gehabt haben, sonst wäre sie nicht so dominant im Grab des Pharaosohnes platziert worden. Vielleicht eine Öllampe, meinte die Abteilung Kabinenbeleuchtung. Aber dann wäre sie ja nichts Außergewöhnliches, und man hätte mehr Exemplare davon entdeckt. Zumindest wäre die Form wohl irgendwo in Zeichnungen vorgekommen. Sander bedauert, dass das Ägyptische Museum keine Untersuchungen am Original zulässt, sie hätten sonst die mittige Nabe auf Feuerspuren untersuchen können. Falls das Ding tatsächlich als Feuerschale gedient hatte.

18 Zur Sichtbarmachung des Luftanstroms wird eine Nebelschwade in den Windkanal gegeben.

Als Sander die Scheibe noch einmal prüfend in die Hand nimmt, kommt ihm eine Idee. Von der Form her müsste sie fliegen können. Wie eine Frisbee-Scheibe. Denn sie ist am Außenrand schwerer als der übrige Korpus. Das ist wichtig, weil so der Drehimpuls der Rotation besser und länger erhalten bleibt und sie umso satter in der Luft liegt. Sander schnappt sich das Plastikmodell und geht nach draußen. Auf dem Rasen vor dem Airbus-Gelände wirft er die Scheibe mit Schwung in die Höhe. Und es funktioniert, die Scheibe saust durch die Luft!

19 Peter Sander im Airbus-Werk mit einer Kopie der Sabu-Scheibe in Originalgröße

Wenn wir Feuerschale und futuristisch anmutende Öllampe ausschließen – Gebrauchsgegenstände, die man in dieser Form zigmal hätte ausgraben müssen – und auch nicht davon ausgehen, dass die Scheibe Teil eines UFO-Triebwerks war, dann bleiben uns momentan zwei denkbare Möglichkeiten: Entweder ist die Sabu-Scheibe das Modell eines ganzen Raumschiffs, das vor Tausenden von Jahren in Sakkara landete. Oder eben eine Frisbee-Scheibe, mit der die altägyptischen Prinzen sich im Wüstensand vergnügten.

Wem beides nicht passt: Vielleicht offenbart uns die Zukunft noch weitere Erklärungsmöglichkeiten. Bis dahin ist die Funktion des Wunderdings eines der bestgehüteten Geheimnisse der Archäologie.

Hightech im Altertum?

Sind auch die »Goldflieger« aus Kolumbien und das »Segelflugzeug« von Sakkara Ausdruck eines vorgeschichtlichen Cargo-Kults, bei dem Menschen für sie unerklärliche Geräte und Anlagen nachzuahmen versuchten?

Die nur wenige Zentimeter großen Schmuckstücke aus Gold mit Seitenflügel und senkrechter Heckflosse wurden in präkolumbianischen Gräbern gefunden und stammen aus der

20 Unter den Grabbeigaben der präkolumbianischen Quimbaya-Kultur fanden sich diese an Flugkörper erinnernden Gegenstände.

21 Fliegende Fische? Insekten? Präkolumbianische Goldflieger, ca. 500 n. Chr.

Zeit zwischen 100 und 1000 n. Chr. Einige Stücke werden im Überseemuseum Bremen aufbewahrt. Wissenschaftler halten sie für Nachbildungen fliegender Fische oder Engelshaie, die – wie die Goldobjekte – besondere Brustflossen haben. Für Präastronautiker sind sie hingegen Belege für außerirdische Besucher und ihr von den Einheimischen beobachtetes oder überliefertes Hightech-Wissen. Dazu gehört auch ein ominöser hölzerner Vogel, der 1898 in der Nähe der Stufenpyramide von Sakkara gefunden wurde.

Der Vogel von Sakkara – ein Segelflugzeug?

So einen seltsamen Vogel hatte der Professor noch nie gesehen. Nun gut, das 18 Zentimeter kleine Holzmodell sah aus wie eine Taube. Aber einen einteiligen geraden Flügel und senkrechte Schwanzfedern? Das hat kein Vogel, das haben

22 Der Vogel aus Sykomorenholz wurde in einem 2200 Jahre alten Grab bei Sakkara gefunden. Heute ist er im Ägyptischen Museum Kairo ausgestellt.

eher Flugzeugleitwerke. Ein natürliches Flügelpaar ist niemals brettgerade. Nachdenklich betrachtete Khalil Messiha das geschnitzte Ding im Keller des Ägyptischen Museums in Kairo. Es erinnerte ihn eher an ein Flugzeug, an das Modell einer Skyhawk oder Cessna 172, einen der häufigsten Hochdecker. Oder an ein Segelflugzeug.

Klar, das musste es sein. Der Nachbau eines modernen Segelflugzeugs. Da gibt es nur ein »kleines« Problem: Das Flugzeugmodell ist 2200 Jahre alt. Ein Flugzeug für den Pharao?

Tatsächlich ähneln die Flügel heutigen Tragflächen von Flugzeugen, sind an der Oberseite leicht gewölbt und unten flach, das sorgt für den Auftrieb, also für das Fliegen. Und auch die Flügelenden sind aerodynamisch geformt, ebenso wie der Rumpf. Der Schweizer Daniel Bernoulli hat diesen Auftriebseffekt 1738 als Erster beschrieben, aber vielleicht haben ihn die Ägypter ja schon 2000 Jahre früher gekannt?

Professor Messiha ist Archäologe und Arzt, aber von aero-
dynamischer Technik hat er keine Ahnung. Also schaltete er
seinen Bruder ein, einen Luftfahrtingenieur. Die beiden stellten
schnell fest, dass auch unter dem Rumpf keinerlei Merkmale
von angelegten Beinstrukturen eingeschnitzt sind, wie es bei
einem fliegenden Vogel üblich wäre. Dabei sind die alten Ägypter bekannt für ihre genaue Naturbeobachtung. Die Brüder
schlossen daraus, dass der Konstrukteur nicht ein Vogelmodell
bauen wollte, sondern eindeutig das Modell eines Fluggeräts.

Mit ihrer Erkenntnis gingen sie an die Öffentlichkeit, ver-
wirrten Archäologen, Ägyptologen und Flugzeugingenieure
gleichermaßen und entfachten heftige Diskussionen, die bis
heute anhalten.

Der deutsche Luftwaffenoffizier Peter Belting war fasziniert von den Überlegungen der Brüder Messiha und ent-
schloss sich zu einem maßstabsgetreuen, vergrößerten Nachbau des hölzernen Vogels. Und tatsächlich: Der Vogel flog. Der
Nachbau konnte, nachdem er von einem kleinen eingebauten
Motor hochgezogen worden war, mit ausgeschaltetem Motor
stundenlang in der Luft segeln.

Gab es also schon Flugversuche im alten Ägypten? War der
Vogel tatsächlich das Modell eines altägyptischen Segelflugzeugs? Muss die Geschichte der Luftfahrt komplett umgeschrieben werden?

Mohamed Ali Fahmy, dem stellvertretenden Direktor des Ägyptischen Museums in Kairo, wurde der ganze Trubel zu bunt. Selbst die NASA und Astronauten begannen schon, sich für das Objekt zu interessieren. Fahmy wollte den Spekulationen ein Ende bereiten und erlaubte die Fertigung von 3D-Scans, die 2021 am Institut für Aerospace Technology in Bremen untersucht wurden. Mit den exakten Daten können die Luft- und Raumfahrttechniker Strömungsmodelle und Computersimulationen erstellen – und damit die entscheidende Frage klären: Hätte ein solches Objekt wirklich fliegen können?

Die ersten Auswertungen sind vielversprechend. Dr. Uwe Apel, Ingenieur an der Hochschule Bremen, hält das Modell grundsätzlich für flugfähig. Doch wofür hätten die alten Ägypter einen solchen Flieger verwenden können, wenn wir mal von Rundflügen des Pharaos absehen wollen?

Der Vogelkult des Gottes Min

Bekannt ist eine alte Zeremonie, der Kult des Gottes Min, bei der Vögel als Boten in alle vier Himmelsrichtungen zu den Göttern gesandt wurden. Aber man kann Vögel natürlich nicht so genau dressieren, dass sie präzise in die vier jeweili-

24 Grundsätzlich flugfähig. Wurde dieser Vogel mit einem Katapult gestartet und war dann in der Lage, zu segeln, wie Versuche zeigen?

gen Himmelsrichtungen auffliegen. Benutzte man dafür vielleicht Holzmodelle in Vogelform? Die mit einem Katapult in den Himmel geschossen wurden? Und die dann, einmal oben in der Luft, ihre Runden um die Sakkara-Pyramide segelten – je nach Wind, Strömungen und Auftrieb? Konnten die Priester damit nicht dieselbe geheimnisvolle Wirkung wie mit echten Vögeln im Ritual erzielen? Und ihre Macht selbst über die Vogelwelt beweisen?

Mohamed Ali Fahmy hat längst seine persönliche Meinung zur Taube, und die ist sicher nicht Mainstream: »Dass die alten Ägypter den Vogel in ein Grab legten, zeigt, dass sie dabei waren, ein Flugzeug zu erfinden. Das war eindeutig kein Vogelmodell, sie wollten ein flugfähiges Gerät erfinden, wenn sie es nicht schon erfunden hatten.«

Unterschätzen wir also die hochtechnisierten Fähigkeiten der Altvorderen vom Nil vor Tausenden von Jahren? Gewissheit werden wir erst haben, wenn die Archäologen eines Tages einen richtigen großen Segelflieger im Reich der Pharaonen ausgraben würden. Warum auch nicht? Sie hatten zwar noch keine Motoren als Antrieb, um Höhe zu gewinnen, doch man kannte das Prinzip des Katapults. Wenn der ein Flugzeug in die Höhe schleudert und der Pilot erst einmal den Auftrieb nutzen kann, dann sind auch Flüge bis zu 2500 Kilometern möglich, meint Luftfahrtexperte Peter Belting.

Aber selbst wenn Archäologen wirklich eines Tages das erste richtig große Flugobjekt ausgraben, werden wir immer noch keine Gewissheit darüber haben, woher das technische Wissen kam.

Für UFO-gläubige Verschwörungstheoretiker dagegen ist längst klar, dass die Mainstream-Archäologie entweder aus Unwissenheit oder als bewusste Fehlinterpretation riesige Wissensgebiete übersieht. Dass sie Fakten verschleiert und unterdrückt, weil sie hilflos vor den Rätseln der »OOPArts« steht, die es nicht geben dürfte, die zur »verbotenen« Archäologie gehören. Wie die Sabu-Scheibe, die »Raketen«-Malereien, der »Segelflieger« von Sakkara und die Goldflieger aus Kolumbien, oder die Benbens mit den »Raumfahrern«. Alles

Hinweise auf extraterrestrische Besucher und ihre Technik, die von den alten Ägyptern und den Präkolumbianern nachgeahmt wurden, wie der melanesische »Cargo«-Kult?

Und weil es ja Dinge gibt, die's gar nicht gibt, werfen wir doch jetzt mal einen genaueren Blick ins All: Sind Alienbesuche auf unserem Planeten überhaupt möglich?

Space Traveller

Das ist die Gretchenfrage: Wie hältst du's mit den Außerirdischen? Gibt es überhaupt noch andere belebte Planeten in der Milchstraße und wenn, haben sich dort sogar Lebewesen entwickelt, die Raumfahrt betreiben können?

Denn in der Tat, damit Außerirdische unseren Planeten besuchen können, müssen sie Raumfahrt betreiben. Und nicht nur das, sie müssen sogar in der Lage sein, interstellare Raumfahrt zu beherrschen. Wir sprechen hier also von Zivilisationsformen, die unserer technisch weit überlegen sein müssen. Denn zwischen den Sternen von einem Planetensystem zum anderen zu reisen, ist ein technisch viel an-

25 Kreisen noch andere belebte Planeten um die ca. 100 bis 400 Milliarden Sterne unserer Milchstraße?

26 Mit der Geschwindig-
keit der Apollo-Raumschiffe
bräuchten wir allein schon
über eine Million Jahre zum
nächstgelegenen Stern.

spruchsvolleres Unternehmen, als all die verschiedenen Raumfahrt-
projekte der Menschheit. Wir sind bis heute gerade mal auf dem Mond
gewesen. Der ist zwar nach menschlichen Maßstäben mit knapp
400.000 Kilometern nicht allzuweit entfernt, aber zwischen den Sternen in der Nachbarschaft der Sonne betragen die Entfernungen Lichtjahre!

Ein Lichtjahr ist die Strecke, die Licht in einem Jahr zurücklegt und
das sind immerhin 9,46 Billionen Kilometer, das ist das 23-Millionen-
fache der Entfernung zum Mond. Flögen wir mit der gleichen Geschwindigkeit, mit der die Apollo-Missionen zum Mond geflogen sind,
dann bräuchten wir für ein Lichtjahr: 259.200 Jahre. Der nächste Stern
ist aber vier Lichtjahre entfernt! Mit anderen Worten: Unsere Technologie ist nicht in der Lage, Menschen und lebenserhaltende Systeme
innerhalb der Lebenszeit der Besatzung zu anderen Sternen zu bringen. Es würde Millionen Jahre dauern!

Hier zeigt sich der technologische Abstand, der uns von einer außerirdischen Zivilisation trennen würde, die zwischen den Sternen
reisen kann. Wenn man also über außerirdische Zivilisationen spekuliert, die uns hier auf der Erde besucht hätten, die also in der Lage
wären, solche Distanzen zu überbrücken, dann ist das alles extrem

unsicher. Bevor wir uns also einfach nur grundlos in eine Art Science-Fiction ohne Science hineinspekulieren, kümmern wir uns lieber um das, was sicher ist: nämlich die astrophysikalischen Grundlagen, die für alle Lebewesen im Universum gültig sind. Danach können wir immer noch fantasieren.

Die Naturgesetze gelten überall im Universum

Ohne jeden Zweifel ist gesichert, dass in unserem Universum vier Kräfte am Werk sind. Die Gravitation, also Schwerkraft, die elektromagnetische Kraft zwischen den Ladungen, die starke Kernkraft, die die Atomkerne zusammenhält und die schwache Kernkraft, die die Bausteine der Atomkerne zerfallen lässt. Wir kennen die Kräfte, wir kennen die Teilchen, die dazugehören, und wir kennen alle chemischen Elemente im Universum. Das Periodensystem der stabilen Elemente enthält nämlich keine Lücken. Wir kennen die Lichtgeschwindigkeit als maximale Wirkungstransportgeschwindigkeit und das Planck'sche Wirkungsquantum als minimale Wirkung im Kosmos. Für unsere »gedachten« außeriridischen Reisenden gelten alle diese Kräfte und Grenzen genauso wie für uns.

27 Das Periodensystem hat keine Lücken – alle stabilen chemischen Elemente sind uns bekannt.

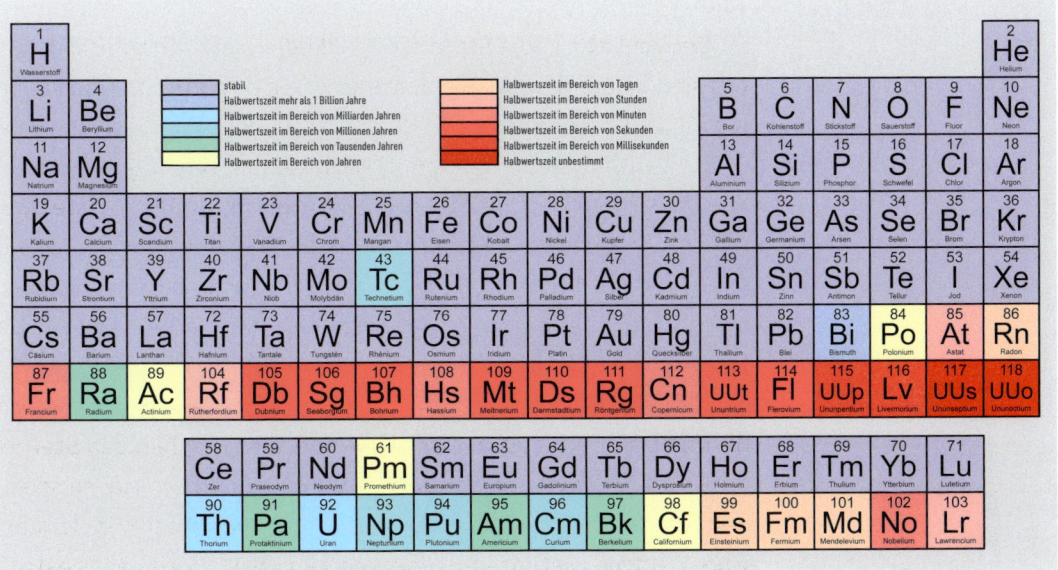

Darüberhinaus wissen wir, dass man Energie nicht erzeugen, sondern nur verwandeln kann; dass in einer Maschine niemals alles perfekt funktioniert und dass es weder Nullen noch Unendlich im physikalischen Kosmos gibt. Das gesamte Universum, seine Stabilität, die Stabilität der Planeten, der Sterne, der Materie insgesamt beruht auf diesen Grundprinzipien. Diese wiederum sind in unseren mathematischen Theorien für die Materie einerseits, den quantenmechanischen Modellen und der Schwerkraft andererseits, der Allgemeinen Relativitätstheorie sehr zufriedenstellend erklärt und durch zahllose Experimente bestätigt. Und zwar nicht nur hier auf der Erde, sondern überall im Universum. Letzteres nennen wir die Astrophysik, die Anwendung physikalischer Prinzipien, die hier auf der Erde entdeckt wurden, auf Objekte wie Sterne, Galaxien und das Gas zwischen den Sternen. Alles, was wir heute überhaupt über den Kosmos als Ganzes und seine Einzelteile wissen, verdanken wir dieser Form von »angewandter Physik«. Widersprüche? Fehlanzeige! Es gibt keine Anomalien in der Milchstraße, die auf eine andere Art von Materie hinweisen, die sich zu Planeten verdichten können, als das Material, das wir aus dem Periodensystem kennen.

Und selbst äußerst abstruse Formen von verdichteter Materie in Weißen Zwergen, Neutronensternen oder gar Schwarzen Löchern (siehe S. 118/119) können unsere Theorien beschreiben und deren Ent-

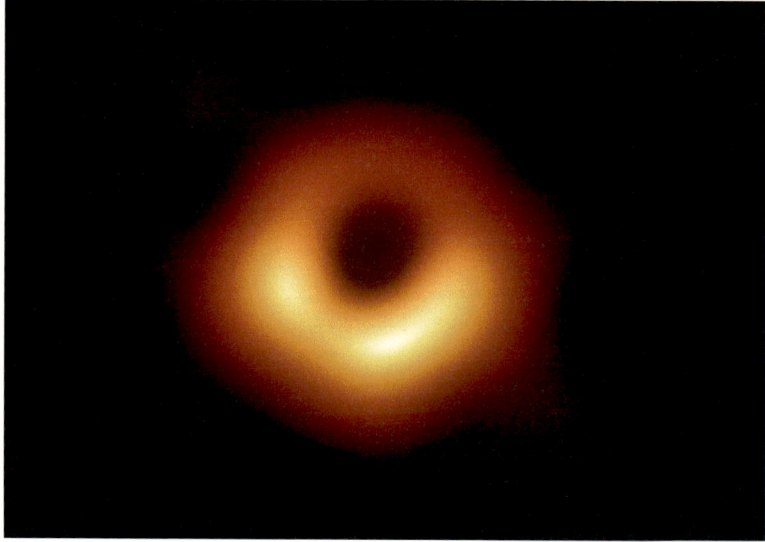

28 Selbst so exotische Formen verdichteter Materie wie die in Schwarzen Löchern können unsere Theorien beschreiben.

stehung erklären. Deshalb die erste Grundsatzerklärung: Die Naturgesetze, die wir von der Erde kennen, gelten überall und immer im
Universum, und deshalb ist der Außerirdische auch nur ein Mensch.

Das ist natürlich nicht wörtlich gemeint, aber der oder die oder
was auch immer Außerirdische, von nun an artikelfrei ET genannt,
besteht aus chemischen Elementen, die wir kennen. Höchstwahrscheinlich besteht auch sein Leib aus vielen Zellen, die mittels Stoffwechsel und Atmung dafür sorgen, dass ET Energie in Form von Nahrung aufnimmt, genauso Flüssigkeit und vor allem aber seine Abfälle
wieder an die Umwelt abgibt. ET muss ein Wesen sein mit Körper-
öffnungen für diese Funktionen, und darüberhinaus muss ET irgendein
Gas einatmen zur unmittelbaren chemischen Atmungsreaktion. Dieses Gas wird mit an Sicherheit grenzender Wahrscheinlichkeit Sauerstoff sein, denn Sauerstoff hat großartige chemische Eigenschaften
und ist als Energietransporteur unter den Elementen einzigartig. Genauso wahrscheinlich wird ET aus Kohlenwasserstoffkettenmolekülen
aufgebaut sein. Sie sind in ihren chemischen Eigenschaften nämlich
auch einzig und vor allem unter vernünftigen thermischen Bedingungen stabil und reaktionsfähig. Ist es zu kalt, geht Chemie zu langsam,
ist es zu warm, zerfallen die Moleküle.

Das sind jetzt wirkich nur die allergrundlegendesten Überlegungen,
wir könnten noch viele mehr präsentieren, die man sich über Lebewesen auf einem anderen Planeten als der Erde machen kann. Und
wenn man das so liest, dann könnte man durchaus auf den Gedanken
kommen, dass Leben auf anderen Planeten auch irgendwie möglich
sein sollte.

Stimmt, einfache chemische Prozesse, die zu einem primitiven ein-
zelligen Leben führen, sind natürlich möglich, siehe unsere Erde. Aber
bei uns sind viereinhalb Milliarden Jahre Evolution vergangen, bis eine
erste raumfahrende Spezies sich entwickeln konnte. Viereinhalb Milliarden Jahre, das ist auch in einem astronomischen Kontext lang, sehr
lang. Meist, zu rund 90 Prozent der Erdgeschichte, lebten auf der Erde
nur Zellen, es gab noch keine komplexen Lebewesen, die tauchten erst
vor rund 600 Millionen Jahren zum ersten Mal auf.

Wenn man aber im archäologischen Kontext über außerirdische
Besucher schwadroniert, dann braucht man viel mehr als Einzeller,
dann braucht man ET als Raumfahrer, als interstellar Reisenden.

29 ET wird – wie seine Lein-
wand-Inkarnation – aller
Wahrscheinlichkeit nach
Sauerstoff atmen.

Universelle Grenzen der Raumfahrt

Wenn man sich wirklich mal ernsthaft mit der Frage auseinandersetzt, welche Bedingungen erfüllt sein müssen, um einen Planeten zu verlassen, dann erkennt man sofort die Einschränkungen der Wirklichkeit. Diese Limitierungen kennen unsere Gedanken nicht, im Denken ist alles möglich, in der Wirklichkeit aber nicht. Deshalb ist es so viel einfacher zu spekulieren als zu realisieren.

Es beginnt mit der Wirkung der Schwerkraft des Planeten auf jedes mit Masse behaftete Objekt. Man muss also zunächst einmal ordentlich schuften, um aus dem Einflussbereich der Erdschwerkraft herauszukommen. Man benötigt Energie, viel Energie, die freigesetzt werden muss, damit das Raumschiff schnell genug wird, um der Schwerkraft zu entkommen. Diese Energie muss kontrolliert geleitet werden, damit der Impuls die Rakete antreiben kann. Mit anderen Worten: Man braucht eine außerordentlich zuverlässige Technik, eine auch unter den Vakuumbedingungen des Alls funktionierende Mechanik und Elektrotechnik, die perfekt aufeinander abgestimmt den Belastungen des Fluges ganz sicher standhält und die Leistungen erbringt, die nötig sind.

Aber nicht nur diese Transporttechnologie ist nötig, auch die lebenserhaltenden Systeme für Nahrung, Wasser und Atemluft müssen einwandfrei funktionieren. Computer, die diese zahllosen Funktionen steuern, sind deshalb ebenfalls unabdingbar für jede erfolgreiche Weltraummission. Computer benötigen Computerprogramme, die die verschiedenen Kommandos beinhalten, ausführen und aufeinander abstimmen, damit kein Unfall passiert. Unfälle im All, Ausfall von Technologie in irgendeiner Form sind für die Besatzung immer lebensgefährlich, denn das All ist extrem lebensfeindlich. Es ist leer und kalt, oder leer und heiß, es ist alles, nur kein Lebensraum. Es ist fast nur Raum.

Da die Masse des Raumschiffs bewegt werden muss und viel Masse auch viel Treibstoff bedeutet, sollte das Raumschiff nicht zu schwer sein, denn sonst braucht man noch mehr Treibstoff, was das Raumschiff wieder schwerer macht. Man erkennt sofort, die Wirklichkeit macht alles schwerer als gedacht. Nehmen wir als Beispiel die Konstruktion der Raumkapsel, in der die Besatzung leben soll. Ein leichtes Raumschiff hat dünne Wände, zu dünn wäre aber zu gefähr-

lich, denn im Weltraum gibt es Staubteilchen, die beim Auftreffen die Wand nicht durchschlagen sollen. Außerdem sollen die Wände so dicht sein, dass keine Atemluft entweicht ins Vakuum des Alls.

Für die Missionen in den Raumstationen, die die Erde umkreisen, und auch für die Apollo-Missionen konnten diese Randbedingungen gelöst werden. Einerseits, weil die Missionen zum Mond nur ein paar Tage dauerten und die Raumstationen um die Erde durch Lieferungen von der Erde repariert und instand gehalten werden konnten. Im ersten Fall war die Zeit kurz genug, um Langzeitrisiken zu verhindern, im zweiten Fall gab es genügend Möglichkeiten für Fehlerkorrekturen und Verbesserungen. Außerdem kann die Besatzung der Raumstationen mithilfe eines Raumschiffes bei großer Gefahr flüchten und auf die Erde zurückzukommen.

Aber wie wäre das bei einem Flug zum Mars? Der Hinflug würde mindestens sechs Monate dauern. Beide positiven Randbedingungen der bisherigen Raumfahrt würden wegfallen. Der Flug zum Mars dauert lang, und er führt von der Erde und damit von jeder Hilfe weg. Das Raumschiff, sein Antrieb, seine lebenserhaltenden Systeme müssen perfekt funktionieren, es darf zu keinem Zusammenstoß mit größeren Objekten kommen, die Navigationscomputer dürfen keine Funktions-

30 Raumstationen wie die ISS erhalten ständig Nachschub von der Erde. Bei Gefahr kann die Besatzung mittels einer Rettungskapsel zur Erde zurückkehren.

31 Bereits ein bemannter Flug zu unserem Nachbarplaneten Mars wäre äußerst riskant und würde die Raumfahrt vor viele ungelöste Probleme stellen.

fehler machen. Kurzum, die Technosphäre des Raumschiffs muss völlig fehlerfrei funktionieren für fast 10 Millionen Sekunden! Um diesem technischen Unmöglichkeitsfall zu begegnen, denn kein technisches System hat jemals fehlerfrei funktioniert, besitzt jedes Raumschiff Systeme, die sofort bei Funktionsstörungen übernehmen können. Man spricht von Redundanz, von abgesicherter Sicherheit.

Fazit: Bereits eine Reise zum nächsten Planeten würde völlig neue Probleme für die Raumfahrt bereitstellen, die zurzeit in keiner Weise auch nur ansatzweise behandelt und gelöst werden können. Eine Reise von sechs Monaten stellt bereits ein kaum zu kalkulierendes Risiko für das Überleben der Besatzung dar.

Um wie viel gefährlicher wäre ein Flug zu sehr viel weiter entfernten Objekten oder gar Planetensystemen? Der Mars ist nur einige Lichtminuten von der Erde entfernt, die Sterne aber Lichtjahre. Und je weiter das Raumschiff sich von der Erde entfernt, umso mehr ist die Besatzung völlig auf sich gestellt. Da auch elektromagnetische Kommunikationswege wie Funk oder Fernsehen sich maximal mit Lichtgeschwindigkeit bereisen lassen, wäre bereits eine Entfernung von wenigen Lichtstunden für die Besatzung eine »Robinson Crusoe«-Erfahrung. Sie könnten bei dringenden Problemen nur sich und ihre Bordcomputer befragen, sonst niemanden. Man sollte hier auch nicht an das Internet mit seinen unzähligen Informationsquellen denken, denn die Computer an Bord des Raumschiffes sind nicht damit verbunden. Und selbst wenn unsere Besatzung Fragen hätte, würden die sich eben auch nur mit Lichtgeschwindigkeit bewegen, nicht schneller. Man müsste also auch die Computer bereits beim Start mit allen möglichen Informationen versorgen, um ihnen die Möglichkeit der Fehlerkorrektur geben zu können. Oder man verlässt sich auf »lernende Maschinen«, deren Entwicklung sich aber nicht vorhersagen lässt, weshalb sie eher ein weiteres unberechenbares Risiko für die Besatzung darstellen könnten.

Wie man es auch dreht und wendet, Langzeit-Missionen durchs Weltall von einem Planetensystem zum Nächsten bedeuten durch die überall im Universum gesetzten Grenzen eine Reise mit extrem hohen Risiken für Leib und Leben der Besatzung. Dies gilt insbesondere für jede Form von spekulativer Technologie hin zu höheren Geschwindigkeiten, also in Richtung Lichtgeschwindigkeit.

Nichts für Weicheier –
Raumreisen nahe Lichtgeschwindigkeit

Will man also tatsächlich zwischen den Sternen reisen, muss es sehr schnell gehen. Fatal ist nur – es gibt für alles Grenzen im Kosmos, auch für die maximal erreichbaren Geschwindigkeiten. Die Grenze aller materiellen Bewegungen stellt die Geschwindigeit der elektromagnetischen Wellen dar. Nichts, aber auch gar nichts kann sich schneller bewegen als die elektromagnetische Strahlung. Materielle Körper können sich ihr auch nur annähern, aber erreichen können sie sie nicht.

Seit Beginn des 20. Jahrhunderts ist die Menschheit im Besitz der Kenntnisse von den Effekten der Bewegungen mit Lichtgeschwindigkeit. Wir verdanken diese Erkenntnisse Albert Einstein. Er hat zunächst 1905 und dann 1915 alle möglichen Bewegungsmöglichkeiten von Körpern in seinen Relativitätstheorien berechnet. Die Vorhersagen seiner Theorie haben sich alle, ohne Ausnahme, sowohl im Experiment im Labor als auch in Beobachtungen im Kosmos aufs Genaueste bestätigt.

Daraus folgt, die Masse eines jeden Körpers, auch eines Raumschiffs, nimmt mit zunehmender Geschwindigkeit zu. In der Nähe der Lichtgeschwindigkeit wächst sie ins Unermessliche. Dann wird aber auch jeder Antrieb fast unmöglich, denn fast unendlich hohe Massen benötigen fast unendlich hohe Energiemengen, damit Raumschiffe sich bewegen.

Die Besatzung erlebt, wenn sie sich mit Lichtgeschwindigkeit bewegt, ein merkwürdiges, womöglich tödliches Schauspiel: Die Strahlung aller Sterne kommt nur noch von vorne, und sie wird sehr harte Gammastrahlung sein. Beide Effekte rühren nur von der superschnellen Bewegung des Raumschiffs her.

Außerdem gehen bewegte Uhren langsamer als ruhende Uhren, d.h. bei Geschwindigkeiten nahe der Lichtgeschwindigkeit c gehen die Uhren so langsam, dass die Besatzung keine gemeinsame Zeit mehr mit ihrem Heimatplaneten

32 So einfach wie bei »Star Wars« wäre der Flug mit Lichtgeschwindigkeit nicht: Von vorne käme harte Gammastrahlung – gar nicht gut.

hat. Je nachdem, könnte es durchaus so sein, dass im Raumschiff nur wenige Tage vergangen sind, auf dem Heimatplaneten der Besatzung aber viele Hundert Jahre.

Nicht, dass Sie jetzt denken, was schreiben die denn für einen Quatsch. Alle diese Effekte kennen wir wirklich aus der Physik der Teilchen und aus der Astrophysik. Das alles wurde sehr genau gemessen und nachgewiesen. Wenn sich Lebewesen wirklich auf eine Reise durchs All aufmachen würden und das mit annähernd Lichtgeschwindigkeit, dann wird das für die Besatzung eine sehr gefährliche Reise – durch harte Gammastrahlung und ohne Wiederkehr. Mal abgesehen davon, dass das ganze Unternehmen überhaupt kaum möglich wäre. Denn bereits der Bau eines solchen Sternenschiffs benötigt »übermenschliche Fähigkeiten«: Man muss über die Technologie verfügen, den ganzen Heimatplaneten als Rohstofflager auszunutzen, dann Materie direkt in Energie verwandeln und als Lebewesen in der Lage sein, die enormen Beschleunigungen auszuhalten.

Also: Wenn ET jemals unseren Planeten besucht hätte, dann wäre das tief im Gedächtnis der Menschheit geblieben. Bei ein paar Wandmalereien oder Erzählungen hätten es die Menschen von damals nicht belassen. Das hätte die Menschheit nie mehr vergessen.

33 H.G. Wells' 1898 erschienener Roman »Krieg der Welten« ist *der* Klassiker des problematischen Alienbesuchs schlechthin. Hier eine der wunderbaren Illustrationen von Alvim Corréa für die französische Ausgabe von 1906.

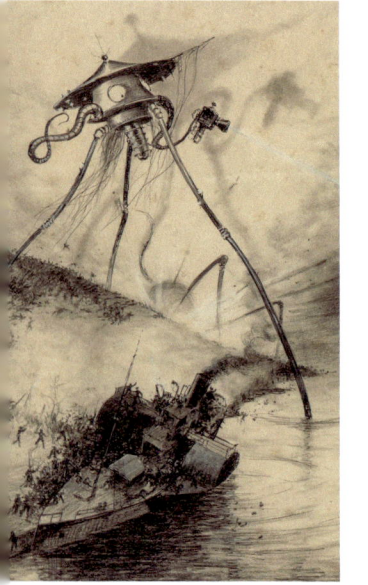

Ob es überhaupt so gut wäre, von ET gefunden zu werden?

Tja, das ist in der Tat die Frage. Wenn also auch für außeriridische Lebewesen die gleichen Naturgesetze wie für uns gelten, dann haben sie auch dieselben Probleme wie wir. Nicht nur auf ihrem Planeten, sondern auch bei der Reise durch den Raum. Es ist gefährlich, man verliert die gemeinsame Uhr, verbraucht außerordentlich viel Energie und Ressourcen – kurzum, wer da trotzdem losfliegt, der, die oder das muss schon besondere Eigenschaften besitzen. Neugier ist da noch die positivste. Vor allem muss die Besatzung eines Raumschiffs Risiken lieben, also entweder ganz angstfrei sein, oder aber sehr gut mit Furcht und Panik umgehen können. Wäre die Besatzung emotional zu weich, kommt sie nicht weit. Und auch nicht, wenn sie zu sehr auf demokratische Entscheidungsprozesse setzt. Militärische Hierarchien

und klare Befehlsketten sind für funktionierende Raumschiffe im Ernstfall sicher das A und O.
Mit anderen Worten, wenn uns hier jemand von
sehr weit weg heimsucht, dann ist das kein ku-
scheliger Besucher, sondern ein knallharter Eroberer, der mit den Ressourcen fremder Planeten das eigene Fortkommen und Überleben
sichern will.

Gut, Entdecker waren auch in der Geschichte der Menschheit keine sich den Gegebenhei-
ten anpassende Beobachter der neuen Welten
und Menschen. In der ersten Entdeckungswelle
waren es oft Räuber, habgierige Banditen, mis-
sionierende Priester, ein paar interessierte Wissenschaftler und vor allem Soldaten und Händ-
ler. Sie dealten mit Waren und Menschen, mit

Rohstoffen und Ideen. Vor allem aber brachten sie häufig und mit
fürchterlichem Erfolg Krankheitskeime, die schneller töteten als
Schwerter und Musketen. Allein in Nord- und Südamerika starben 50
Millionen Menschen an Keimen, die aus Europa eingeschleppt worden
waren.

34 »Columbus nimmt
das neue Land in Besitz«
(Lithografie von 1893).
Immer wenn damals Segel
am Horizont auftauchten,
waren die Indigenen die
Verlierer.

Neben den Keimen brachten die Eroberer auch ihre eigenen Kon-
flikte mit und übertrugen sie auf die entdeckten Kulturen und Länder,
denken wir an Afrika und Südamerika, wo über viele Jahrzehnte Stell-
vertreterkriege der Supermächte geführt wurden. Also summa summarum waren die Entdeckten sehr oft die Opfer, kaum die Nutznießer.
Machen wir uns nichts vor, die einzige Kultur, die auf der Erde so gierig
in jeder Hinsicht war, dass sie alle Kontinente durchforstet hat und von
Norden nach Süden und von Osten nach Westen zu Lande, zu Wasser
und in der Luft exploriert hat, ist die abendländische Kultur. Ihr Kolonia-
lismus und Imperialismus, ihre globalisierte Industrialisierung und Öko-
nomisierung aller Lebensbereiche trägt alle Merkmale einer planetaren
Übernahme. Wir haben den Planeten übernommen, nehmen ihn aus
und zerstören unsere Lebensgrundlagen. Das nennen wir das Anthropozän. Wir sind sehr erfolgreiche Planeteneroberer, aber wollen wir
wirklich von Lebewesen entdeckt werden, die uns so ähnlich sind?

Die Antwort bleibt Ihnen überlassen.

7 Perry Rhodan was here – Dinge, die es nicht geben dürfte

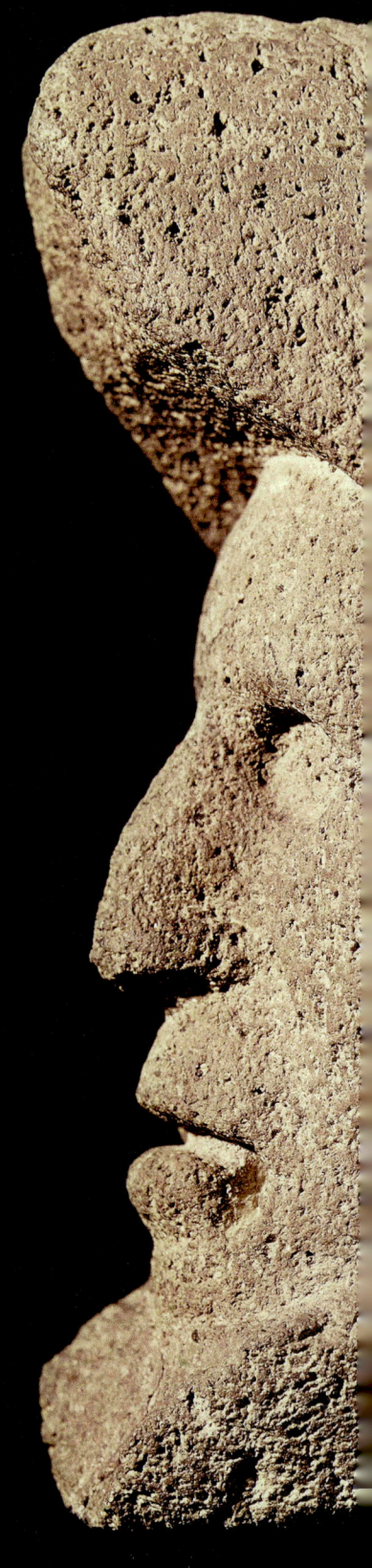

1 Basaltskulptur eines aztekischen Adlerkriegers, ca. 1300–1500, Museo del Templo Mayor, Mexico City

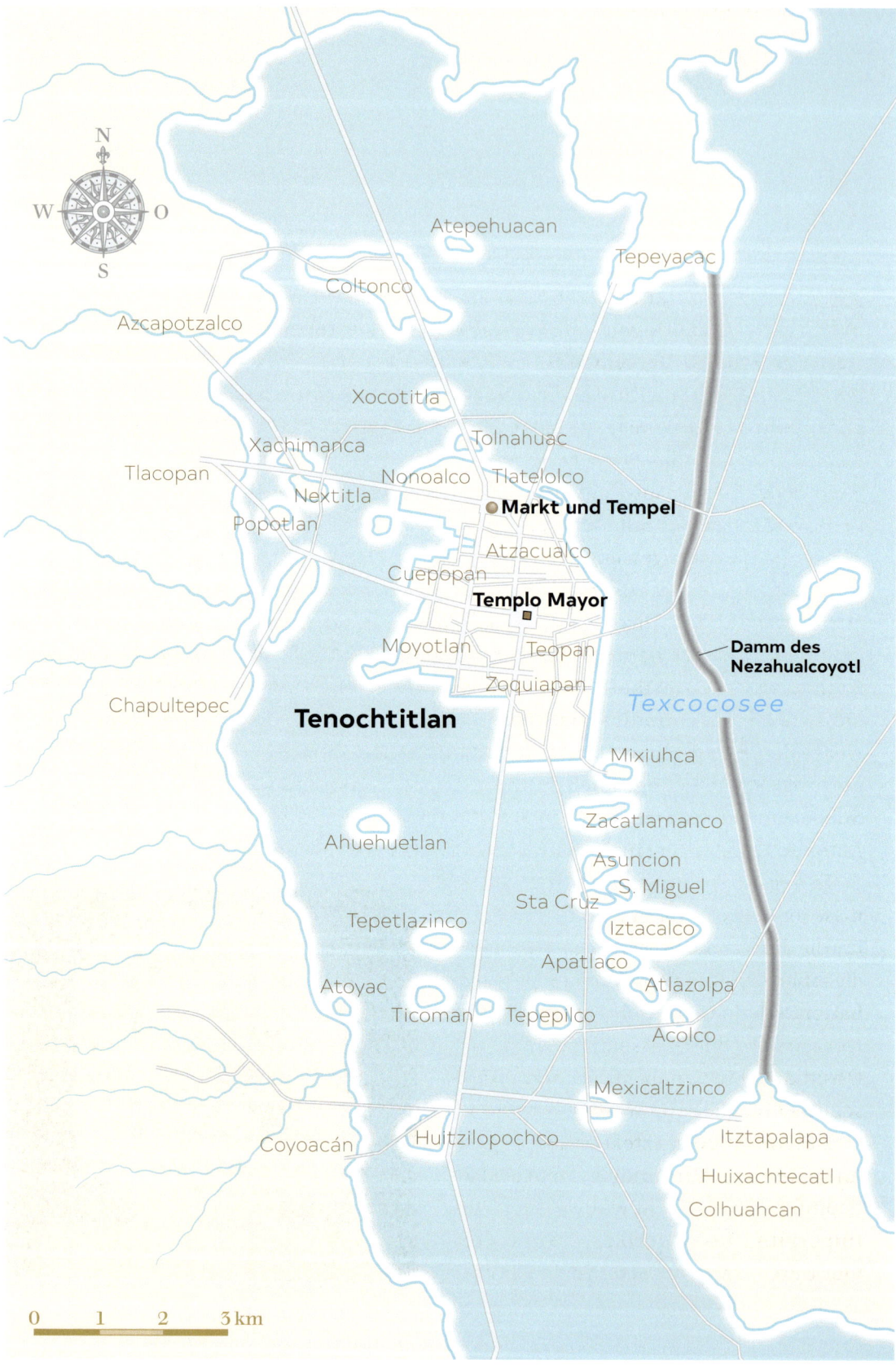

N · W · O · S

Atepehuacan

Tepeyacac

Coltonco

Azcapotzalco

Xocotitla

Tolnahuac

Xachimanca

Nonoalco · Tlatelolco

Tlacopan

Nextitla · ● Markt und Tempel

Popotlan

Atzacualco

Cuepopan

Templo Mayor ■

◄ **Damm des Nezahualcoyotl**

Moyotlan · Teopan

Zoquiapan

Chapultepec

Texcocosee

Tenochtitlan

Mixiuhca

Zacatlamanco

Ahuehuetlan

Asuncion

S. Miguel

Sta Cruz

Tepetlazinco

Iztacalco

Apatlaco

Atoyac

Atlazolpa

Ticoman · Tepepilco

Acolco

Mexicaltzinco

Coyoacán

Huitzilopochco

Itztapalapa

Huixachtecatl

Colhuahcan

0 · 1 · 2 · 3 km

Am 21. Februar 1978, um Mitternacht, fegte ein Grüpp-
chen Archäologen den letzten Schutt von einer gewaltigen Reliefplatte, einem Bildnis der aztekischen Mond-
göttin Coyolxauhqui. Ein Zufallsfund, der die Zerstörungswut
der spanischen Konquista weitgehend unbeschadet überstan-
den hatte und der das *Proyecto Templo Mayor* initiierte. Denn
weitere Grabungen an dieser Stelle förderten die Fundamente des heiligsten Sakralbaus der Azteken zutage, des Templo
Mayor. Die jahrelangen umfassenden Ausgrabungen eines in-
ternationalen Teams aus Archäologen, Biologen, Chemikern,
Historikern und Anthropologen im einstigen heiligen Tempelbezirk zwischen dem heutigen Präsidentenpalast und der
Kathedrale von Mexiko-Stadt brachten ungeahnte Schätze
zum Vorschein. Grandiose, kostbare, wunderschöne Kunstwerke der aztekischen Hochkultur, die lange als Götzenbil-
der von »Wilden« angesehen wurden. Die spektakulärsten
Stücke der Grabungen konnten 2003 in der hervorragenden
Azteken-Ausstellung in Berlin und Bonn bewundert werden.

In der Ausstellung waren auch Zeugnisse jener grausamen Rituale zu sehen,
für die die Azteken berüchtigt waren und
die ihnen den Ruf als »Wilde« eingebracht
hatten: Schalen für frisch herausgerissene
Herzen und Opfermesser mit Klingen aus
Obsidian, mit denen Menschen aufgeschlitzt und gehäutet worden waren.

Der Aufstieg des Aztekenreichs begann
im späten 14. Jahrhundert; auf dem Höhepunkt seiner Macht war es das größte
Imperium Mesoamerikas, bis die Spanier unter Hernán Cortés in den Jahren

2 Aztekischer Feuergott
aus purem Gold, entstan-
den um 1500. Die Hoch-
kultur des Reiches wurde
der Welt genau in dem
Moment bekannt, als seine
eigenständige Geschichte
durch die spanische Er-
oberung abrupt beendet
wurde.

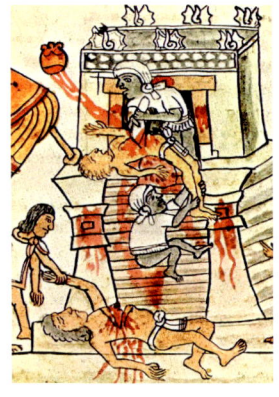

3 Tenochtitlan-Wandbild von Diego Rivera mit dem Templo Mayor, dem Mittelpunkt des aztekischen Universums. Zur Tempelweihe wurden angeblich 20.000 Menschen geopfert.

4 Blutige Menschenopfer auf den Stufen einer Tempelanlage. Dem Fruchtbarkeitsgott Xipe Totec wurden ganz besondere Opfer dargebracht: Man zog ihnen die Haut ab, die sich die Priester anschließend überstreiften.

zwischen 1519 und 1521 seinen Untergang einläuteten. Cortés zerstörte die prachtvolle Hauptstadt Tenochtitlan bis auf die Grundmauern. Den heiligen Templo Mayor im Zentrum der Stadt ließ er mit Zentnern Schwarzpulver sprengen. Und sandte anschließend 5000 Tonnen Gold an die spanische Krone.

Nach der Zerstörung errichteten die Spanier mit den Steinen der aztekischen Bauten die neue Hauptstadt des Vizekönigreichs Neuspanien, aus der das heutige Mexiko-Stadt hervorging. Hier wird jedes Bauvorhaben zu Grabungen und archäologischen Forschungen genutzt. Ganze Straßenzüge ließen die Mexikaner verfallen, um in den Untergrund zu gelangen, zu ihrem vorkolumbianischen Erbe.

Das »Proyecto Templo Mayor« legte nicht nur die Überreste des einst großartigen Haupttempels frei, der als Spiegel des Kosmos, als eine Art astronomisches Observatorium gilt, sondern auch kleinere Heiligtümer wie das »Haus der Adler« gleich neben dem Haupttempel. Es diente dem Kontakt mit den aztekischen Göttern, auch blutrünstigen Opferungen. Hier stießen die Archäologen auf zwei monumentale Statuen. Die Tonfiguren standen auf einer bunt bemalten Bank, wodurch sie noch größer und von oben herabblickend wirkten.

Die bunten Reliefs auf der Bank stellen Krieger dar; vielleicht interpretierte man deswegen – und wegen des schnabelförmigen Helms – die beiden Statuen als »Adlerkrieger«, als Angehörige eines der beiden ranghöchsten militärischen Adelsstände im Aztekenreich. Auch von steinernen Fledermaus-Dämonen war die Rede, die in alten Legenden auftauchen. Doch die Ergebnisse einer neuen Studie über Symbolik und Bedeutung des Hauses der Adler stufen die Figuren als noch fantasievoller ein: Es handele sich um Verkörperungen der aufgehenden Sonne.

Im Verständnis der Azteken existierte eine kosmische Ordnung, der selbst die Götter unterworfen waren. Vier Weltzeitalter, »Sonnen« genannt, waren vergangen. Jetzt lebte man in der Fünften Sonne, einem Zeitalter, über das der Gott Tonatiuh herrschte. Der war berüchtigt für seine Gier nach Opfern: Die Azteken glaubten, dass die Sonne nachts einen beschwerlichen Weg durch die Unterwelt zurücklegte; Menschenblut sei der ideale Stoff, die Kraftreserven der Sonne wieder aufzutanken. Das Zeitalter Tonatiuhs würde einst, so der Mythos, durch Erdbeben zu Ende gehen. Die Erdbeben, das waren die Spanier.

Die aufgehende Sonne würde also den Beginn eines neuen Weltzeitalters symbolisieren. Aber kann man sich eine aufgehende Sonne mit Schnabelhelm vorstellen? Nicht wirklich. Und da die beiden »Adlerfiguren« auch Fledermäusen nicht gerade ähnlich sehen, erscheint manchem die folgende Interpretation naheliegender: Perry Rhodan war hier! Vor fast 600 Jahren! Vom Äußeren her gleichen sich die beiden aztekischen Statuen und der Science-Fiction-Held mit der riesigen Fangemeinde tatsächlich.

5 Monumentaler »Adlerkrieger« mit Helm im Museo del Templo Mayor – nicht von dieser Welt?

6 Landete Perry Rhodan
vor 600 Jahren in Mexiko?
Gewisse Ähnlichkeiten
gibt es ja …

SOS im Weltraum?

✹ Perry Rhodan stammt aus der Zeit, als US-Präsident John F.
Kennedy gerade das Apollo-Programm ins Leben gerufen hatte.
Die Macher von Perry Rhodan trieb die Frage um, was wäre, wenn
amerikanische Astronauten auf dem Mond landeten – und dort auf
Aliens stießen. Wie würde die weitere Geschichte der Menschheit
dann verlaufen?

Seit dem 8. September 1961 erscheint Woche für Woche ein neues
Heft. Die Mega-Saga beginnt damit, dass der deutschstämmige US-
Astronaut Perry Rhodan mit seiner Crew 1971 als erster Mensch auf
dem Mond landet und dort auf einige sehr mächtige, aber auch offensichtlich eher degenerierte Außerirdische mit ihrem havarierten
Raumschiff trifft. Perry Rhodan gelingt es mit einigen Tricks, diesen
sogenannten Arkoniden ihre überlegene Technik abzuschwatzen.
Damit verhindert er auf der Erde den drohenden Dritten Weltkrieg
und führt die Menschheit danach im Schweinsgalopp zu den Sternen.
Zwischendurch bekommt er von der Superintelligenz ES praktischerweise einen Apparat namens Zellaktivator umgehängt und ist von nun
an unsterblich.

Damit ist die Kulisse für die große Heldensaga im Kosmos gesetzt. Eine galaktische und intergalaktische Soap-Opera, in der einige Tausend Jahre Menschheitsgeschichte in die Zukunft fortgeschrieben werden. Und genau diese ununterbrochene Kontinuität ist das Packende. Ein Fan schrieb mal: »Deshalb kann man niemals aufhören, auch wenn zwischendrin ein paar Hefte schwächer sind.«

Die vielen Seitenstränge und Parallelentwicklungen machen die Faszination dieses kosmischen Wimmelbildes aus. Immer wieder tauchen neue Helden und Bösewichte auf, die natürlich im wahrsten Sinne des Wortes über überirdische Fähigkeiten verfügen. Grenzen gibt es kaum, und deshalb hängt die Freude an den einzelnen Heften durchaus vom Wissensstand der Lesenden ab. Je mehr man von Naturwissenschaften versteht, umso größer muss die Toleranz gegenüber den Geschichten werden, denn wenn der Kosmos wirklich so wäre, wie von den Autoren dargestellt, dann müssten hier auf der Erde entweder ständig außerirdische Besucher ihr Stelldichein geben, oder die Erde, das Sonnensystem, ach was, die ganze Galaxis oder sogar das ganze Universum wären in ständiger Gefahr, zerstört zu werden: durch Superintelligenzen, durchgedrehte Maschinen und Computer oder einfach dadurch, dass sich die Naturgesetze dauernd verändern.

Als Jugendlicher, fasziniert von Einsteins Relativitätstheorie und den Quantenphänomen am Rand der erkennbaren Wirklichkeit, liest man das alles noch mit einem gedanklichen »Wer weiß, vielleicht ist da draußen ja wirklich so viel los«. So ging es mir jedenfalls. Da man wenig weiß, ist vieles denkbar. Aber wenn man dann Physik studiert, die Gesetze der Natur kennenlernt, die notwendig sind, damit man überhaupt existieren kann, schleichen sich die ersten ernsten Zweifel ein. Wer hier den gedanklichen Abstand nicht schafft, der wird womöglich ein Verschwörungstheoretiker, der jeden intergalaktischen Humbug glaubt. Oder zumindest die euphorische Hoffnung hegt, theoretisch mögliche, aber in der Realität nicht vorkommende technische Lösungen könnten globale Herausforderungen wie den Klimaschutz bewältigen helfen. Ganz ähnlich wie bei Perry Rhodan, wo es für jedes Problem eine Maschine als Lösung gibt, auch wenn dafür Raum und Zeit verbogen werden, glauben manche, man könne mal so eben eine Kernfusion im Wohnzimmer durchführen oder die Gesetze der Natur einfach außer Kraft setzen. Zu viel Perry Rhodan ist da schon gefährlich.

7 Unsterblich dank Zellaktivator: Auch im Roman ist Perry Rhodan ein langlebiger Weltraumheld.

Aber interessant ist auf jeden Fall die Entwicklung der Romane entlang der Zeitgeschichte der letzten sechzig Jahre. Denn die Hefte liegen ja bereits seit dem Bau der Berliner Mauer an den Kiosken. Perry Rhodan ist vor allem ein Stück bundesrepublikanischer Zeitgeschichte. Wenn auch ungeplant, kann man die großen Entwicklungen der westdeutschen Republik im Kosmos von Perry und seinen Freunden und Feinden wiederentdecken.

In der Anfangsphase etwa war der Alien oft dem bösen Russen ähnlich und wurde quasi präventiv atomar eingeäschert. Alles sehr militärisch, autoritär und kriegerisch. Die Raumschiffe waren wie Flugzeugträger atomar bestückt und in der Lage, ganze Planeten zu verdampfen. Und dann war da ja noch der blonde und blauäugige Perry Rhodan als Großadministrator des solaren Imperiums. An seinem Wesen soll das ganze Universum genesen.

In den 1970er-Jahren musste Rhodan dann doch auch mit den Aliens verhandeln. Entspannung auf Erden und im Kosmos. Dort war intergalaktische Völkerverständigung das Gebot der Stunde.

20 Jahre später entwickelte sich Perry Rhodan schließlich zu einem eher postmodernen Helden, durchaus mit psychischen Problemen. Nach über tausend Jahren stellt sich eben auch ein Großadministrator Fragen: Will ich so weitermachen, und wer bin ich eigentlich? Identitätsprobleme werden zu neuen Geschichten, doch Fragen bleiben offen. Hat ein Großadministrator Familie und Freizeit? Und wo verbringt er seinen Urlaub im All?

8 Ein Stück bundesdeutsche Zeitgeschichte – Perry-Rhodan-Chefredakteur Klaus N. Frick im Jahr 2007 anlässlich der Vorstellung des 2400. Romans vor einem Plakat des modernisierten Science-Fiction-Helden

Heute hangelt sich die Serie durch Parallel-universen und macht es Neueinsteigern immer schwerer. Denn wer zu spät beginnt bei Perry Rhodan, den bestraft die Romanserie mit Be-griffen, für die man schon ein paar Lexika braucht.

Während Rhodan in seinen bisher 3114 Le-bensjahren so ziemlich jede Ecke des Kosmos bereist hat, konnte er auf seinem Heimat-planeten nicht überall reüssieren. Obwohl er aus Manchester (Connecticut) kommt, haben sich die Amerikaner nie für die Kraut-Science-Fiction interessiert. Na ja, so ist das eben – der Prophet gilt nichts im eigenen Lande.

Ich jedenfalls fand Perry Rhodan so lange gut, wie ich Platz für die Romanhefte in der Wohnung hatte. Dann war Schluss.

9 Basaltskulptur eines aztekischen Adlerkriegers, ca. 500–700 Jahre alt – haben wir eine Chance, seine Bedeutung für die damaligen Menschen wirk-lich zu begreifen?

Botschaften der Vergangenheit

Wie auch immer wir die aztekischen »Adlerkrieger« oder vergleichbare frühe Funde einordnen: Am Anfang wird die Frage stehen, ob wir überhaupt eine Chance haben, ihre Bedeutung je zu begreifen? Können wir uns anmaßen, die Botschaften einer vor einem halben Jahrtausend versun-kenen Welt zu entschlüsseln? Noch dazu, wo katholische Mis-sionare fast alle Zeugnisse der aztekischen Religion zerstör-ten. Wir versuchen Artefakte und Begebenheiten aus unserer Kultur und unserem Verständnis der Welt heraus zu erklären. Doch wirklich verstehen können wir sie wohl nur aus der Kul-tur und der Gedankenwelt ihrer Schöpfer heraus. Wir müss-ten die Dinge mit ihren Augen sehen, um Artefakte einzu-schätzen, um Kulte, Religion, Glaube und Geisteswelt der Alten deuten zu können. Da uns das unmöglich ist, müssen wir uns ehrlich eingestehen, dass jede Interpretation nur ein Herumtasten ist. Ein Stochern im Nebel, das immer auch

10 Reisende und Ausgräber des 19. Jahrhunderts
fanden ihr romantisch-
humanistisches Idealbild
in den Ruinen bestätigt:
Man sieht, was man kennt –
Aufnahme von 1891,
Löwentor, Mykene.

Ausdruck des jeweiligen Zeitgeists ist. Die europäischen Reisenden und Ausgräber im 19. Jahrhundert fanden, was sie
suchten: die Bestätigung ihres romantisch-humanistischen
Idealbildes in antiken Ruinen, deren Grundrisse sie flugs gemäß ihrer Berliner Großraumwohnung aufteilten. So wurde
in ersten Ausgrabungsberichten das »Boudoir der Dame« im
mykenischen Palast von Tiryns ebenso identifiziert wie das
»Rauchzimmer der Herren«.

Man findet immer, was man sucht. Wie Heinrich Schliemann den »Schatz des Priamos« fand und die »Goldmaske des
Agamemnon«, obwohl beide Goldfunde Hunderte Jahre älter
sind als die ihnen von Schliemann zugewiesenen Könige. Auch
wenn die Wissenschaft heute Hypothesen und Sagen nicht
einfach als Historie postuliert, wie einst Schliemann, sondern
mit Belegen aus anderen Forschungsbereichen zu untermauern versucht, können wir nur vermuten, was Kulturen wie die
Azteken mit ihren Kunstgegenständen ausdrücken wollten.

Zur Verdeutlichung ein Blick in die Zukunft: Stellen Sie sich
vor, im Jahr 4000 werden Grundrisse von seltsamen Gebäuden freigelegt. Alter zwischen 2000 und 3000 Jahre. Die Bauwerke waren offensichtlich in Kreuzform angelegt, wobei der
Eingang meist im Westen lag, während sich im Osten sperrige

halbrunde Ausbuchtungen anschlossen. Siedlungsspuren werden nicht entdeckt, auch keine Feuerstellen. Dafür finden sich um oder in diesen seltsamen alten Anlagen Gräber. Eine profane Nutzung kann man also ausschließen. Im Schutt der Gemäuer, die zum Teil recht prunkvoll mit Wandmalereien ausgestattet waren, finden sich Reste eines Kreuzes, an das offenbar ein Mensch genagelt war. Bei anderen menschlichen Skulpturen sind Brust oder Seite aufgeschlitzt oder sie stecken voller Pfeile, die man auf sie abgeschossen hat.

Die Interpretation dieser Fundstücke aus einer versunkenen Zivilisation scheint einfach: Zweifellos muss es sich hier um einen grausamen Kult gehandelt haben, um einen blutrünstigen Menschenopferkult. Es sei denn, die Archäologen der Zukunft können noch die Bücher und Schriften über Kirchenbauten und den Kult des Christentums entziffern, die sie hoffentlich in einem Nebenraum der Ruine finden werden.

Der erschossene Neandertaler

Ob nun die Sabu-Scheibe eine Feuerschale war oder die Nachbildung eines außerirdischen Aggregats oder einer Fliegenden Untertasse oder doch eine altägyptische Frisbeescheibe oder ganz etwas anderes – wir wissen es nicht. Und es gibt noch weitere »OOPArts« – Out of Place Artifacts –, Funde und Befunde, die fehl am Platze sind, die Archäologen bisher vor Rätsel stellen, weil es sie nicht geben dürfte. Weil sie an einem Ort liegen und aus einer Zeit stammen, als es die entsprechenden Technologien noch längst nicht gab. Gegenstände, die sich trotz versuchter wissenschaftlicher Analysen in einigen Fällen nicht erklären lassen. Und bei deren Entschlüsselung sich etablierte Wissenschaft und »Pseudowissenschaft« erbittert gegenüberstehen.

Im Internet wimmelt es von Beispielen für angebliche »OOPArts«: Da gibt es eine 1600 Jahre alte Säule in Delhi, Indien, 7 Meter hoch, handgeschmiedet aus besonders reinem Eisen, das nicht rostet. Rostschutz für die Ewigkeit – das wäre

11 Die Eiserne Säule im Hof der Quwwat-ul-Islam-Moschee in Delhi, Aufnahme von 1871

12 Der »Broken Hill«-Schädel mit dem kreisrunden »Einschussloch« im Londoner Natural History Museum

doch eine wunderbare Lösung für unsere gegenwärtigen Probleme in Sachen atomare Endlager.

Da gibt es menschliche Fußabdrücke direkt neben Dinosaurierfußstapfen: Wenn dem wirklich so wäre, müsste die Menschheitsgeschichte tatsächlich umgeschrieben werden. Gleiches gilt für den »fossilen Hammer« aus London, Texas: Das Werkzeug mit Holzgriff und einem sauber gearbeiteten Kopf aus reinem Eisen steckt in einer Millionen Jahre alten geologischen Schicht. Und schließlich gibt es da ja noch den »erschossenen Neandertaler« mit dem kleinen runden Loch im Schädel.

So viel Unbegreifliches! Kein Wunder, dass das Interesse an der Wanderausstellung »Unsolved Mysteries – die Welt des Unerklärlichen«, die unter anderem in Wien, Berlin und Seoul gezeigt wurde, sehr groß war. 250 mysteriöse Exponate zu den ungelösten »Kriminalrätseln der Wissenschaft« wurden vorgestellt. Manche wurden als Fälschung entlarvt, für andere gab es banale Erklärungen, vieles entzog sich jeder vernünftigen wissenschaftlichen Analyse und kann nur im Reich der Fantasterei verortet werden.

13 Der »London-Hammer«, eingebettet in kreidezeitlichen Kalkstein. Er ähnelt verblüffend den Bergmannswerkzeugen, die in dieser Region Ende des 19. Jahrhunderts im Einsatz waren …

14 Eine Nachbildung der »Bagdad-Batterie« im Technischen Museum Wien. Elektrischer Strom vor über zwei Jahrtausenden?

Eine 2300 Jahre alte Batterie?

Doch einige »OOPArts« halten sich hartnäckig. Wie die »Bagdad-Batterie«, ein Tongefäß, das 1936 bei Ausgrabungen in Khu-jut Rabuah nahe der heutigen irakischen Hauptstadt Bagdad gefunden wurde. Die 14 Zentimeter hohe und auf den ersten Blick unscheinbare Vase ist etwa 2300 Jahre alt. Ihr Inhalt allerdings gibt bis heute Rätsel auf. Der österreichische Grabungsleiter Wilhelm König, damals Direktor des Irakischen Nationalmuseums, hielt das seltsame Teil für irgendetwas Elektrisches, eine Art Batterie, ein galvanisches Element. Als »vermutliches elektrisches Element« wird die kleine Tonvase denn auch in der Ausstellung des Technischen Museums in Wien bezeichnet, wo eine Nachbildung zu sehen ist.

Das Original ist seit der Plünderung des Irakischen Nationalmuseums im Jahr 2003 verschwunden. Ein Akt des Vandalismus während des Irakkriegs, der in einem kurzen Video festgehalten ist, das einen zu Tränen rührt, verstört und entsetzt. Marodierende Horden dringen unbehindert in das Gebäude ein, zerschlagen Vitrinen, zerstören, rauben. Mehr als 15.000 Objekte verschwinden. Das amerikanische Central Command in Katar hatte damals »Besseres« zu tun, als ein Museum mit

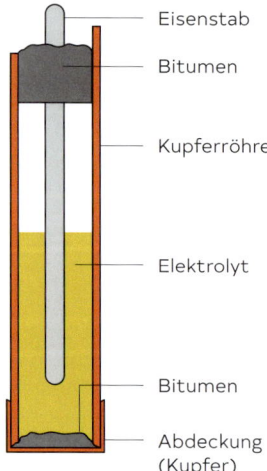

Eisenstab
Bitumen
Kupferröhre
Elektrolyt
Bitumen
Abdeckung (Kupfer)

15 In der 2300 Jahre alten Vase steckt ein Zylinder aus Kupferblech und darin ein Eisenstab. Das Rezept für Elektrizität?

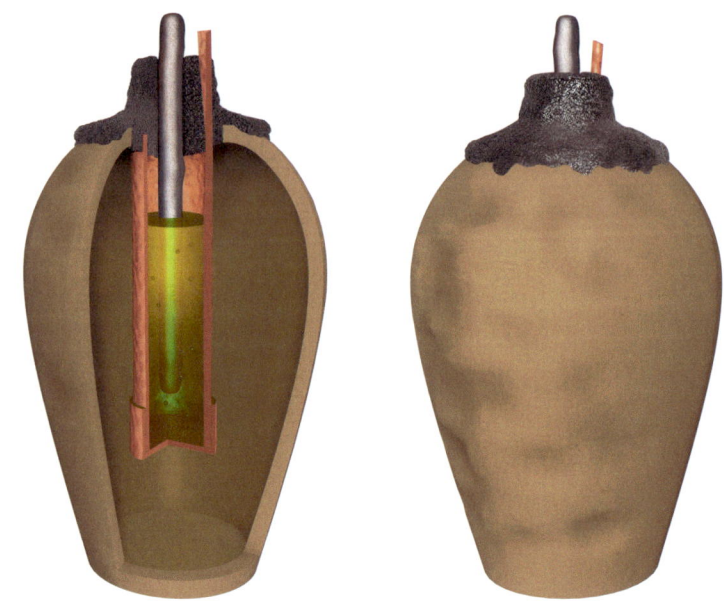

unschätzbaren Werten, Zeugnissen unserer Menschheitsgeschichte, bewachen zu lassen. Die Panzer hatte es stattdessen vor dem Ölministerium stationiert. Man hat eben seine Werteskala …

Erst eine knappe Woche nach dem Beginn der Plünderungen gingen vier Abrams-Panzer zum Schutz des Museums in Stellung. Da war das Museum schon in großen Teilen ausgeraubt – nicht nur von brandschatzenden Dieben, sondern von Leuten, die genau wussten, was sie da stahlen, die eine Auftragsliste hatten. Viele der Kunstwerke sind bis heute nicht wiederaufgetaucht, wie die »Bagdad-Batterie«. Eine Katastrophe, die mit dem Mongolensturm des Jahres 1258 verglichen wird, als Bagdad zerstört und ausgeraubt wurde.

In der Tonvase von Khu-jut Rabuah steckt ein Zylinder aus Kupferblech, mit einem Eisenstäbchen, das aus einer Art Bitumen-Pfropfen herausragt. Ähnliche Gefäße wurden im Irak bei Ausgrabungen entdeckt, die ebenfalls Metallteilchen enthielten. Versuche mit Nachbauten der »Bagdad-Batterie« zeigen: Sie könnte tatsächlich Strom erzeugt haben und verwendet worden sein, um Silberobjekte galvanisch zu vergolden.

Quantensprung des Wissens?

✦ Wären solche »Vasen« tatsächlich auf diese Weise eingesetzt worden, dann wäre das ein Quantensprung an Wissen, das danach wieder verloren gegangen ist. Zwei Jahrtausende lang vergessen, bis der italienische Physiker Alessandro Volta um 1800 die Batterie erfand. Nun ja, zumindest gilt er als der Erfinder jener Apparatur, die elektrische Energie chemisch erzeugen und abgeben kann. Zu verdanken haben wir Voltas Erfindung aber der Vorarbeit von Luigi Galvani. Er hatte zwanzig Jahre zuvor, am 6. November 1780, die Schenkel eines Frosches seziert und notierte: »*Als einer meiner Leute mit der Spitze des Skalpells die Schenkelnerven ganz leicht berührte, schienen sich alle Muskeln wiederholt derart zusammenzuziehen, als wären sie von heftigen Kräften geschüttelt.*«

Galvani kann es kaum glauben: Der tote Frosch beginnt anscheinend zu leben! Es folgen endlose Versuchsreihen, auch mit abgetrennten Froschschenkeln, die Galvani an sein Balkongitter hängt. Sie zucken nicht nur bei Gewitterblitzen, sondern sogar, wenn »*ich die Haken, welche in das Rückenmark geheftet waren, gegen das eiserne Balkongitter drücke*«. – »*In jedem Lebewesen steckt elektrische Energie!*«, schreibt Galvani, als er seine Ergebnisse 1791 veröffentlicht. Er irrt, aber unbewusst hat er eine andere Entdeckung gemacht: Er hat Elektrizität nicht durch Reibung, sondern elektrochemisch mithilfe zweier verschiedener Metalle erzeugt.

Luigi Galvanis zuckende Froschschenkel verändern die Welt. Sein Landsmann Alessandro Volta begreift es als Erster: Froschnerven reagieren wie elektrisierte Menschen nur auf durchfließenden Strom. Dessen Ursprung liegt in verschiedenen Metallen, die den Körper berühren. Nach diesem Prinzip konstruiert Volta im Jahr 1800 die erste Batterie der Welt.

Es ist eine Konstruktion, mit der man nicht nur eine einmalige elektrische Spannung erzeugen kann, wie mit all den anderen »Elektrisier-Maschinen«, die zu dieser Zeit üblich sind. Voltas Apparat lässt zum ersten Mal in der

16 Am 6. November 1780 seziert Luigi Galvani die Schenkel eines Frosches, als sich diese bei einer leichten Berührung mit dem Skalpell zusammenziehen – unbewusst hat er eine Entdeckung gemacht.

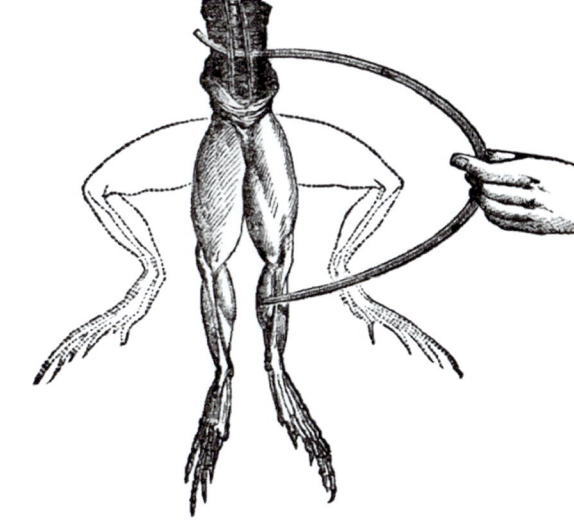

Geschichte über einen längeren Zeitraum elektrischen Strom fließen. Die sogenannte Volta-Säule ist der Prototyp der modernen Batterie.

Volta glaubt nicht an Galvanis Hypothese von der »tierischen Elektrizität«. Seine Theorie: Es sind die Metalle, die für das Zucken der Froschschenkel verantwortlich sind, kein elektrisches Fluidum im Tier selbst. Um seine Hypothese zu beweisen, stellt Volta Versuche an. Er ist sich nicht zu schade, dafür seinen eigenen Körper zu benutzen. An seine Zunge hält er unterschiedliche Metalle: Gold, Silber, Zinn. Immer, wenn die Metalle seine Zunge berühren, bildet sich eine sauer schmeckende Flüssigkeit, es fließt Strom. Volta experimentiert weiter. Er kombiniert unterschiedliche Metalle und stellt fest: Bei Berührung der Metalle laden sich diese unterschiedlich auf – es entsteht eine elektrische Spannung, ganz ohne Froschschenkel. Dieser Effekt wird als »Volta-Effekt« in die Geschichte eingehen.

17 Mit Alessandro Voltas erster Batterie von 1800 floss erstmalig über einen längeren Zeitraum Strom.

Außerdem erkannte Volta bei seinen Experimenten, dass sich die elektrische Wirkung verstärkt, wenn die Metallplatte zusätzlich durch eine Säure befeuchtet wird. Er unterschied Leiter erster Klasse (die Metalle) von Leitern zweiter Klasse: Flüssigkeiten, die elektrisch leitend sind – Elektrolyte. Die Ladungsträger in ihnen sind nicht Elektronen, wie bei Metallen, sondern Ionen: elektrisch geladene Teilchen. Ein frisch gehäuteter Froschschenkel ist demnach nichts anderes als ein Leiter zweiter Klasse.

So weit die Theorie. Weltberühmt wird Alessandro Volta aber vor allem deswegen, weil er seine Erkenntnisse eben in die praktische Erfindung der Volta-Säule, der ersten Batterie, umsetzt. Voltas Erfindung ist eine Sensation. Sie markiert den Anbruch einer neuen Epoche – des elektrischen Zeitalters. Dabei ist Elektrizität in der zweiten Hälfte des 18. Jahrhunderts keineswegs ein neues Phänomen. Aber sie ist nach wie vor ein ungelöstes Rätsel. Es gibt zwar wissenschaftliche Bücher und Abhandlungen, die sich mit Elektrizität beschäftigen, vor allem aber ist sie eine Attraktion in Salons und auf Jahrmärkten. Es gibt Elektrisier-Maschinen, die Funken sprühen, Menschen lassen sich aufladen und geben sich elektrische Küsse. Elektrizität ist ein Spektakel, sie kitzelt die Fantasie des Publikums und der Mediziner. Man kannte die Elektrizität, aber verstand sie nicht.

Trotzdem ist Voltas Erfindung der Durchbruch. Die bisher üblichen Elektrisier-Maschinen konnten zwar hohe Spannungen erzeugen, die sich aber in Sekundenbruchteilen entluden. Voltas Säule dagegen produzierte erstmals einen kontinuierlich fließenden elektrischen Strom über einen längeren Zeitraum. Erst damit wurden Experimente möglich, die die Welt entscheidend veränderten. Elektromagnetismus und Elektrodynamik, die Erfindung des Generators, des Elektromotors, der Glühbirne – das gesamte elektrische Zeitalter gründet auf Voltas Erfindung der Batterie: der ersten praktisch einsetzbaren Stromquelle.

18 Elektrizität war zu Zeiten von Voltas Erfindung kein neues Phänomen – bereits 1663 baute Otto von Guericke eine erste Elektrisiermaschine.

Bereits 1802 geht die Batterie in Massenproduktion. Alessandro Volta wird mit Ruhm und Ehren überhäuft. Die »Royal Society« in London verleiht ihm die Copley-Medaille, die höchste wissenschaftliche Auszeichnung der Zeit. Von Napoleon wird er zum Senator und Grafen ernannt. Doch die höchste Auszeichnung erlebt Volta nicht mehr: 54 Jahre nach seinem Tod benennt man 1881 auf dem ersten elektrischen Weltkongress in Paris die Einheit für elektrische Spannung nach Alessandro Volta »Volt«.

Kannte man vor über 2000 Jahren tatsächlich schon Elektrizität? Wurde die vasenförmige Apparatur zur galvanischen Oberflächenvergoldung von Gegenständen wie Silbermünzen benutzt? War die »Erfindung« ein Zufallsprodukt, dessen Sinn nicht erkannt wurde? Oder ein Kultobjekt? Vielleicht nur ein Spielzeug? Als die Tonvase neben anderen Leihgaben aus dem Irakischen Nationalmuseum 1987 im Hildesheimer Roemer- und Pelizaeus-Museum gezeigt wurde, bezeichneten die Kuratoren sie im Katalog tatsächlich als »Apparat«. In einem Versuch mit einem präzisen Nachbau durch die Museumsexperten konnte eine Spannung von 0,5 Volt erzeugt werden. Die reichte aus, um anschließend tatsächlich eine Galvanisierung durchzuführen.

Rostschutz oder Geisterabwehr?

Heute nennt man diese Art der Oberflächenveredelung und des Korrosionsschutzes Galvanisieren. Da geht es um die elektrochemische Abscheidung von Metallen auf metallisierten oder metallischen Werkstücken. Es ist also eine Form der Oberflächenbeschichtung, die hauptsächlich der Erhöhung des Rostschutzes bei Werkstücken und Materialien dient.

Bei diesem Prozess wird aus einem Nichtleiter ein Leiter gemacht, indem er in ein elektrolytisches Bad mit elektrischem Strom gehängt wird. Am Pluspol befindet sich das Metall, das auf der Oberfläche hängen bleiben soll. Am Minuspol befindet sich die zu beschichtende Fläche bzw. der zu beschichtende Gegenstand. Durch den Strom werden die Metall-Ionen gelöst und lagern sich dann durch Reduktion am zu beschichtenden Metall wieder ab. So kann man durch Galvanisieren eine besonders gleichmäßige Beschichtung von allen metallischen Oberflächen erzielen.

19 Abbildung des Originalfundes von 1936 – es ist ein unerhörtes Verbrechen, dass das Original gestohlen wurde. Ein Auftragsraub? Es tauchte bis heute nicht wieder auf.

Die »Bagdad-Batterie« bleibt trotzdem ein Rätsel. Sie liefert im Nachbau den Beweis, dass das Artefakt elektrische Energie transportiert. Man befüllte für die Ausstellung in Hildesheim einen Nachbau mit Essiglösung als Elektrolyt. Tatsächlich floss ein schwacher Strom von 150 mA und einer Spannung von 0,5 Volt. Damit könnte man eventuell Metalle galvanisch veredeln.

Das Tongefäß wird auch »Batterie der Parther« genannt, weil es nahe Bagdad in einer Siedlung jenes Volkes freigelegt wurde, das um Christi Geburt die dominierende Macht im iranischen Hochland und in Mesopotamien war. Immerhin hatten die Parther bereits sehr fein vergoldete Kunst. Allerdings fehlt der archäologische Nachweis, wie die Vergoldung vor sich gegangen war. Die meisten Experten gehen jedoch davon aus, dass bei der Materialanordnung nur zufällig ein elektrochemischer Apparat herausgekommen ist. Die Tongefäße könnten vielmehr eine magische Bedeutung gehabt haben, um böse Geister abzuwehren. Schon vor den Parthern glaubte man, Metalle wie Kupfer könnten Geister abwehren. Bewiesen ist aber keine der genannten Theorien, auch wenn man Letztere für am wahrscheinlichsten hält.

⚓ Der Deutungskampf dauert an: Zufall, Kultobjekt, Gerät zur elektrochemischen Metallveredelung, Urbatterie, vergessenes Wissen? Ganz forsche Interpreten ziehen eine Verbindung zu den bekannten Märchen: Mit Aladins Wunderlampe konnte man so viel Gold herbeizaubern, wie man wollte. Und auch Rumpelstilzchen wusste, wie man weniger Wertvolles in Gold wandelt. Uraltes Wissen also, das sich in Märchen erhalten hat? Das erfordert schon sehr viel Fantasie. Albert Einstein sagte zwar: »Fantasie ist wichtiger als Wissen, denn Wissen ist begrenzt.« Aber da dachte er sicher nicht an die »Bagdad-Batterie«.

Wenn dem Pharao ein Licht aufgeht

»Die meisten meiner Ideen gehörten ursprünglich Leuten, die sich nicht die Mühe gemacht haben, sie weiterzuentwickeln«, sagte Thomas Alva Edison (1847–1931), der Erfinder der Glühlampe. Doch wie weit reichten diese Ideen zurück? Für Präastronautiker reichen sie verflixt lange zurück. Und zwar ins alte Ägypten. Für sie ist klar: Die kolbenartigen Gegenstände auf den Reliefs im Hathor-Tempel von Dendera zeigen Glühbirnen!

Hatten Menschen in Mesopotamien und Ägypten tatsächlich schon Erkenntnisse über die Elektroenergie? Und wandten sie diese auch an? Präastronautiker wie Altmeister Erich von Däniken und sein Jünger Reinhard Habeck, der auch Comics für die »Perry Rhodan«-Taschenbücher zeichnet (und Mitherausgeber des »Unsolved-Mysteries-Katalogs« war), sind davon überzeugt. Neben der »Bagdad-Batterie« verweisen sie auf die Reliefs im Hathor-Tempel von Dendera. Die Parawissenschaftler sehen in der »Dendera-Lampe« ebenfalls ein OOPArt. Wäre ja auch ganz praktisch gewesen, so eine altägyptische Glühbirne, zum Ausleuchten dunkler Grabkammern und langer, finsterer Pyramidengänge.

Könnten im Tempel der Göttin Hathor auf Reliefs aus ptolemäischer Zeit (4.–1. Jahrhundert v. Chr.) wirklich elektrische

20 Der Tempel der Göttin Hathor in Dendera, 55 Kilometer nördlich von Luxor. Er bezeugt ein erstaunliches astronomisches Wissen der ägyptischen Priester. Zeigen die Reliefs eine technologische Sensation?

21 Die Erfindung des Thomas Alva Edison: eine Glühlampe (hier in »Retro« mit moderner LED-Technik). Seine Aufzeichnungen für die Entwicklung und Anwendung der Glühlampe sollen allein 40.000 Seiten umfassen. Edison folgte dabei der Devise: »Jeder Fehlschlag bringt die Lösung näher«.

Leuchtkörper abgebildet sein? Oder sind es doch eher Sexualobjekte, Fruchtbarkeitssymbole, Kultgegenstände, Sonnenbarken, antike Bohrmaschinen? All das wurde bereits vorgeschlagen. Habeck jedenfalls ist überzeugt: »Unserer Interpretation nach machen die Abbilder unterschiedliche Formen einer elektrischen Entladung sichtbar, vom abgeschalteten Leuchtkörper bis zur vollen Leuchtkraft.« Und verweist auf Versuche von Ingenieuren, die in einem Nachbau das birnenförmige durchsichtige Teil zum Leuchten gebracht hätten.

Ganz Fantasievolle mutmaßen, dass das Licht für den Pharao sogar in seiner Doppelkrone versteckt gewesen sein könnte, quasi als integrierte Nachttisch- oder Stirnlampe. Strom für den Pharao als Wunder, als Machtdemonstration. Es müsste im Wortsinn nur ein sehr kurzes Aufflackern von HighTech im Altertum gewesen sein, kaum angeknipst, schon wieder ausgeknipst und vergessen. Des Rätsels Lösung für diesen vermeintlichen Quantensprung an Wissen liegt für Präastronautiker auf der Hand: »Sie« waren ja längst da – und haben den alten Ägyptern und anderen Ur-Ur-Urahnen all dieses Wissen vermittelt, das dann wieder verloren ging.

Die etablierte Wissenschaft hält solche Gedankenspiele für totalen Unsinn. Und verweist dabei auf die Hieroglyphentexte der gesamten Reliefgruppe. Sie wurden erstmals 1991 von dem Ägyptologen Wolfgang Waitkus übersetzt. Demzufolge ist die Darstellung mit dem Mythos der aufgehenden Sonne in Gestalt des Gottes Harsomtus verbunden. Die Form der »Kolben« ist dabei eine Anspielung auf den Mutterleib der Himmelsgöttin Nut, in dem sich, laut Mythos, die Sonne während der Nacht verbirgt und den sie im Morgengrauen als Schlange verlässt.

Séancen mit den Geistern

⚝ Alles klar? Spekulieren wir hier nicht lange herum. Keine der frühen Kulturen auf der Erde hatte die Möglichkeit, elektrische Energie zu nutzen. Denn richtig nutzbar wurde die erst, als man sie wirklich richtig berechnen konnte. Und das geschah nun mal im

22 Die »Glühbirnen von Dendera«, Reliefs im Tempel der Göttin Hathor um 30 v. Chr. Präastronautiker glauben, dass in den Darstellungen Hinweise auf die Technologie zu finden sind, die Außerirdische den alten Ägyptern vermittelten. Und die danach für 2000 Jahre vergessen wurden, bevor sie wieder auftauchten.

19. Jahrhundert. Davor verstand man sie nicht, konnte aber zumindest mit Elektrizität spielen. Neben den zuckenden Froschschenkeln von Galvani und den Batterien von Volta experimentierte der Wiener Arzt Franz Anton Mesmer mit Magneten als Heilmittel. Die Kombination von elektrischer Entladung, Blitzen und anderen Erscheinungen war vor allem gut für spektakuläre Effekte, um Damen und Herren in sogenannten Séancen mit den Geistern von Verstorbenen in Kontakt zu bringen. Alle technologischen Versuche vor dieser Zeit sind nur ein blindes Tappen im Reich der Blitze, Magnete und Batterien. Solange man nicht wirklich verstanden hatte, wie elektrische Ströme Magnetfelder erzeugen, wie elektrische Entladungen durch Luft oder über Metalle funktionieren oder gar, wie man mit elektrischen und magnetischen Feldern große Energien freisetzen, verteilen und nutzen kann, war diese Form der Energie reine Magie. Von Zielen und Zwecken konnte vor der Industrialisierung also keine Rede sein.

Aztekische Raumfahrer, altägyptische Glühbirnen und mesopotamische Batterien zur Stromerzeugung – die Gedankenspiele der »alternativen Archäologie« sind fantasievoll und fantastisch. Und machen auch Spaß. Nur – vielleicht sollte man sie nicht zu ernst nehmen.

8 Außerirdisches im Grab des Pharaos und die Betrügereien des Howard Carter

1 Die berühmte goldene Toten-maske des Tutanchamun – das wohl bekannteste Fund-stück, das Howard Carter aus dem Grab des jung verstorbe-nen Pharaos holte.

Tal der Könige

Grab des Tutanchamun •

Westtal

Osttal

Auffahrt zum Tal der Könige

■ **Carter House**

Totentempel der
Hatschepsut

Totentempel Montuhoteps' II.

Cachette der
Königsmumien •

■ Metropolitan
House

Tempel Sethos' I.

Tempel Ramses' II.
(Ramesseum)

» Memnonkolosse

Tal der Königinnen

Medinet Habu

ÄGYPTEN

Tempelbezirk
des Amun

Standort eines
Tempels Amenophis' IV.

K A R N A K

Tempelbezirk
der Mut

Kanal

Nil

✠ **Luxortempel**

Winter Palace Hotel

N   O
W   S

0   500   1000   1500 m

Als dem englischen Selfmade-Archäologen Howard Carter ein erster Blick in die Grabkammer des Tutanchamun gelang, sah er »wunderbare Dinge«, wie er ergriffen und mit brüchiger Stimme dem gebannt hinter ihm wartenden Lord Carnarvon mitteilte.

So will es die Geschichtsschreibung, oder besser gesagt: Carters Geschichtsschreibung. Es mehren sich allerdings die Hinweise, dass nicht erst ab diesem berühmten Wortwechsel einiges an der Geschichte faul ist. Wobei wir nie mit Sicherheit wissen werden, was in jener Nacht des 26. November 1922 wirklich geschah. War Carter schon längst heimlich in die innere Sargkammer eingedrungen, wie der Halbbruder Lord Carnarvons schreibt? Stammten die Einbruchsspuren wirklich von antiken Raubgräbern oder doch von Carter selbst? Sicher ist, dass ein Gespinst aus Ungereimtheiten, Täuschungen und Vertuschungen die wundersame Entdeckung und Bergung des größten Schatzes der Archäologie umgibt.

In Telegrafeneile jagte die Nachricht von der Freilegung eines unberührten Herrschergrabs und eines riesigen Goldschatzes um die Welt und beflügelte die Fantasie der Menschen. Bis heute gilt die lebensgroße Goldmaske des jungen Pharaos als einer der schönsten, prächtigsten Funde der Weltgeschichte. Sie wurde zur Ikone das alten Ägypten. Wobei das archäologisch interessanteste Stück erst zum Vorschein kommen sollte, als man die Leinenbandagen der Mumie löste.

2 Der Archäologe Howard Carter (1874–1939), Entdecker des Grabes von Tutanchamun

3 Howard Carter (Mitte) mit Lord Carnarvon, dessen Tochter Evelyn (links) und Carters Assistenten Arthur Callender (rechts) am 26. November 1922 auf der freigelegten Treppe zu Tutanchamuns Grab. Was geschah in der Nacht?

Die Entdeckung des Grabes im November 1922 am West-ufer des Nils gilt als Jahrhundertfund der Archäologie. Und doch steckt er noch immer voller Rätsel, Lügen und Legenden, die mit den Mitteln der Altertumswissenschaften allein nicht gelöst werden können. Die Arbeit der Ausgräber ist längst getan, sie endete schon im Jahr 1932. Seitdem versuchen Physiker, Anatomen, Chemiker, Radiologen, Metallurgen, Geologen, Mineralogen, Mediziner und Gen-Analytiker in interdisziplinärer Zusammenarbeit den Geheimnissen der unterirdischen Gruft auf die Spur zu kommen.

Carters Aufzeichnungen in seinem populären dreibändi-gen Werk über fast alle Phasen der Entdeckung – »Tutancha-mun, ein ägyptisches Königsgrab« – lesen sich spannend wie ein Krimi, tragen allerdings eher zu seinem Ruhm bei, als dass sie den tatsächlichen Abläufen entsprächen. Denn Carters Heldendichtung stimmt nicht ganz. Einen wissenschaftlichen Bericht publizierte er nie, was ihm zeitlebens deutliche Kritik von studierten Archäologen und Historikern eintrug, von denen sich Carter nie ernst genommen fühlte. Vielleicht musste er deswegen sein »Abenteuer«, wie er es selber nennt, so romanhaft überhöhen. Heute, ein Jahrhundert später, verfestigen sich die Indizien: War der gefeierte Ausgräber ein Schatzsucher, Raubgräber und Dieb, wie die Presse ihn inzwischen tituliert?

Howard Carter wusste genau, wonach er verbissen seit Jahren im Tal der Könige suchte. Mehrmals waren dort Gegenstände mit dem Thronnamen des Tutanchamun gefunden worden. Carters Indizien für das Vorhandensein des Grabes: ein Fayencebecher, ein paar Goldplättchen sowie einige Tongefäße und Siegel, alle mit der Namenskartusche des Pharaos. Doch Dutzende hatten bereits vor ihm hier gegraben, und alle Experten waren sich einig, im Tal der Könige sei nichts mehr zu holen. Jeder Stein war umgedreht, jedes Sandkorn gefühlt ein Dutzend Mal bewegt und gesiebt worden. Schuttberg türmte sich neben Schuttberg, dazwischen die Eingänge zu den bereits entdeckten gut sechzig Herrschergräbern, allesamt ausgeraubt. Aber Carter hielt beharrlich an seiner »fixen Idee« fest, an der Suche nach dem Grab des jungen Gottkönigs.

Der berühmteste Archäologe der Welt hatte nie studiert. Mit siebzehn kam er als Zeichner nach Ägypten, wurde Mitarbeiter in einem Grabungsteam und lernte von der Pike auf alles, was ihm später als Ausgräber nützlich sein sollte. Und er hatte einen großzügigen, archäologisch interessierten Förderer: George Herbert, 5. Earl of Carnarvon. Aber nach fünf

4 Howard Carter (rechts) mit seinem Förderer, dem 5. Earl of Carnarvon: Räuberkomplizen

5 Der bekannte Ägyptologe Alan H. Gardiner beauftragte Carter 1916 mit einer Serie von Zeichnungen der Reliefs der Opet-Prozession am Tempel von Luxor.

vergeblichen Jahren hatte auch der die Hoffnung auf ein spektakuläres Königsgrab aufgegeben. Er drohte damit, den Geldhahn zuzudrehen, schließlich hatte er bereits Jahr für Jahr mehrere Tausend Pfund in den trockenen Wüstensand gesetzt. Carter bot daraufhin an, die Kosten der nächsten Grabungskampagne selbst zu übernehmen. Carnarvon zeigte sich beeindruckt. Und gab Carter eine letzte, eine allerletzte Chance.

Ob der allerdings über die neuerliche Unterstützung tatsächlich so erfreut war, wie es gern dargestellt wird? Denn wenn er tatsächlich auf das Grab stoßen würde, hätte er bei einer Eigenfinanzierung die ganze goldene Beute für sich allein gehabt. Wusste er mehr, als er dem Lord sagte? Und vor allem: Wusste Carter, was er finden würde?

Denn jetzt passierte etwas sehr Merkwürdiges.

6 Blick ins Tal der Könige. Vorne der Zugang zum Grab von Tutanchamun (KV 62)

Spielte Carter ein falsches Spiel?

Am 28. Oktober 1922 erreicht Carter Luxor/Theben, 700 Kilometer südlich von Kairo. Und dann geht alles sehr schnell – nach fünf Jahren vergeblichen Suchens. Zu schnell. Konnte es wirklich ein Zufall sein, dass seine Arbeiter nur drei Tage nach Beginn dieser allerletzten Grabungskampagne auf die Eingangsstufen stießen? Oder kannte Carter bereits seit Monaten, wie ein Halbbruder Carnarvons behauptet, die genaue Lage des Grabes? Hatte er selbst die Tür mit einem Fake-Siegel wieder verschlossen?

Tatsache ist: Am 1. November beginnen seine Leute mit den Arbeiten nur wenige Meter neben der Grabanlage von Ramses VI. Hier hatten sie schon im Jahr zuvor geforscht, aber Carter hatte die Arbeiten plötzlich gestoppt und woanders weitersuchen lassen. Jetzt stoßen sie schon am 4. November

auf 16 in den Fels gehauene, in die Tiefe führende Treppen-
stufen – und nach der Beseitigung von Schuttmassen noch am
selben Abend auf eine versiegelte Tür.

Eine Sensation! Denn eine versiegelte unterirdische Kammer war im Tal der Könige noch nie gefunden worden. Carter
lässt die Treppe wieder zuschütten, postiert seine zuverläs-
sigsten Wächter davor und telegrafiert an Lord Carnarvon.

Drei unruhige und angespannte Wochen folgen. Wie auf
Kohlen wartet Carter darauf, dass der Lord in Ägypten ein-
trifft. So die offizielle Version. Dann, endlich, öffnen die beiden
Männer die versiegelte Tür. Den dahinterliegenden acht
Meter langen und mit Schutt und Geröll angefüllten Gang
lassen sie hastig räumen. Der schmuck- und bildlose Korridor
endet an einer ebenfalls versiegelten Wand. Hier ereignet sich
am Nachmittag des 26. November 1922 jene denkwürdige
Szene mit dem legendären Wortwechsel: »Mit zitternden
Händen« und einem Brecheisen schlägt Carter eine Öffnung
in die linke obere Ecke der Wand. Das Loch ist gerade groß
genug, um einen Blick in die Vorkammer werfen zu können.
3000 Jahre alte heiße Luft schießt den beiden Männern ins
Gesicht. Carter hält prüfend eine Kerze in den Luftstrom.

7 Die freigelegte Treppe,
die zum Eingang der Grab-
anlage Tutanchamuns führt

Der Fluch des Pharaos

Eine Kerzenflamme reagiert auf entzündliche Gase. Carter wollte mit diesem einfachen Nachweis testen, ob giftige Gase den
normalen Sauerstoffgehalt der Luft verringern. Die Kerzenflamme
ändert sich, wird heller, schwächer oder geht ganz aus. Seit Jahrhunderten nutzten Bergleute diese Methode, um zu überprüfen, ob Grubengas freigesetzt wird.

Die Möglichkeit, dass tatsächlich giftige Gase aus dem Grab des
Pharaos strömten, steht am Anfang des Countdowns zum schaurig-
schönen »Fluch des Pharaos«. Wobei dieser Fluch da bereits begonnen
hat – mit dem Tod von Carters Kanarienvogel. Das Maskottchen der
Grabung wurde angeblich genau in dem Moment, als Carter durch das
Loch auf die königlichen Wächter blickte, die als Zeichen der Macht

8 Kanarienvögel wurden
von Bergleuten verwendet,
um Grubengas festzustel-
len. Der Erzählung zufolge
war Carters Vogel das erste
Opfer des pharaonischen
Fluches.

die Krone mit der Kobra auf dem Kopf tragen, just durch eine Kobra getötet. Für die ägyptischen Arbeiter ein sicherer Beweis, dass der Fluch des Pharaos mit der Graböffnung wirksam geworden ist.

Und tatsächlich, wenige Monate nach der Freilegung des Grabes starb ein Mitglied der Expedition nach dem anderen an ungeklärten Ursachen. Auch Carnarvon war unter den Toten. Rund ein halbes Jahr nach der Graböffnung hatte ihn ein Insekt in den Hals gestochen. Beim Rasieren schnitt er in die Schwellung und zog sich eine Blutvergiftung zu. Er starb im Krankenhaus, die Ärzte diagnostizierten zudem eine Lungenentzündung. Zum Zeitpunkt seines Todes soll in ganz Kairo das Licht ausgefallen sein.

Nach Carnarvons Tod setzte sich die Reihe mysteriöser Todesfälle fort. Es schien als würden alle, die das Grab besuchten oder sich mit der Mumie des Pharaos beschäftigten, vom gleichen Schicksal ereilt. Ein gefundenes Fressen für die Presse, die sich mit neuen grauenhaften Meldungen überschlug. Bald war die Hysterie so groß, dass Kunstsammler ihre ägyptischen Exponate loswerden wollten.

Erst nach Jahrzehnten begann man, nach rationalen Erklärungen für die mysteriösen Todesfälle zu suchen. Es stellte sich heraus, dass die meisten Menschen, die das Grab kurz nach der Öffnung besucht hatten, entweder durch ihr hohes Alter bereits geschwächt waren, oder, wie im Falle Lord Carnarvons, an einer Lungenentzündung litten. Nicht der »Fluch des Pharaos« hatte ihnen den Tod gebracht, sondern der kleine Schimmelpilz *Aspergillus flavus*, der fast ohne Sauerstoff die Jahrtausende in der Grabkammer überdauert hatte. Nahrung fand er in den organischen Überresten des Pharaos und der Grabbeigaben.

Bei der Graböffnung war der Schimmelpilz aufgewirbelt worden, in die Lungen der Besucher gelangt und hatte dort teilweise heftige allergische Reaktionen ausgelöst. Solche Reaktionen können bei geschwächten oder älte-

9 Die mysteriösen Todesfälle um den Pharaonenschatz bedeuten für die Presse den Stoff, aus dem wunderbar gruselige Träume sind.

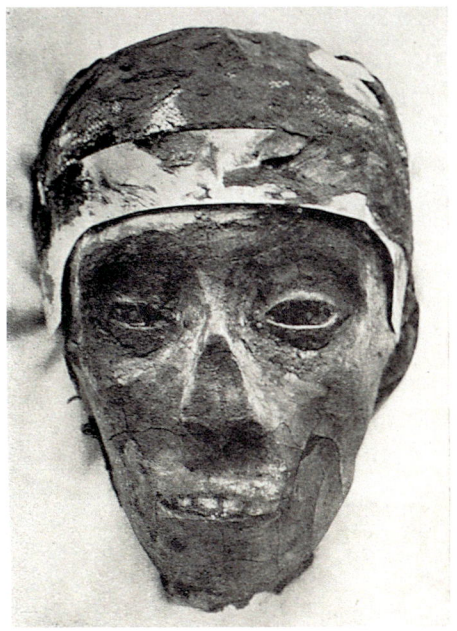
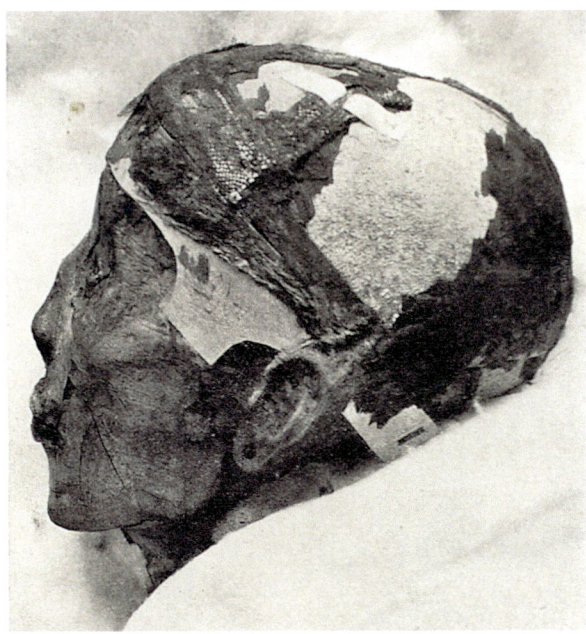

ren Menschen tödlich wirken – gesunde Menschen merken in der Regel nicht einmal etwas davon.

Und auch all die anderen unerklärbaren Geschehnisse rund um die Graböffnung entpuppten sich im Laufe der Zeit zumeist als Zeitungsenten, geschuldet der allgemeinen Hysterie. Sie ließen sich entweder nicht beweisen oder waren schlicht übertrieben. So war etwa bei Carnarvons Tod nicht in ganz Kairo der Strom ausgefallen, sondern lediglich in der Klinik, in der er vergebens behandelt worden war.

Wenn Menschen mit scheinbar unerklärlichen Dingen konfrontiert sind, glauben sie gern an das Wirken übernatürlicher Mächte. Denn der Glaube an etwas *hinter* unserer Wirklichkeit weckt in uns die Hoffnung, dass auch für uns das Leben auf einer anderen Stufe weitergeht, hinein in die Ewigkeit. Und, ganz banal: Überall auf der Welt und seit jeher lieben Menschen gute Geschichten. So lautete die Inschrift in Tutanchamuns Grab eigentlich: »Ich verhindere, dass Sand die geheime Grabkammer füllt. Ich bin zum Schutz der Toten da.« Das klingt leider viel weniger spektakulär als der vielfach kolportierte Satz auf einer mysteriösen kleinen Tontafel, dass »der Tod auf schnellen Schwingen zu demjenigen kommen wird, der die Ruhe des Pharaos stört«.

10 Wie die Inschrift in Tutanchamuns Grab so war auch der Mensch Tutanchamun weit weniger spektakulär als uns die schöne Maske glauben machen will: Der junge Mann hatte einen deformierten Schädel, war schmächtig und litt an vielen Krankheiten.

11 Der Schimmelpilz *Aspergillus flavus* ist nichts für schwache Lungen.

Merkwürdigerweise verschwand die Tafel, bevor Zeichnungen oder Fotos von ihr angefertigt werden konnten. Ihre Aussage wäre außerdem singulär – nirgendwo sonst in ägyptischen Inschriften fliegt der Tod auf schnellen Schwingen. Und auch die Sache mit dem Fluch erinnert eher an Literarisches. Zu Beginn des 20. Jahrhunderts tummelten sich in der zeitgenössischen Literatur allerlei rachsüchtige Mumien und andere Horrorwesen.

Für die Zeitgenossen der Pharaonen waren die Flüche, die man in den Gräbern anbrachte, nicht mehr als Warnungen – an die Arbeiter und wahrscheinlich strenggläubigen Bediensteten, ihre Finger von den Grabbeigaben zu lassen.

Sternstunde der Archäologie – mit bösen Schatten

Im flackernden Licht der Kerze erkennt Carter im schmucklosen Vorraum – die unbemalten Wände sind für ein Herrschergrab ungewöhnlich – bis zur Decke gestapelte unermessliche Reichtümer, Gold und andere Kostbarkeiten in rauen Mengen, es ist ein chaotisches Durcheinander von nie gesehenen Schätzen. Carnarvon hält es vor Anspannung nicht mehr aus: »Können Sie etwas sehen?« – »Ja, wunderbare Dinge«, antwortet Howard Carter.

12 »Wunderbare Dinge« wie ein vergoldetes Löwenbett und intarsiengeschmückte Kisten erkennt Carter im Schein einer Kerze. Dazu »Gold, Gold, Gold«.

Es ist unfassbar: Ein Außenseiter, ein Autodidakt, hatte das erste vollständig erhaltene und noch nicht geplünderte Grab eines ägyptischen Königs aufgespürt. Fortan wird es unter der Bezeichnung KV 62 (das 62. entdeckte Grab, KV steht für Kings Valley) aufgelistet und seine Entdeckung als Sternstunde der Archäologie gefeiert. Hier, im Tal der Könige, hatten die Pharaonen der 18. bis 20. Dynastie (ca. 1550 – 1070 v. Chr.) ihre letzte Ruhe gefunden, allesamt Herrscher eines Reiches, das während ihrer Regentschaft einen prachtvollen Höhepunkt an Macht und Reichtum erlebte. Doch ihre Gräber waren ausnahmslos schon in altägyptischer Zeit ausgeraubt worden. Nur KV 62 nicht, das Grab des 1323 v. Chr. im Alter von 18 oder 19 Jahren verstorbenen Pharaos Tutanchamun, des Kindkönigs, der mit neun Jahren schon den Thron bestiegen hatte.

Nachdem Carter und Carnarvon durch die kleine Öffnung in die Vorkammer geblickt haben, verschließen sie das Loch in der Wand wieder. Bis zur förmlichen Öffnung der verriegelten Tür vor Zeugen drei Tage später, streng nach Vorschrift

13 In der schmucklosen Vorkammer türmt sich ein Sammelsurium aus nie gesehenen Schätzen. Darunter waren auch vergoldete, faltbare Streitwagen.

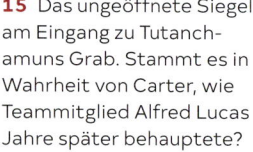

14 Dr. A. Gardiner und Professor Breasted waren bei der förmlichen Öffnung als Zeugen und Experten geladen, um das Siegel der Tür zu untersuchen. Beide durchschauten nicht das von Carter »restaurierte« Siegel.

der Grabungslizenz. Also heißt es wieder abwarten mit dem weiteren Vorstoß in das Pharaonengrab. So die offizielle Lesart. Doch die Hinweise häufen sich, dass die beiden keineswegs drei Tage in fiebrig glühender Spannung verharrten, bis sie die Vorkammer betreten durften. Und auch nicht monatelang bis zur Öffnung der eigentlichen inneren Sargkammer warteten.

Wie im Vertrag festgelegt, brechen sie also scheinbar erst drei Tage später, am 29. November 1922, im Beisein hochgestellter ägyptischer Beamter das Siegel und die Tür zur Vorkammer auf. Und betreten sie dann angeblich zum ersten Mal. Im Inneren sieht es aus wie in einer Rumpelkammer, ein heilloses Durcheinander, und doch von unermesslichem Wert. Zehn Wochen dauert es, bis das Sammelsurium von Schätzen allein in der Vorkammer dokumentiert, katalogisiert und abtransportiert ist: Gold ohne Ende, ein goldener Thronsessel, goldene Bahren und Streitwagen und zwei große schwarze Statuen mit der goldenen heiligen Schlange an ihrer Stirn.

Zwischen den beiden lebensgroßen Wächterfiguren vermeinen die Besucher den Umriss eines weiteren Durchgangs zu erkennen. Unten rechts vor dieser Tür liegen ein alter Korbdeckel und ein Haufen Schilfrohr, die die Fläche dahinter verbergen. Und diese Fläche sieht auf einem weitgehend unbekannten Foto aus, als sei sie hastig neu zugemörtelt worden. Für Carters Kritiker ist dieses Bild ein deutlicher Beweis, dass es hier nicht mit rechten Dingen zugegangen sein kann.

15 Das ungeöffnete Siegel am Eingang zu Tutanchamuns Grab. Stammt es in Wahrheit von Carter, wie Teammitglied Alfred Lucas Jahre später behauptete?

16 Links das Beweisfoto: Auf diesem Bild von Harry Burton sieht man die Wand zur Sargkammer. Die dunkle Stelle unten, die wie frisch zugemörtelt wirkt, wurde später – von wem auch immer – mit Stroh und einem Korb verdeckt (Bild rechts). Vermutlich hatte Carter hier einige Steinblöcke herausgebrochen und war vor der offiziellen Öffnung Monate zuvor heimlich und unerlaubt in die eigentliche Sargkammer gelangt.

Eine perfekte Inszenierung

Die Öffnung der eigentlichen Sargkammer am Freitag, dem 17. Februar 1923, um 2 Uhr nachmittags wird zum Spektakel. Endlich soll die dritte versiegelte Tür, die von zwei schwarzen Wächterfiguren bewacht wird, aufgestemmt werden.

Zwanzig britische und ägyptische Ehrengäste nehmen atemlos vor Aufregung auf engen Stuhlreihen in der ausgeräumten Vorkammer Platz. Das aufgehäufte Schilf sehen sie nicht mehr, auch die dunkle frische Stelle dahinter nicht, denn vor dem Durchgang ist ein stufenförmiger hölzerner Vorbau errichtet worden, der den unteren Teil zudeckt.

Es ist die perfekte Inszenierung: Carter betritt die Holzkonstruktion. Von oben beginnt er den versiegelten Durchgang aufzubrechen. Was wird dahinter zum Vorschein kommen? Noch mehr Gold und Edelsteine? Oder gar die Mumie des Pharaos? Alle fiebern mit. Nur Carter, Lord Carnarvon und dessen Tochter wirken seltsam unbeteiligt. Sie wissen seit zehn Wochen, seit der Entdeckung des Grabes, was sie hinter der Wand erwartet. Zeugenaussagen belegen, dass sie bereits

17 Howard Carter (links) mit Lord Carnarvon beim offiziellen Öffnen der versiegelten Tür zur Sargkammer. Die Einbruchstelle unten rechts wird geschickt durch die hölzerne Treppe verdeckt. Carnarvon starb weniger als zwei Monate, nachdem das Foto gemacht wurde.

in der Nacht des 26. Novembers heimlich in die Sargkammer gekrochen sind. Durch das danach zugemörtelte Loch, das anschließend mit einem Haufen Schilf notdürftig wieder verdeckt worden war.

Carter schreibt später: »Die Versuchung, jeden Augenblick innezuhalten und hineinzuschauen, war unbezwinglich.« Doch er hält sich zurück. Kein Wunder, er hat sie längst gesehen, die Wand aus purem Gold. Es ist wahrscheinlich der kostbarste Totenschrein, den je ein – moderner – Mensch erblickt hat. Denn wenn schon ein so junger, unbedeutender Pharao mit solchen überwältigenden Schätzen ausgestattet wurde, was mochten dann erst die ausgeraubten Gräber der berühmten Pharaonen beinhaltet haben, für ihr weiteres Leben im Jenseits?

Vier vergoldete und ineinander geschachtelte Schreine schützen einen Sarkophag aus gelbem Quarzit, in dem sich drei goldene Särge befinden. Der innerste Sarg aus massivem Gold enthält die Königsmumie mit der weltberühmten Totenmaske.

Als einziger Pressevertreter ist der Kairoer Korrespondent der Londoner *Times* bei der Sargöffnung dabei. Carnarvon hat mit der Zeitung einen gut dotierten Exklusivvertrag für die Erstberichterstattung abgeschlossen, und Carter entscheidet, was die begierige Welt erfahren darf.

Gold, Gold, Gold

Der geniale Fotograf Harry Burton, der Hausfotograf des Metropolitan Museum of Art in New York, hält jede Phase der Bergung fest. Bis zum Ende der Ausgrabung zehn Jahre später wird er zum Kernteam gehören. 2800 Negative erstellt er

18 Vermutet wird, dass Carter durch die Stelle rechts unten bereits vor der offiziellen Öffnung in die Sargkammer eingedrungen war. Nach dem Durchbruch war dies jedoch nicht länger beweisbar. Hinter der Öffnung ist eine Wand aus purem Gold zu erkennen.

von der Freilegung der Königsgruft. Und einige seiner Fotos erzählen eine Geschichte, die von Carters Schilderung abweicht – wie jenes mit der frisch verputzten Stelle.

Burton arbeitet mit einer riesigen Kamera und Negativplatten aus Glas im Format 18 mal 24 Zentimeter.

Mit einem Trick gelingen ihm die schattenlosen Aufnahmen in den dunklen unterirdischen Kammern, mit denen er Fund und Freilegung unsterblich machen sollte. Ein Spiegelsystem vom Eingang bis ins Innere erlaubt ihm, ohne Blitz zu arbeiten – ein immenser Vorteil, weil es die Brandgefahr vermindert und weil kein Pulverdampf von Magnesiumblitzen die Räume verqualmt. Ein Reflektor wird ständig bewegt. So wird die Ausleuchtung sehr gleichmäßig – die Fotos der Objekte sind unglaublich scharf und nahezu schattenfrei. Doch bald zieht im Pharaonengrab Hightech ein: Strom und Scheinwerfer werden installiert, um Burton die perfekte Ausleuchtung zu erleichtern.

Sein bekanntestes Werk, das berühmte Foto von der goldenen Totenmaske, entsteht durch Zufall. Burton beobachtete, wie die Konservatoren in ihrer Werkstatt eine dünne Schicht warmes Paraffin auf die Maske auftrugen, um die Lapislazuli-Intarsien zu festigen und Trübungen im Metall zu entfernen.

19 Hausfotograf Harry Burton hält – ohne es zu wissen – auch Carters Betrügereien fest.

20 Harry Burtons berühmt gewordenes »Porträt« der Totenmaske des Tutanchamun

Burton fotografierte die Maske in diesem Zustand und machte so aus einem toten Gegenstand wie von Zauberhand ein beinahe lebendiges Gesicht. Die Maske wirkt wie das Studioporträt eines Lebenden – und wird so zur weltweit bewunderten Ikone.

Am Ende werden es zwölf Zentner reines Gold sein, das Carter in Tutanchamuns Mausoleum freilegt. Obwohl es vor über 3300 Jahren in die Grabkammer gebracht worden war, glänzt und blinkt es wie frisch geputzt. Weil es sich kaum mit einem anderen Element verbindet, verliert Gold niemals seinen funkelnden Glanz. Eisen rostet, Silber läuft an, Kupfer oxidiert und wird grün. Dem Glanz des Goldes aber können selbst Jahrtausende im Erdboden nichts anhaben.

Doch wem gehört es gemäß Grabungsvertrag? Carter wird behaupten, dass unmittelbar nach dem königlichen Begräbnis bereits Grabräuber eingedrungen seien und die Türen anschließend wieder versiegelt hätten. Ein Schachzug, der entscheidend sein sollte für die Fundteilung mit der ägyptischen Altertumsbehörde. Bei einem Grab, das bei seiner Entdeckung unversehrt war, hätte das Land Ägypten gemäß Grabungslizenz Anspruch auf den gesamten Fundkomplex gehabt. Die Mär von einem nicht intakten, geplünderten Grab war dagegen ganz im Interesse von Carter und Carnarvon, weil ihnen dann die Hälfte aller Funde zustand.

Doch wirklich glaubhaft war ihre Geschichte vom beraubten Grab nicht. Warum hätten antike Eindringlinge Haufen von Gold zurücklassen und nur kleine handliche Teile an sich nehmen sollen?

Es kam zum Streit zwischen Staat und Ausgräbern, ob das Monument noch intakt oder bereits beraubt war. Die ägyptische Antikenverwaltung siegte mit dem Argument, dass die

Gruft ja versiegelt gewesen sei. Carnarvon erhielt von den Behörden nur eine Entschädigung für die entstandenen Kosten der Ausgrabung. Die angeblich uralten Fußabdrücke im Bodenstaub der Kammer, die Carter als Beweis für die Anwesenheit von zeitgenössischen Raubgräbern anführte, halfen ihm wenig. Später stellte sich heraus, dass die Schuhabdrücke Absätze hatten. Die sind jedoch an antiken Sandalen nicht zu finden. Es waren also moderne Schuhe – und die Spuren sollen frappierend mit Carters Hacken übereingestimmt haben.

Extraterrestrische Waffe

Erst zwei Jahre nach der Öffnung der Sargkammer waren die Untersuchungen so weit fortgeschritten, dass man endlich die Leinenbinden löste, in die die Mumie des Pharaos eingewickelt war. Dabei stieß Carter auf das wertvollste Stück unter den zahllosen Grabbeigaben. Am rechten Oberschenkel des Pharaos lag, sozusagen griffbereit, unscheinbar zwischen all dem Geschmeide, ein 34 Zentimeter langer Dolch. Griff und Scheide aus Gold, der Knauf aus perfekt geschliffenem Bergkristall. Welche Feinde auch immer den jungen König im Jenseits erwarteten, das Messer wäre schnell zur Hand gewesen.

Das Besondere an der fast 3400 Jahre alten Waffe waren aber nicht Knauf oder Griff, sondern die Klinge. Zweischneidig – und aus Eisen! Ein Material, zu dessen Herstellung die

21 Aufbau des Grabes von Tutanchamun: Rechts oben liegt die eigentliche Sargkammer mit der Mumie des Pharaos in den ineinandergeschachtelten Sarkophagen. Nur hier sind die Wände geschmückt, in den anderen drei Kammern nicht – was sehr ungewöhnlich für ein Königsgrab ist.

Ägypter zu Lebzeiten Tutanchamuns gar nicht in der Lage waren. Erst im 6. Jahrhundert v. Chr., fast ein Jahrtausend nach Tutanchamuns Tod, beherrschten sie die Technik der Eisenverhüttung. Wahrhaft ein Mysterium. Auch war das Eisen nach all der Zeit nicht verrostet. Woher also kam das Material für die Klinge des Pharaonendolchs?

In Anatolien war man damals bei der Verarbeitung von Eisenerz aus Lagerstätten sehr viel weiter fortgeschritten. Es gibt Belege, dass Eisenobjekte als Tribute oder Geschenke an die Pharaonenhöfe kamen. Ausdrücklich erbat sich zum Beispiel der große Pharao Ramses II. ein eisernes Messer von seinem hethitischen Kollegen. War die Waffe im Grab Tutanchamuns also auch ein Geschenk aus Hattuscha, der hethitischen Hauptstadt im fernen Anatolien? Oder war das Material für die Klinge etwa buchstäblich vom Himmel gefallen?

22 Tutanchamuns Dolch lag sozusagen griffbereit auf dem rechten Oberschenkel der Mumie.

Eisenhaltige Meteoriten in Faustgröße sind in Wüstengebieten aufgrund ihres schweren Gewichts relativ einfach zu finden. Und dass die alten Ägypter den Unterschied zwischen den Materialien kannten, belegt die sprachliche Differenzierung im Neuen Reich, das die 18. bis 20. Dynastie umfasst. Es gibt Hieroglyphen, die ein »Eisen des Himmels« beschreiben (*bj³ n pt*), und andere für das meist aus Anatolien importierte und im Erzabbau gewonnene Eisen (*bj³ n rtnw*).

In alten Kulturen wurden Meteoriten als göttliche Botschaft angesehen, rund um die Welt, so etwa in Tibet, Mesopotamien oder bei den prähistorischen Hopewell-Leuten, die von 400 v. Chr. bis 400 n. Chr. im Osten Nordamerikas lebten. Oder auch bei den Inuit in Grönland. Sie alle stellten kleine magische Werkzeuge und rituelle Gegenstände aus »Himmelseisen« her. Doch erst seit einigen

Jahren werden Artefakte meteoritischen Ursprungs aus der Zeit vor der Eisenzeit detailliert wissenschaftlich analysiert.

So auch der Dolch, der im 14. Jahrhundert v. Chr. in Tutanchamuns Grab gegeben wurde. Besteht er wirklich aus »Himmelseisen«?

Der kosmische Dolch des Pharaos

Nach fast hundert Jahren Diskussion gelang in den Jahren 2016 und 2018 mithilfe einer zerstörungsfreien Röntgenfluoreszenz-Analyse (RFA) der materialanalytische Nachweis, dass die Klinge des Pharaonendolchs tatsächlich nicht von dieser Welt ist, sondern aus Meteoreisen besteht. Bei einer RFA wird die Oberfläche eines Objekts mit Röntgenlicht unterschiedlicher Wellenlängen bestrahlt, was die Atome zur Strahlung anregt. Dann wird die charakteristische Strahlung gemessen, die das Material nun wieder abgibt.

Etwa 5 Prozent aller Meteoriten sind sogenannte Nickel-Eisen-Meteoriten; wie der Name schon sagt, bestehen sie aus einer Legierung aus Eisen und Nickel, wobei Letzteres einen Gewichtsanteil von 5 bis 25 Prozent haben kann. Die verschiedenen RFA der fast 3400 Jahre alten Klinge aus dem Grab des Tutanchamun ergaben einen Nickelgehalt zwischen 11 und 13 Prozent. Was das angeht, würde der Dolch also perfekt zur Theorie des meteoritischen Ursprungs passen.

Doch unter Umständen reicht es nicht aus, den reinen Nickel-Anteil zu bestimmen. Denn Eisengegenstände können durch den Verwitterungsprozess enorme Mengen an Nickel verlieren. Das scheint beim Dolch des Tutanchamun zwar nicht der Fall gewesen zu sein, aber sicher ist sicher. Ein neuer geochemischer Ansatz konnte das Szenario vervollständigen. Man hatte nämlich entdeckt, dass eine kombinierte Untersuchung des Verhältnisses von Nickel/Eisen und Nickel/Kobalt aussagekräftiger ist, da dies sich bei Korrosion deutlich weniger verändert. Die Wissenschaftler bestimmten deshalb die Quoten dieser Elemente an mehreren Stellen des Objekts. Das Ergebnis: Der Dolch besteht neben den bereits erwähnten 11 bis 13 Prozent Nickel auch zu 0,6 Prozent aus Kobalt. Allein durch den hohen Nickelanteil lässt sich belegen, dass dieser Dolch kein irdisches Eisenobjekt ist, denn irdisches

23 Eiserne Klinge, goldener Griff und ein Knauf aus Bergkristall – der mysteriöse Dolch des Tutanchamun. Woher kam das Eisen?

24 Aufgeschnittener Eisen-Nickel-Meteorit mit der charakteristischen Widmanstätten-Struktur

Eisen ist weitgehend nickelfrei. Die Forscher konnten anhand der Konzentrationsverhältnisse der Elemente aber noch mehr herausfinden: Der Anteil an Nickel und Kobalt, so ihr Ergebnis, weise auf jene frühe Zeit hin, in der sich das Planetensystem bildete.

Die Erforschung der Herkunft von antikem Metall bleibt aber eine Suche nach der Nadel im Heuhaufen. Im Fall von Tutanchamuns Dolch suchte man sogar nach möglichen Überresten eines vor Jahrtausenden in der Atmosphäre zerbrochenen Meteoriten – und wurde in einer Datenbank tatsächlich fündig. Der Kharga-Meteorit, der rund 200 Kilometer westlich von Alexandria niedergegangen war und von dem man 2000 Fragmente entdeckt hatte, zeigte eine Zusammensetzung der Elemente Nickel und Kobalt, die der des Dolches entsprach.

Tutanchamuns Dolch könnte also aus einem Himmelskörper geschmiedet worden sein, von dem ägyptische Meteoritenjäger vor 3300 Jahren ein Bruchstück entdeckt hatten. Ein Team des Römisch-Germanischen Zentralmuseums analysierte zudem, dass alle Eisenobjekte aus dem Pharaonengrab – auch die 16 kleinen Meißelspitzen, ein goldener Armreif mit einem eisernen Amulett, das ein Horusauge darstellt, und die Kopfstütze, die direkt unter dem Nacken Tutanchamuns lag – aus Material gefertigt wurden, das aus dem Weltall stammt. Ein Nachweis, der nur durch die interdisziplinäre Zusammenarbeit zwischen Archäologie und Naturwissenschaften erbracht werden konnte.

Neue Röntgenuntersuchungen belegen noch Genaueres: Das Eisen aus dem All wurde wahrscheinlich nicht in Ägypten, sondern in Nordsyrien geschmiedet. Auch der Griff des Dolches ist wohl nicht in Ägypten gefertigt worden. Denn die Edelsteine wurden mit einer Kalkmasse eingeklebt, die im Land des Nils erst kurz vor Christi Geburt bekannt war. Und noch einen Hinweis gibt es, dass die edle Klinge ein Geschenk gewesen sein könnte. In den Amarna-Briefen, alten Schrifttafeln, ist von einem Eisendolch mit Goldgriff die Rede, ein Geschenk des Königs von Mitanni. Der Herrscher aus Nordsyrien, in dessen Reich kalkhaltiger Kleber bereits verwendet wurde, soll den Dolch Amenophis III., Tutanchamuns Großvater, übersandt haben.

Noch ein himmlisches Geschenk der Götter

Schwieriger wird es bei einem weiteren Fundstück: In einer Truhe entdeckte Carter eine auffällige goldene Brustplatte mit einem gelb-grünlich schimmernden Skarabäus, der den Sonnengott Re darstellt. Carter glaubte, dass der Käfer aus dem Quarzmineral Chalcedon gefertigt sei, das in ganz verschiedenen Weltgegenden vorkommt.

Erst 1998 konnte der italienische Mineraloge Vincenzo de Michele mittels einer Refraktometer-Untersuchung nachweisen, dass der Käfer aus geschliffenem libyschem Wüstenglas besteht. Und das gehört zur Kategorie Impaktglas. Das ist Quarzsand, der bei extrem großer Hitze und hohem Druck schmilzt, schnell wieder abkühlt und so zu einer glasartigen Masse erstarrt. Eine so enorme Hitze entsteht bei vulkanischen Tätigkeiten oder beim Einschlag von Meteoriten.

25 Ein Stück Wüstenglas. Man kann gut erkennen, dass es sich um ein Schmelzprodukt handelt.

26 In einer Truhe entdeckte Carter eine goldene Brustplatte, die mit einem auffälligen gelb-grünlich schimmernden Skarabäus geschmückt war. Der Skarabäus stellt den Sonnengott Re dar, wie er die Barke mit der Sonnenscheibe über das Himmelsgewölbe trägt. Ein Mysterium war zunächst das nicht bestimmbare Material, aus dem der Skarabäus gefertigt ist.

27 Graf László Almásy (1895–1951) war ein Entdecker, Saharaforscher und Pilot. Durch den Film »Der englische Patient« wurde er weltberühmt.

Bei einer Untersuchung mit dem Refraktometer wird die Änderung des Lichtbrechungsverhaltens genutzt: Edelsteine sind, genau wie der vermeintliche Chalcedon, den Carter im Skarabäus entdeckt haben wollte, transparente Mineralien; sie können also mit optischen Mitteln untersucht werden. Der Lichtbrechungsindex hängt dabei von Zusammensetzung und Dichte des zu untersuchenden Materials ab.

Das Wüstenglas-Vorkommen in der libyschen Wüste war bereits 1932 entdeckt worden, durch einen Zufall: Mitten in der Wüste ragten hier seltsame Glasobjekte aus dem Meer aus Sand. Der ungarische Graf László Almásy hatte damals im Zuge einer Kartografie-Expedition mit seinem Doppeldecker auch den Großen Sandsee überflogen, eine der trockensten Gegenden der Erde. Almásy lieferte übrigens die Vorlage für den Film »Der englische Patient«. Anders als im Kino dargestellt, starb er jedoch 1951 in einem Salzburger Krankenhaus an den Folgen der Ruhr. Auch die tragische Liebesbeziehung ist schlichtweg erfunden. Almásy war homosexuell.

Die Entstehung des libyschen Wüstenglases gibt noch heute Rätsel auf. Fakt ist, dass Wüstenglas, wie bereits erwähnt, durch Aufschmelzen und schnelles Abkühlen von Quarzsand entsteht. Vulkanismus als Ursache konnte inzwischen allerdings ausgeschlossen werden, denn Anzeichen für Vulkane an der Fundstelle fehlen gänzlich. Neue Studien gehen davon aus, dass es wahrscheinlich durch den extremen Druck eines großen Meteoriteneinschlags vor 30 Millionen Jahren gebildet wurde. Der Einschlag eines Himmelskörpers tief im Inneren der libyschen Wüste hätte die benötige Hitze erzeugen können. Nach dem Einschlagsort – dem sogenannten Impaktkrater, daher auch Impaktglas – sucht man bis heute allerdings vergeblich. Was jedoch nicht heißt, dass das Glas quasi ohne Hilfe aus dem All entstanden ist.

Schon 2013 wurde unter Fachleuten darüber diskutiert, ob nicht ein »Airburst« vor rund 28 Millionen Jahren die oberen Schichten des Wüstensands aufgeschmolzen haben könnte. Denn auch wenn ein großer Meteorit oder Komet in der Erdatmosphäre explodiert, kann genug Hitze freigesetzt werden, um die Erdoberfläche entsprechend aufzuheizen und zu zerstören. Einen Krater sucht man dann natürlich vergebens.

Man kennt einen solchen Airburst seit dem Tunguska-Ereignis im Jahr 1908. Damals war ein Meteor in großer Höhe über Sibirien ex-

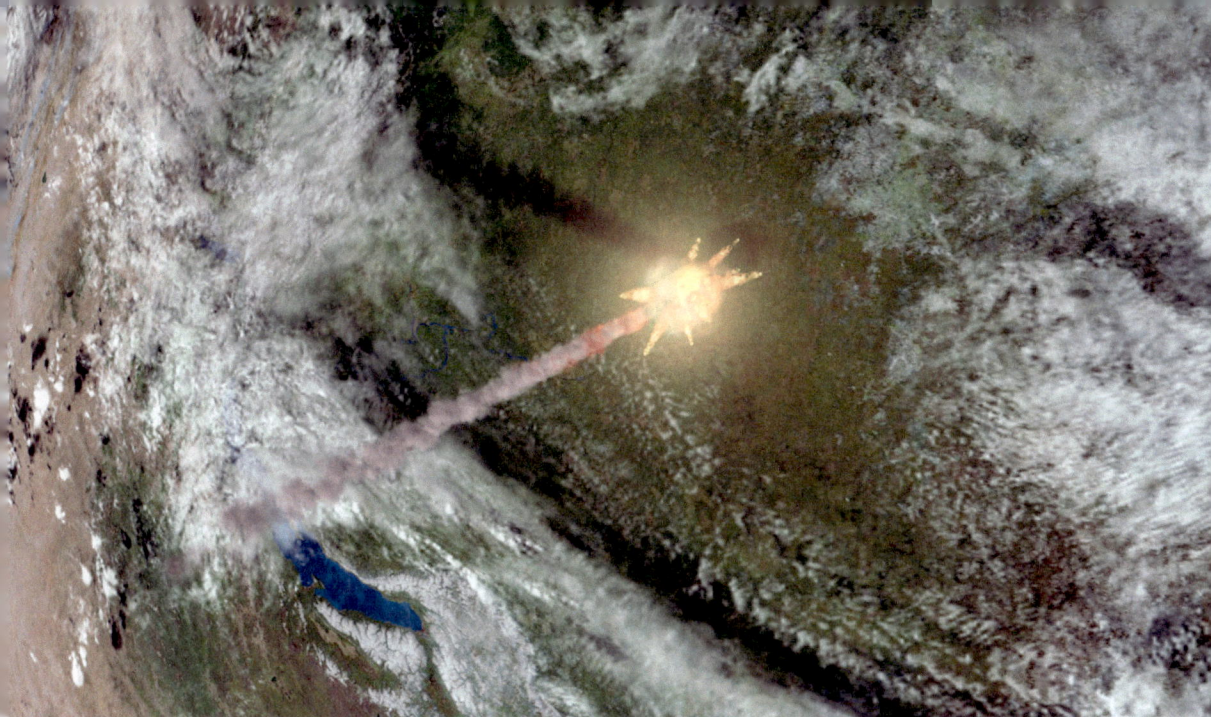

plodiert, hatte in einem Umkreis von 2000 Kilometern alle Bäume flachgelegt und das ganze Gebiet mit einem Schauer von Glaskügelchen beregnet. Ein Impaktkrater entstand dabei nicht.

Allerdings konnten kürzlich Spuren des Minerals Reidit in Proben von libyschem Wüstenglas nachgewiesen werden; das ist ein Hochdruckmineral, das nur von großen Meteoritenimpakten bekannt ist. Eine Explosion in der Atmosphäre allein kann den benötigten hohen Druck, der zur Bildung von Reidit aus Zirkoniumdioxid nötig ist, nicht erklären. Die Millionen Pascal, die es dafür braucht, kann nur ein direkter Einschlag erzeugen. Wo aber ist dann der Krater in der libyschen Wüste? Hat der Sand im Laufe der Jahrmillionen alles mit einer so dicken Schicht überdeckt, dass nichts mehr vom Einschlag zu erkennen ist?

Es bleibt ein Rätsel, ebenso wie die Frage, wie das Wüstenglas zum Pharao gelangte. War auch der Stein des Skarabäus ein Geschenk eines fremden Herrschers? Möglich, denn der Käfer auf der Brustplatte ist bisher das einzige Beispiel ägyptischer Kunst, wo dieses Mineral verwendet wurde. Bleibt nur ein Haken: Die Fundstelle liegt weit entfernt von den alten Karawanenrouten. Wie jemand vor Jahrtausenden abseits der Routen in den Besitz des Wüstenglases gekommen sein mag, ist eine gute Frage, auf die wir wohl kaum eine Antwort finden werden.

28 Illustration des Airbursts vom 30. Juni 1908 über der steinigen Tunguska in Sibirien. Feuerschein, Druckwelle und Donner wurden noch in über 500 Kilometern Entfernung wahrgenommen, die Druckwelle umrundete zweimal die Erde.

Die Kammer der schönen Stiefmutter?

Die gesamte Gruft des wegen seiner Schätze berühmtesten Pharaos Ägyptens einschließlich aller Kammern und Gänge ist gerade einmal 110 Quadratmeter groß. Nicht viel größer als eine moderne Drei-Zimmer-Wohnung. Seltsam klein für einen König. Zudem passt der Grundriss nicht zu den bekannten Mustern von Königgräbern. Schon früh kam daher der Verdacht auf, dass als Notlösung für den so plötzlich und unerwartet verstorbenen jungen Herrscher eine bereits bestehende Grabanlage schnell hergerichtet werden musste. Sozusagen ein Second-hand-Grab für den Pharao.

Auffällig ist, dass erstaunlich viele Beigaben offenbar für eine weibliche Tote gedacht waren: So zum Beispiel eine Schreibpalette mit der Kartusche Nofretetes. Überhaupt tragen viele Artefakte einen anderen Namen. Was hat es mit diesen Objekten im Grab auf sich, die ganz offensichtlich nicht für Tutanchamun hergestellt, aber für ihn umgearbeitet und neu beschriftet worden waren? Der britische Ägyptologe Nicholas Reeves schätzt, dass 80 Prozent der Beigaben nicht speziell für den jungen Pharao angefertigt wurden. Man musste die Kammern ja schnell füllen nach dem unerwartet frühen Tod des Königs, damit es ihm im Jenseits an nichts fehlte.

2015 spekulierte Reeves, das Grab des Tutanchamun sei in das größere Grab der einige Jahre vor ihm verstorbenen Nofretete hineingebaut worden. Die ob ihrer Schönheit berühmte Nofretete war als Erste Gemahlin seines Vaters Echnaton seine Stief- und gleichzeitig Schwiegermutter (Tutanchamun hatte eine Tochter von Nofretete und seinem Vater Echnaton geheiratet, also seine Halbschwester) und eventuell seine Vorgängerin als Pharaonin. Reeves' Theorie: Hinter den Wänden seiner Grabkammer müsse es weitere unentdeckte Räume geben. Dort läge, noch immer ungestört, zugemauert und versiegelt niemand anderes als die schöne Stiefmutter. Deren Grab bis heute nicht gefunden ist.

29 Nofretete, die schöne Stiefmutter Tutanchamuns. Wurde der unerwartet früh verstorbene König in einem Teil ihres Grabmals bestattet?

Selbst die bekannte Totenmaske aus Gold könnte Tutanchamun nur »übernommen« haben, wie Reeves in einer früheren Forschungsarbeit darlegt. Bereits mit bloßem Auge sind verschiedene Goldschattierungen sichtbar. Die Maske wurde also nicht komplett aus dem gleichen Material hergestellt. Laut Reeves' Untersuchungen wurde sie nachträglich umgearbeitet, da sie ebenfalls für Tutanchamuns Vorgänger und damit eventuell Nofretete bestimmt gewesen sei. Denn die Ohren weisen Löcher auf, was auf früheren Ohrschmuck hindeuten könnte – und damit auf eine Frau.

Die Zunft der Altertumswissenschaftler geriet in helle Aufregung – und die halbe Welt mit ihr. Und bis heute geht der Wissenschaftskrimi weiter. Reeves war Leiter des »Amarna Royal Tombs Project«, dessen Mitglieder nach neuen Gräbern im Tal der Könige suchen. Seine Schlussfolgerungen zu Tutanchamuns Ruhestätte stammen jedoch nicht aus der Feldarbeit, sondern gehen auf eine Initiative zur Erhaltung von Kulturgütern zurück. Im Jahr 2009 hatte die spanische Organisation »Factum Arte« die gesamte Wandfläche von Tutanchamuns Grabkammer gescannt und die hochaufgelösten Bilder frei verfügbar ins Netz gestellt. Reeves verbrachte mehrere Monate damit, sie genau zu studieren.

30 Die berühmte Totenmaske Tutanchamuns – deuten die Ohrlöcher auf Nofretete hin?

Während Carter sich noch auf seinen Instinkt und seine Beobachtungsgabe verlassen musste, identifizierte Reeves auf den hochaufgelösten Scans einige Furchen unter den Farbschichten der Wandfläche, die sich seiner Meinung nach nicht auf natürliche Unregelmäßigkeiten des Gesteins zurückführen lassen. Stattdessen sieht er darin die Spuren von zwei weiteren Türöffnungen, die zugemauert und übermalt wurden.

Die Euphorie erfasste auch die ägyptische Altertumsbehörde. Sie gab die Erlaubnis zu verschiedenen zerstörungsfreien Bodenradaruntersuchungen. »Mit einer 90-prozentigen Wahrscheinlichkeit ist da irgendetwas hinter der Wand«, befeuerte der Professor für Ägyptologie und damalige ägyptische Altertumsminister Mamduh al-Damati bei einer Pressekonferenz in Luxor Hoffnungen auf eine archäologische Sensation.

31 Hinter den Wänden der Sargkammer werden noch weitere Räume vermutet. Aufnahmen von Hochleistungsradargeräten scheinen diese These zu bestätigen.

Bei einer solchen Messung mit dem Bodenradar werden elektromagnetische Wellen in den Boden oder in Wände gesendet, um Laufzeit und Amplitude der reflektierten Signale zu registrieren. Die von einer Antenne auf der Oberfläche erzeugte Welle breitet sich in der Wand oder im Boden aus und wird an Grenzen zwischen verschiedenen Materialien reflektiert. Es werden dabei auch tiefer liegende Schichten erfasst, da an den einzelnen Materialgrenzen immer nur ein Teil der Welle reflektiert wird. Strukturen unter einer Oberfläche werden mittels Bodenradar so detailreich wie mit keinem anderen Verfahren abgebildet. Zudem sind Aussagen zur Tiefe der erfassten Strukturen möglich. Da die Methode sehr gut auf versiegelten Flächen eingesetzt werden kann und je nach Antenne Eindringtiefen von mehreren Metern ermöglicht, eignet sie sich insbesondere für den Einsatz zur Erkundung unterirdischer massiver Baubefunde. Damit ist sie ideal für archäologische Fundstellen.

Ein japanisches, ein US-amerikanisches und ein italienisches Team gingen der Sache physikalisch nach. Und fanden hinter den Wänden – nichts. Das Antikenministerium verkündete offiziell, es gäbe keine geheimen Kammern hinter den Wänden von Tutanchamuns Grab, keine Hohlräume. Schluss mit den Spekulationen!

Doch Reeves gibt nicht auf. Kürzlich legte er eine 48 Seiten starke Studie mit Fakten und Indizien vor. Er glaubt nach wie vor, auf den Wänden von Tutanchamuns Sargkammer feine Linien und Übermalungen entdeckt zu haben; diese verwiesen eindeutig auf vor rund 3400 Jahren vermauerte Durchgänge. Und wenn es Korridore zu weiteren Kammern gab, so Reeves, dann wären diese sicher nicht leer, sondern ebenfalls mit Schutt gefüllt. Also wäre da auch kein Hohlraum, den man mit Radarmessungen nachweisen könne.

Seine Hypothese wird von neuen Spuren untermauert: Statt mittels Bodenradar vom Inneren der Grabkammer Tutanchamuns heraus zu suchen, wie das die drei erfolglosen Teams getan haben, wurde das Areal von der Erdoberfläche aus nach etwaigen Hohlräumen abgescannt. Und wie es scheint, wurde man tatsächlich fündig, wie das Fachblatt *Nature* in seiner Onlineausgabe berichtet.

32 Die reich verzierten Wände der Sargkammer zeigen dem britischen Ägyptologen Nicholas Reeves zufolge feine Risse, die auf einen Durchgang zu weiteren Räumen hinweisen – der Grabkammer Nofretetes?

Reeves' neue Form archäologischer Entdeckungen »per Computerbildschirm« findet zunehmend Liebhaber, je hochauflösender die Aufnahmen sind, die man im Internet herunterladen kann. Der moderne Archäologe verlässt seinen Schreibtisch kaum mehr, um atemberaubende Erkundungen vor Ort zu machen und Geheimnisse zu lüften, zumal nicht in Zeiten von Covid-19. Immerhin hat Reeves erreicht, dass die Wissenschaftler sich heftig streiten und die halbe Welt gespannt ist, ob die ägyptischen Behörden noch weitere physikalische, also zerstörungsfreie Untersuchungen zulassen. Denn dass sie einfach ein Loch in die verdächtige Wand schlagen, wie einst Carter – diese Zeiten sind dank stärkerer Beachtung des Befundes, also des Fundzusammenhangs, und der naturwissenschaftlichen Möglichkeiten Geschichte. Wobei – einen definitiven Beweis kann nur eine Öffnung der Wand bringen. Da kann es einem schon in den Fingern jucken ...

Ein anderes Rätsel werden wir wohl nie aufklären können: Welche Kostbarkeiten lagen noch im Grab des Pharaos, die Carter *nicht* auflistete? Was hat er alles den ägyptischen Behörden verschwiegen? Welche Pretiosen verschwanden aus Ägypten? Kostbarkeiten, die in der atemberaubenden Menge von 5389 geborgenen und registrierten Grabbeigaben fürs Jenseits niemand vermisste?

33 Einsatz eines Bodenradars an der Oberfläche. Bei einem solchen Scan über dem Areal der Grabkammer wurden wohl tatsächlich Anzeichen für weitere Hohlräume gefunden. Es bleibt also spannend.

Hübsche Legenden und nette Geschenke

Heute, ein Jahrhundert später, werden grundsätzliche Bedenken an Carters Version seiner weltberühmten Entdeckung angemeldet. Und es gibt Beweise. Auch dank Harry Burtons Fotos wissen wir, dass es Objekte gibt, die nicht in Carters Fundlisten aufgeführt sind. Dafür tauchten Stücke in Museen auf, unter anderem in New York und Paris, die eindeutig aus dem Grab des Tutanchamun stammen. Namhafte Archäologen bezweifeln zunehmend Carters Schilderungen über eine vermeintliche Beraubung im Altertum und werfen stattdessen ihm die Entwendung von Gegenständen aus dem Grabschatz vor.

Was anfangs nur ein vager Verdacht war, hat sich inzwischen durch starke Indizien bestätigt. Das Szenario in der Nacht vom 26. November 1922 sieht höchstwahrscheinlich so aus: Nachdem Carter und Carnarvon die »wunderbaren Dinge« durch das eingeschlagene Loch gesehen hatten, stiegen sie noch in derselben Nacht in die Vorkammer und brachen den Durchgang zur Sargkammer auf. Danach verbargen sie bis zur offiziellen Öffnung das Einstiegsloch unten in der Wand unter Schilf und Korbdeckel. Die Ehrengäste sahen nur eine grob angefertigte Holztreppe vor dem Durchbruch rechts

34 Tal der Könige, 1922. Das Bild vereint einige der Protagonisten dieses Archäologie-Abenteuers (v. l.): Carters Assistent Arthur Callender, Lady Evelyn, Howard Carter, Lord Carnarvon, Konservator Alfred Lucas und Fotograf Harry Burton.

35 Howard Carter und sein Jahrhundertfund – trotz aller Schattenseiten des schillernden Selfmade-Archäologen ist es seinem Instinkt und seiner Beharrlicheit zu verdanken, dass sich dieses bedeutende Fenster in die Vergangenheit für uns aufgetan hat.

unten. Und bereits bei diesem ungenehmigten Eindringen verstießen sie gegen die Grabungslizenz, betrogen die ägyptische Altertumsbehörde und könnten handliche Stücke an sich genommen haben.

Carters Darstellung der Fundgeschichte wurde später auch von dem Konservator Alfred Lucas, wie Burton bis zum Schluss Mitglied des Teams, als Fake entlarvt. 1947, acht Jahre nach Howard Carters Tod, veröffentlichte er einen Bericht in *Annales du service des antiquités de l'Égypte*, demzufolge sein Chef zugab, Türen durchbrochen und hernach mit einem antiken Siegel wieder täuschend echt verschlossen zu haben.

Ironie der Geschichte: Diese täuschend echten Versiegelungen nahmen die ägyptischen Behörden als Beweis, dass die Grabkammer unberührt sei und ihnen deshalb der gesamte Grabschatz ungeteilt gehöre.

Auch Lord Carnarvon selbst, seine Tochter und sein Bruder erwähnen in aufgetauchten Briefen das vorzeitige Eindringen in die Grabkammer. Und sowohl nach seinem als auch Howard Carters Tod fanden sich in beider Nachlass Objekte, die dem Grabschatz aus KV 62 entstammen müssen, aber nicht registriert worden waren. Preziosen, die verdächtig nach Diebesgut aus dem Grab Tutanchamuns aussehen.

Bei einigen Entwendungen kennen wir heute sogar die Empfänger: Zwei goldene Falkenköpfe, die direkt auf der mit 20 Litern Salböl verklebten Haut der Mumie lagen, zerbrachen beim Abnehmen. Carter sammelte die Stücke ein und schenkte sie seinem Zahnarzt. Auch der Blumenkragen mit blauen Fayence-Perlen zerfiel beim Berühren. Nur die Perlen blieben unbeschadet. Carter schenkte sie großzügig seiner Sekretärin. Der *Spiegel* will wissen, dass sie in einem sächsischen Museum landeten.

Einmal wurde Carter allerdings erwischt: Ägyptische Kontrolleure entdeckten eine bemalte Büste, versteckt in einer Kiste mit Rotweinflaschen, bereit zum Abtransport – ohne Registriernummer. Carter redete sich heraus. Nach dem Urteil, dass alle Funde dem ägyptischen Staat gehörten, war das eindeutig versuchter Diebstahl.

Antiquitätenhändler Carter

Bis heute ist das Grab des jungen Pharaos geheimnisumwittert. Bis heute wissen wir nicht mit Sicherheit, ob und was sich hinter den Wänden seiner Sargkammer verbirgt. Ob das Grab wirklich für ihn bestimmt oder es ein Second-hand-Grab war. Ob hinter der Nordwand die Mumie Nofretetes liegt. Und ob es bereits im Altertum ausgeraubt wurde. Wenn ja, was ließen die Diebe mitgehen? Und was Carter? Was geschah genau in der Nacht des 26. November 1922?

Einiges, wie die Legende vom »Fluch«, lässt sich erklären. Ebenso die Zusammensetzung des Eisendolchs: Materialanalysen beweisen, das Eisen stammt aus dem Weltall. Auch wurde durch Gen-Analysen festgestellt, wer Tutanchamuns Eltern waren und dass die schöne Nofretete seine Stiefmutter war. Seiner Todesursache ist man ebenfalls auf der Spur. Neue Untersuchungsmethoden wie Radarscans werden eingesetzt, die zerstörungsfreie »Ausgrabungen« erlauben. Selbst Autopsien geschehen heute virtuell. So werden Stück für Stück die Rätsel gelöst und zeigen uns das märchenhafte Bild einer

36 Carter verdiente sein Geld auch mit Antiquitätenhandel – praktisch, wenn man direkt an der Quelle sitzt.

großen versunkenen Kultur. Der fantastische Grabschatz, der uns noch heute in seinen Bann zieht, hat seinen Glanz auch auf seinen Entdecker Howard Carter geworfen und ihn zum leuchtenden Gegenüber von Heinrich Schliemann gemacht. Aber dieser funkelnde Glanz hat dunkle Flecken. Wie auch der des gefeierten Troja-Entdeckers, der bei der Bergung des berühmten »Priamos-Schatzes« ähnlich freimütig vorging, als seien die Funde sein Eigentum.

Dass Carter sein Geld auch mit Antiquitätenhandel großzügig vermehrte, wird gern verschwiegen. Heute weiß man: Er manipulierte Fotos, fälschte die Funddokumentation und betrog die ägyptische Antikenbehörde. Die Details sind erst in Ansätzen aufgedeckt. Aber es gibt erdrückende Beweise.

Fest steht: Allein im Metropolitan Museum liegen heute rund zwanzig Gegenstände, die mutmaßlich aus dem Schachtgrab KV 62 stammen, ebenso wie im Brooklyn Museum, in Cleveland, in Paris im Louvre oder in Kansas City, wie jüngst der Nachrichtensender BBC berichtete. Alles kleinformatige, handliche Stücke, die in keinem Verzeichnis Carters auftauchen, zum Teil mit der Namenskartusche Tutanchamuns. Mit Auskünften zu den strittigen Kostbarkeiten halten sich die Museumsdirektoren zurück. Darüber wird in der Zunft nicht gern gesprochen. Dank einer international organisierten Kunstmafia floriert das Geschäft mit Antiquitäten. Von Angkor Wats geraubten Statuen zu den antiken Stätten im Nahen Osten. Heute sind vor allem Krisengebiete wie Syrien und der Irak betroffen. Luftbilder der Ausgrabungsorte zeigen von Kratern übersäte Mondlandschaften, durchlöchert wie ein Schweizer Käse, gebuddelt von Antikenräubern. Finanzstarke Privatpersonen aber auch Museen kaufen manche Stücke um jeden Preis ohne sich die Herkunft verifizieren zu lassen. Nur ein sehr kleiner Bruchteil – 2,1 Prozent – der auf dem deutschen Markt angebotenen Objekte soll aus früheren offiziellen Ausgrabungen stammen. Wobei Deutschland eine unrühmliche Rolle spielt als »Waschanlage« für antike Raubkunst. Dass dabei auch Museumsleiter beteiligt sind, zumindest angesprochen werden, sehen wir in Deutschland zum Beispiel bei der Himmelsscheibe von Nebra

37 Die Himmelsscheibe von Nebra und der Berliner Goldhut wurden von Raubgräbern entdeckt.

38 Diese Stücke aus dem Nelson-Atkins Museum in Kansas City stammen aus dem Grab des Tutanchamun. Carter listete sie nicht auf und schenkte sie mutmaßlich seinem Chirurgen.

oder dem Berliner Goldhut, die beide aus Raubgrabungen stammen, aber glücklicherweise durch den beherzten Einsatz der Museumsdirektoren für uns gerettet werden konnten.

Doch zumindest in Ägypten, ausgelöst durch die Streitigkeiten der Teilung zwischen Staat und Carter/Carnarvon, endete die bisherige Aufteilung »zu gleichen Teilen« und damit der offizielle Export in Fremdländer: Seit 1923 bleiben alle Funde im Eigentum des ägyptischen Staates. Die Ausfuhr von Altertümern wurde vollständig untersagt. Der Anfang vom Ende einer Ära rücksichtslosen Kulturgütertransfers. Noch heute, hundert Jahre später, wird darüber in der aktuellen Rückführungsdebatte heftig diskutiert.

Ja, Carter war wahrscheinlich im rechtlichen Sinn ein Dieb und Betrüger. Wenn wir versuchen, ihn aus seiner Zeit heraus zu verstehen – was keine Entschuldigung sein soll –, machte er das, was fast alle Ausgräber in den damaligen Kolonien machten. Etliche glaubten, ein selbstverständliches Anrecht auf einen Teil der Beute zu haben, und betrachteten die Ausgrabungsstätten als Selbstbedienungsläden. Heute verhärtet sich der Verdacht, dass Howard Carter darüber hinaus gezielt trog und täuschte.

Und doch: Dieser besessene Autodidakt, dieser schnauzbärtige Dickschädel, schenkte uns einen atemberaubenden Traum. Den Traum von einem märchenhaften Schatz, der Wirklichkeit wurde – und im Gedächtnis der Menschheit bleiben wird.

9 Gab es eine Menschheit vor der Menschheit?

---

1 Was hier aussieht wie die Kulisse einer frühen Folge von »Raumschiff Enterprise«, ist eine »insta-fähige« Nachbildung des Mount Baigong für die Foto-Posts der Touristen – mit offenem Höhleneingang.

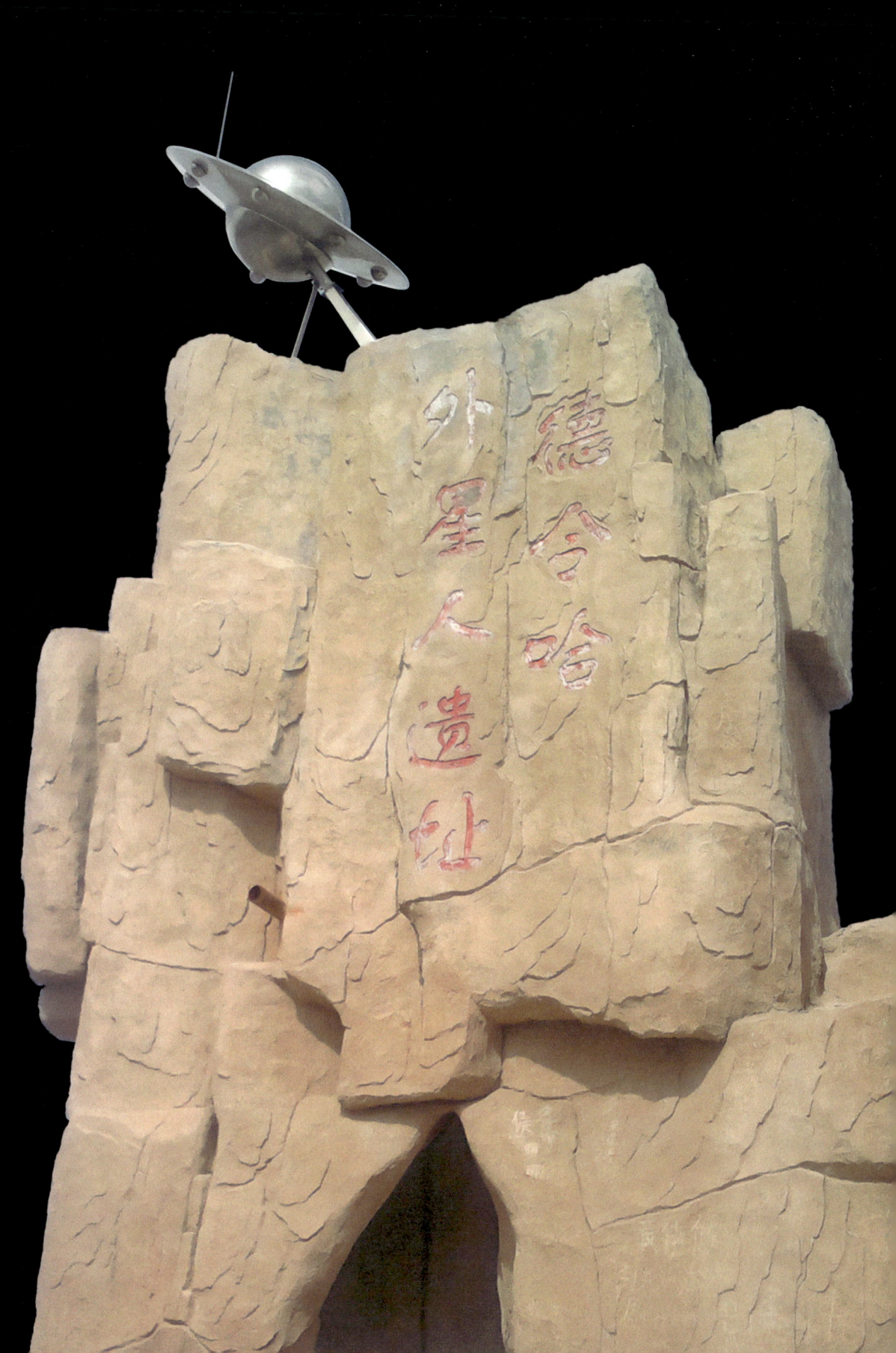

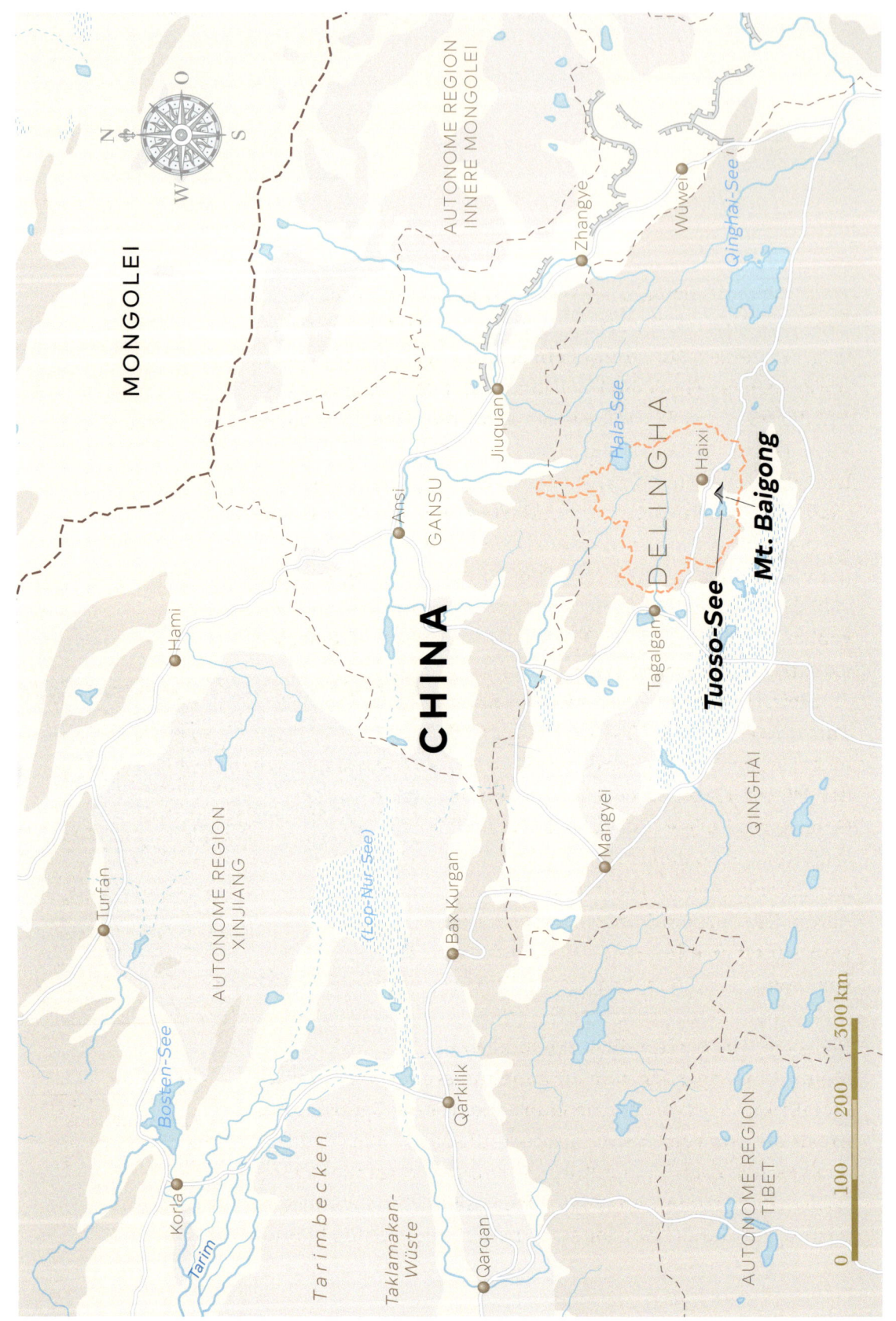

Wer auf die baldige Ankunft von Außerirdischen auf der Erde hofft, wartet vergebens: Sie sind schon wieder weg, vermeldet *Der Spiegel* am 8. Juli 2002 leicht ironisch. Ihr Besuch fand auf dem Dach der Welt statt – wo auch sonst. Auf der höchsten Hochebene der Erde, die offiziell Qinghai-Tibet-Hochebene heißt und in der chinesischen Provinz Qinghai liegt. Gestartet sind sie von einem Hügel, der – glaubt man den Einheimischen – den Gästen aus dem All einst als UFO-Abschussrampe diente, als Tor in die Galaxien. Die pyramidenförmige Erhebung des Mount Baigong wird als »ET-Relikt« bezeichnet, der gesamte, inzwischen wegen angeblicher Einsturzgefahr abgesperrte Bereich als »ET-Areal«, als extraterrestrisches Areal.

Gleich neben der »Pyramide« liegt der Tuosu-See, der den Tibetern heilig und einer der größten abflusslosen Salzseen der Welt ist, umgeben von der Wüste Gobi. Berg und See sind Fundorte von Artefakten, die zu den rätselhaftesten und scheinbar ungeheuerlichsten weltweit gehören. Die dort entdeckten mysteriösen verrosteten Eisenrohre könnten auf eine vor langer Zeit verschwundene Kultur hinweisen – oder gar auf außerirdische Besucher. Und so war die Umgebung des Mount Baigong, nach dem die geheimnisvollen verwitterten Metallröhren inzwischen benannt sind, vor der Sperrung des Areals Ziel von Verschwörungstheoretikern aus aller Welt, die auch gern mal ein kleines Rohr mitnahmen. Sogar das chinesische Touristenamt im nahen Delingha warb mit dem Mysterium, der Handel mit den seltsamen Eisenobjekten blühte.

2 An der Fernstraße nahe des Mount Baigong gibt es sogar ein offizielles Hinweisschild auf die geheimnisvollen Hinterlassenschaften vermeintlicher Außerirdischer.

Das Geheimnis der drei Höhlen

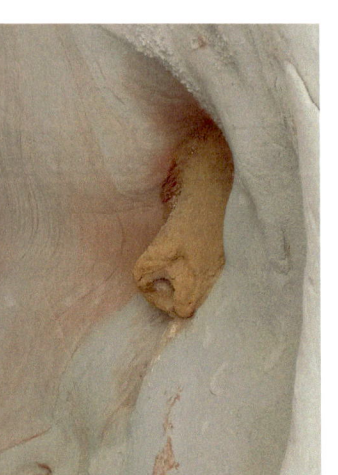

3 Vorgeblich 150.000 Jahre alte Eisenrohre – Hinterlassenschaften einer unbekannten Zivilisation?

Alles begann 2001, als eine Gruppe US-amerikanischer Wissenschaftler auf der Suche nach Dinosaurier-Fossilien die Gegend um den Mount Baigong erkundete. (Andere Quellen behaupten, ein chinesischer Archäologe habe die rostigen Eisenobjekte schon viel früher entdeckt.) Fasziniert melden die US-Forscher den Behörden in der 40 Kilometer nordöstlich gelegenen Stadt Delingha ihre Entdeckung: In einem 60 Meter hohen pyramidenförmigen Hügel waren sie auf Höhlen gestoßen. Eine davon hat einen dreieckigen Eingang, durch den sie in eine 6 Meter hohe Höhle gelangten. Von der Decke der Höhle bis zu ihrem Ende tief im Berg erstrecken sich seltsame Röhren von etwa 40 Zentimetern Durchmesser, die offenbar mit einer hoch entwickelten Technik fixiert seien und wie Metallröhren oder unsere modernen Rohrleitungen aussähen.

Doch es wird noch spannender: Vom Berg führten unterschiedlich große Rohre zum nahen, nordwestlich liegenden Tuosu-See, auch hier teils bis zu 40 Zentimeter im Durchmesser, selbst unter Wasser und am Ufer liegen welche, manche so dünn wie eine Kugelschreibermine.

4 Die Höhle im Berg Baigong mit den nach offizieller Schätzung 150.000 Jahre alten Eisenrohren. Angeblich wegen Einsturzgefahr ist der Höhlenzugang heute verschlossen. Manche Trophäenjäger hält das allerdings nicht auf.

5 Aus der Höhle verlaufen die Röhren zum Tuosu-See und dort teilweise unter Wasser weiter.

Die Amerikaner überreichen den offiziellen Stellen einige dieser Röhren als Beweisstücke. Dann geschieht erst mal: nichts. Xinhua, die streng kommunistisch ausgerichtete Nachrichtenagentur der chinesischen Zentralregierung, berichtet erst am 16. Juni 2002 von der »Pyramide« und der Entdeckung der Rohre. Chinas Nachrichtenmonopolist ist die größte und einflussreichste Medienorganisation der Volksrepublik mit Hunderten aus- und inländischen Büros. »Reporter ohne Grenzen« nennt sie die größte Propagandaagentur der Welt.

Yang Ji, Forscher der Akademie für Sozialwissenschaften, sagt im Interview mit Xinhua, die Anlage könnte von intelligenten Wesen gebaut worden sein. Von Aliens oder einer früheren, bislang unbekannten Hochzivilisation? Professor Yang Ji ist für beides offen, betont aber, nur mit wissenschaftlichen Methoden könnten diese Fragen geklärt werden. Die Gerüchte über Besucher aus dem All oder eine versunkene, vergessene Kultur auf unserem Planeten sind da längst in der Welt.

Erst rund fünf Jahre später, am 25. Mai 2007, versucht sich ein Geologe der chinesischen Earthquake Administration an einer Erklärung, die weniger mysteriös klingt: Zheng Jiadong glaubt, dass unterirdisches Magma bei seinem Aufstieg an die

6 Vulkanismus – hier 2010 am Eyjafjallajökull in Island – fördert Magma aus dem Erdinneren an die Oberfläche.

Oberfläche eisenhaltige röhrenartige Objekte gebildet haben könnte. »Diese Rohre sind teilweise hochradioaktiv«, sagte er gegenüber *Peoples Daily*, einer der zwei größten Tageszeitungen der Volksrepublik.

Das hört sich doch sauber naturwissenschaftlich an. Geologische Untersuchungen ergeben allerdings keine alten Vulkantätigkeiten. Könnte Magma denn auch ohne Vulkanausbruch durch Risse nach oben steigen und bei der Abkühlung radioaktive Röhren bilden?

Radioaktive Knetmasse

Magma (griechisch μάγμα, »Paste« oder geknetete Masse) ist eine Mischung aus geschmolzenem Gestein sowie aus flüchtigen (CO_2), flüssigen (H_2O) und festen Bestandteilen (Mineralien), die man unter der Erdoberfläche findet. Neben geschmolzenem Gestein enthält Magma also auch Wasser, frei schwimmende Kristalle, gelöstes Gas und manchmal Gasblasen. Es sammelt sich oft in Magmakammern, die Vulkane speisen. Magma ist in der Lage, mit sehr hohem Druck in umliegendes geschmolzenes Gestein einzudringen. Tritt Magma durch Vulkane aus, wird es Lava genannt. Bei explosiven Ausbrüchen wird die Lava durch hohen Gasdruck im Vulkanschlot in feine Partikel (Asche) und größere Brocken zerfetzt (Pyroklasten). All diese vulkanischen Lockerstoffe aus fragmentierter Lava nennt man Tephra.

Magma ist eine komplexe hochtemperierte, oft zähflüssige (viskose) Substanz, die dort entsteht, wo Hitze und Druck im Erdinneren sehr hoch sind. Bei Temperaturen zwischen 700 °C und 1600 °C schmilzt das Gestein zu einem Brei, der durch Ritzen und Spalten an die Erdoberfläche drängt. Sammelt sich das Magma in einem Hohlraum nahe der Oberfläche, kann es zusätzlich von außen mit Grundwasser, aber auch mit Kieselsäure, die vom umliegenden Gestein abgeschmolzen wird, angereichert werden. Wasser- und Kieselsäuregehalt sind ausschlaggebende Faktoren für das Potenzial einer Eruption. Ist der Wasseranteil hoch, steigen die Dampfblasen ungehindert durch die dünnflüssige Lava auf und verursachen hohe Feuerfontänen beim Ausbruch. Je geringer der Wasseranteil des Magmas, umso dickflüssiger ist die Lava.

Und was ist jetzt mit Radioaktivität? Tatsächlich sind radioaktive Anteile im Magma nichts Ungewöhnliches. Vulkanforscher haben sogar herausgefunden, dass manche Feuerberge kurz vor einem Ausbruch radioaktive Stoffe ausstoßen – Luftmessungen könnten daher ein gutes Frühwarnsystem sein. Das radioaktive Isotop Polonium-210, dessen Konzentration die Forscher in der Luft gemessen haben, entsteht beim radioaktiven Zerfall des Gases Radon-222. Und es ist auch in vulkanischem Magma enthalten, die Menge kann hier allerdings stark schwanken.

Also, ja, Magma könnte diese seltsamen Röhren geformt haben. Und ja, auch eine gewisse Radioaktivität könnte darauf zurückzuführen sein. Die Sache hat nur einen Haken: In der Region ist keinerlei vulkanische oder magmati-

7 Wenn flüssiges Gestein erstarrt, können sich ganz erstaunliche Formen bilden.

sche Aktivität bekannt. Außerdem gibt es dort Erdölvorkommen, was ebenfalls gegen eine vulkanische Aktivität in den letzten Jahrmillionen spricht. Öl und Erdgas stehen unter der Erde unter Druck. Hätte es vulkanische Aktivitäten gegeben, dann wäre das Öl durch neu entstandene Öffnungen und Schlünde an die Oberfläche getreten. Es schlummert aber immer noch tief darunter.

Die mysteriösen 8 Prozent

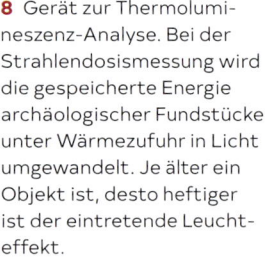 Im Juni/Juli 2014 wird das Material mehrerer herumliegender Röhren experimentell in der Gießerei von Delingha untersucht. Die Analyse des leitenden Ingenieurs Liu Shaolin ergibt: Es besteht zu 92 Prozent aus Eisenoxid mit zugleich einem erheblichen Anteil an Siliziumdioxid und Kalziumdioxid. Liu Shaolin sagt, dass diese chemische Reaktion des enthaltenen Eisens mit dem hohen Gehalt an Siliziumdioxid und Kalziumdioxid nur nach sehr langer Zeit eintritt.

Doch noch spektakulärer sind die restlichen 8 Prozent: Die Wissenschaftler können nicht sagen, um was für ein Material es sich handelt. Wie kann das sein?

Wie schon gesagt, es gibt im Periodensystem der Elemente keine Lücken. Es mag zwar noch unbekannte Mineralien

8 Gerät zur Thermolumineszenz-Analyse. Bei der Strahlendosismessung wird die gespeicherte Energie archäologischer Fundstücke unter Wärmezufuhr in Licht umgewandelt. Je älter ein Objekt ist, desto heftiger ist der eintretende Leuchteffekt.

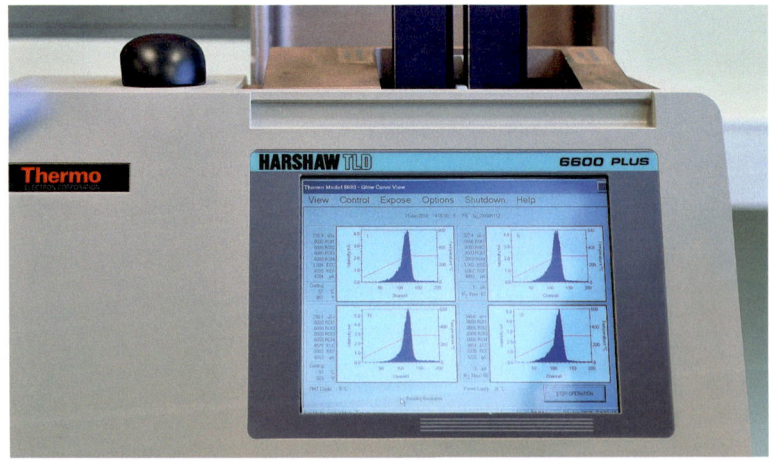

geben, also Verbindungen von Metallen und Nichtmetallen in verschiedenen Formen, aber deren Zusammensetzung lässt sich leicht herausfinden. Sie werden einfach so lange erhitzt, bis sie sich in ihre Einzelteile auflösen. Die einzelnen Bestandteile können dann durch massenspektroskopische Verfahren exakt den jeweiligen Grundbausteinen, also den jeweiligen chemischen Elementen, zugeordnet werden. Wurden die Röhren also einfach nicht gründlich genug untersucht?

Nach Liu Shaolins grober Einschätzung, dass die Dinger ziemlich alt sein müssen, wollen die Wissenschaftler in der Hauptstadt es nun ganz genau wissen. Das Geologische Institut Peking bestimmt das Alter der verwitterten Röhren mit der sogenannten Thermolumineszenz-Methode. Das Ergebnis der Datierung ist eine Sensation: Sie sind 150.000 Jahre alt und höchstwahrscheinlich *nicht* natürlich entstanden. Die Wissenschaftler sind fassungslos: das ist unmöglich! Denn zu dieser Zeit gab es noch keine uns bekannte menschliche Kultur im Gebiet südlich der Wüste Gobi. Und erst recht keine, die Eisen schmieden konnte.

Könnte es sein, dass hier schon lange vor dem modernen Menschen eine fortschrittliche Zivilisation existierte – eine Menschheit vor der Menschheit sozusagen?

9 Im Querschnitt sind die Röhren hohl, mit einem harten Eisenrand. Manche sind so dünn wie eine Kugelschreibermine, andere haben einen Durchmesser von 40 Zentimetern.

Eine »Lost World«?

Am 19. Juni 2014 publiziert die chinesische Nachrichtenagentur Xinhua das überraschende, unglaublich erscheinende offizielle Alter der Rohre. Doch wer hat sie gefertigt? Stammten die Erbauer tatsächlich aus fernen Welten oder längst vergangenen Zeiten? Liegen hier, am Mount Baigong, auf dem Dach der Welt, Zeugnisse prähistorischer Menschen, deren Zivilisation und Technologiewissen verloren gegangen ist? Eine »Lost World«?

Begierig werden alle Meldungen über die wundersamen »Baigong-Röhren« oder »Baigong-Pipes«, wie sie auch genannt werden, von Verschwörungstheorien zugeneigten Me-

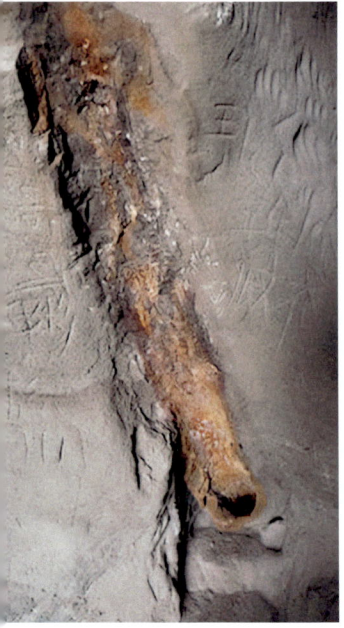

10 Die mit einer angeblich hoch entwickelten Technik angebrachten Rohre in der 6 Meter hohen Höhle verlaufen tief in den Berg hinein.

dien aufgenommen und verbreitet. Für UFO-Gläubige ist klar: Hier haben sich einst Außerirdische niedergelassen! Und als sie wieder in die unendlichen Weiten des Universums entschwanden, ließen sie die Röhren, Befestigungsmaterial und die pyramidenförmige Abschussrampe zurück.

Kein schlechter Ort für ein Tor ins All: Ein 3200 Meter hohes, unbesiedeltes Plateau mit klarer, dünner Luft und einem emporragenden Berg als Landmark. Besser gehts kaum, was will man mehr als Alien?

Tatsache ist: Die Rohre sehen aus wie hohle rostige Eisenleitungen mit einem harten runden Rand. Mit ihren 150.000 Jahren sind sie viel älter als jede menschliche Besiedlung in der Region.

Und deswegen gibt es ein kleines Problem: das Alter der Metallrohre passt nicht zu der gängigen Lehrmeinung, dass der modern denkende Mensch, also der Homo sapiens, erst vor 80.000 Jahren auf dem tibetischen Hochplateau auftauchte und die früheste Besiedlung der Gegend durch Nomaden erst vor 30.000 Jahren stattfand. Könnten die Messergebnisse des Geologischen Instituts falsch sein?

Kosmische Strahlen

✴ Die Pekinger Geologen hatten ja die Thermolumineszenz-Methode bei ihrer Untersuchung angewandt. Das ist eine Technik, mit der man feststellen kann, wann ein kristallines Mineral das letzte Mal einer Wärmequelle ausgesetzt war. Bei dieser Strahlendosismessung wird ein archäologisches Fundstück erhitzt, sodass die darin befindliche Energiemenge in Licht umgewandelt wird und eine messbare »Lumineszenz« eintritt. Dieses Datierungsverfahren funktioniert deshalb, weil in Mineralien gespeicherte Energie unter Wärmezufuhr in Licht umgewandelt wird. Je älter ein Objekt ist, desto heftiger ist der eintretende Leuchteffekt.

Zur präzisen Altersbestimmung wird die Probe im Labor erhitzt, einer dosierten Strahlenmenge ausgesetzt und die entstandene Lichtmenge gemessen. Damit kann anschließend die Strahlenmenge bestimmt werden, der die Probe zum Zeitpunkt ihrer erstmaligen Hitzeeinwirkung in der Vergangenheit ausgesetzt war. Diese Strahlenmenge wird dann mit der Strahlenmenge am Fundort verglichen. Vorausgesetzt, dass die dort gemessene Strahlenmenge dieselbe ist, wie jene zum Zeitpunkt der letzten Bestrahlung oder Feuereinwirkung des Objekts, kann man nun am Verhältnis dieser beiden Mengen das Alter der Probe berechnen. Mit einer Genauigkeit von +/– 10 Prozent.

Die Sache hat allerdings so ihre Tücken. Denn für diese Methode eignen sich nur Fundstücke von Ausgrabungen, nicht aber Oberflächenfunde. Befindet sich ein Objekt an der Oberfläche, ist es stärker

11 Thermoluminiszenz am Beispiel von zwei Flussspat-Brocken

der kosmischen Strahlung ausgesetzt als ein tief unter der Erde lie-
gender Gegenstand. Die kosmische Strahlung beeinflusst die Energie,
die in einem Fundstück gespeichert ist. Und schon kann es nicht mehr
korrekt datiert werden.

Werden Oberflächenfunde wie die seltsamen Röhren durch das
Thermolumineszenz-Verfahren datiert, erscheinen sie weitaus älter
als archäologische Funde, die aus der Erde geborgen werden, wo sie
vor Sonnenlicht geschützt waren.

Solange wir also nicht wissen, unter welchen Bedingungen die
Experimente in Peking durchgeführt wurden, kann das Alter von
150.000 Jahren nicht als sicher angenommen werden. Und damit
wäre die »Sensation« wie ein Luftballon nach einem Stich mit einer
Nadel geplatzt.

Der Streit um die Deutung

Trotzdem bleibt die Frage, was das für mysteriöse
Rohre sind. Nicht nur Verschwörungstheoretiker sind
fasziniert von den Funden, auch etablierte Naturwissen-
schaftler beteiligen sich am Kampf um die Deutungshoheit.
Inzwischen haben die offiziellen chinesischen Stellen den Tou-
rismus zum Mount Baigong vollständig untersagt. Die neue
Strategie ist: Den Ball flach halten – und die Einschätzung
einer renommierten Universität verbreiten, der man kaum
zu widersprechen wagt.

Im tausend Kilometer entfernten Yinchuan beschäftigt
sich der Geologieprofessor Wen Jinlin mit dem rätselhaften
Phänomen der rohrförmigen Strukturen. Er lehrt an der Ning-
xia-Universität, die zu den dreißig Spitzenuniversitäten Chinas zählt. Vor einiger Zeit konnte er mit Erlaubnis der Regierung die Eisenrohre in den Höhlenwänden *in situ* inspizieren.
Auch eine nahegelegene Insel durfte er erkunden. Dort stieß
Wen Jinlin ebenfalls auf eine dieser seltsamen Röhren, wie es
sie auch in der Baigong-Höhle gibt. Sie ragte mitten aus einem
Erdhügel. Vorsichtig kratzte er den Inhalt der Röhre auf einen
sauberen weißen Bogen Papier.

12 Ein versteinerter
Baumstamm im Petrified
Forest Nationalpark in
den USA.

Bei der Untersuchung fand der Geologe das für ihn entscheidende Indiz: Im Inneren haben sich kleine Holzsplitter erhalten. Statt an Relikte von Außerirdischen oder von einer vergangenen Hochkultur glaubt er, die Röhren seien die Überreste urzeitlicher Bäume. Aber wieso sind sie dann eisenhaltig?

Der Professor argumentiert, dass die Bäume nach dem Absterben in den See gefallen und im Sediment versunken seien. Dort sei Kohlenstoff aus dem Baum entwichen, Eisenoxid aus der Umgebung habe sich angereichert. Das Wurzelinnere sei verrottet, die hohlen rohrförmigen Zylinder blieben zurück.

Tatsächlich war das Qaidam-Becken in früheren Zeiten ein subtropisches Gebiet mit reichlich Vegetation. Die Röhren könnten ganz natürlich über die Jahrtausende entstanden sein. Wen Jinlin ist überzeugt: Die wundersamen Leitungsrohre sind schlichtweg fossilisierte Baumwurzeln. Und genau das ist jetzt Chinas offizielle Lesart! Eine Lesart, der nicht alle chinesischen und ausländischen Wissenschaftler zustimmen, obwohl ein ähnliches Phänomen auch aus der Pfalz bekannt ist: Die »Blitzröhren« unterhalb der Burgruine Battenberg sind röhrenförmige Eisenschwarten, die mit losem Sand verfüllt sind. Den Namen erhielten sie, weil man früher glaubte, sie seien durch Blitzeinschlag entstanden.

13 Die »Blitzröhren von Battenberg« sind ein seltenes geologisches Vorkommen, das als Naturdenkmal eingestuft wurde – eine mineralogische Erscheinung nach Versinterung, ein Eisenoxidgemisch.

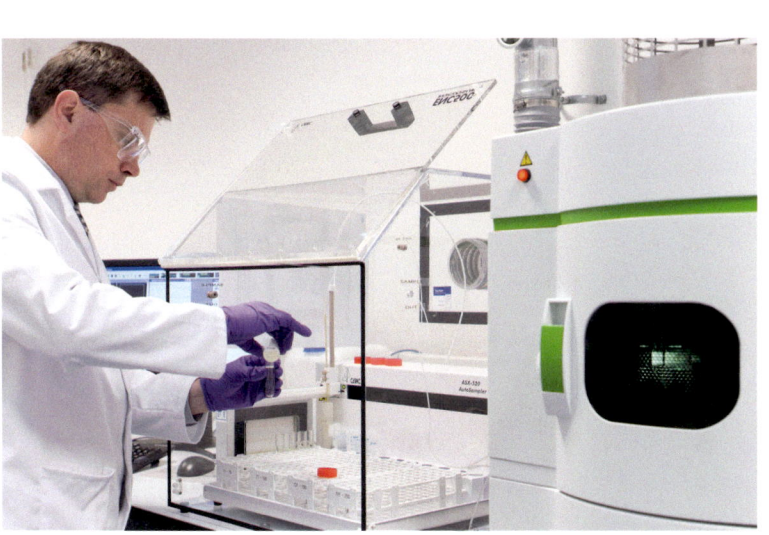

14 Wissenschaftler beim Vorbereiten einer Probe für die Atomemissionsspektroskopie

Und noch etwas anderes stützt anscheinend die Theorie von Wen Jinlin. Bereits vor Jahren sollen chinesische Wissenschaftler mithilfe der Atomemissionsspektroskopie – also leicht aufwendiger als Wen Jinlin auf seiner Insel mit dem Blatt Papier – festgestellt haben, dass die »Baigong-Röhren« organische Stoffe pflanzlichen Ursprungs enthalten. Also alles doch von dieser Welt und natürlichen Ursprungs?

Eine uralte versunkene Zivilisation?

Genau diesen natürlichen Ursprung hatten die Wissenschaftler vom Geologischen Institut Peking zunächst ja »höchstwahrscheinlich« ausgeschlossen. Und sind damit in bester Gesellschaft. Nicht nur im Fall der »Baigong-Röhren« wird im Zusammenhang mit rätselhaften Funden, die nicht in unsere gängige Menschheitschronologie passen, darüber spekuliert, ob es nicht vor langer, langer Zeit schon einmal eine menschliche Zivilisation auf unserer Erde gab, deren Spuren weitge-

15 Gab es eine sintflutartige Katastrophe, die unsere unbekannten Urahnen auslöschte?

hend verschwunden sind. Das auch unter Wissenschaftlern vehement diskutierte Gedankenexperiment bringt es aktuell bei Google auf 33 Millionen Ergebnisse.

Was war vor Noah und der Sintflut, von der uns die Bibel berichtet und davor die älteste erhaltene Erzählung der jetzigen Menschheit, das Gilgamesch-Epos, das sich wiederum aus noch älteren Quellen speist? Starben die ersten Erdbewohner zusammen mit den Dinos vor 66 Millionen Jahren, wie eine Theorie vermutet? Oder hat sich nach einer weltumspannenden Katastrophe eine kleine Gruppe in Afrika erhalten? Der Kern unserer heutigen Menschheit, Noahs Erben sozusagen?

Die Geschichte zeigt: Große Zivilisationen gehen auch und vor allem an sich selbst zugrunde. Dafür braucht es nicht unbedingt einen Asteroid-Einschlag. Dafür reichen falsche Entscheidungen, wie sie die frühen Bewohner der Osterinsel getroffen haben, oder die Maya oder die Induskultur vor 4000 Jahren, deren Untergang durch Übervölkerung und übermäßige Ausnutzung vorhandener Ressourcen verursacht wurde.

Aber gehen wir mal davon aus, dass eine Katastrophe eine frühere Menschheit ereilt hat: Was für ein Ereignis könnte das gewesen sein? Eine Pandemie? Eine vorsintflutliche Pest, die nicht wie im 14. Jahrhundert in Europa »nur« ein Drittel der Bevölkerung dahinraffte, sondern gleich alle? Ein weltweiter Atomkrieg? War eine neue Waffe wie die Neutronenbombe über den Erdball gerast, die alles Lebende zu Staub zerbröselte? Erlebten unsere namenlosen Ahnen Meteoriten-, Asteroiden- oder Kometeneinschläge, die nicht nur Dinosaurier, sondern auch Menschen auslöschten?

Handfeste Beweise für die Existenz einer längst vergangenen, unbekannten hoch entwickelten Zivilisation gibt es nicht wirklich. »Beweise« wie die Paluxy-River-Spuren in Texas – vermeintlich menschliche Fußabdrücke in dinozeitlichen Gesteinsschichten –, sind höchst umstritten. Seriöse Wissenschaftler erklären diese Abdrücke mit Auswaschungen im Gestein, für Anhänger der »verbotenen Archäologie« sind sie einmal mehr ein Beleg dafür, dass unterdrückt wird, was nicht sein darf.

16 Am Paluxy River in Texas kreuzen sich menschliche Fußspuren mit denen von Dinos – glauben jedenfalls Kreationisten und Anhänger der »verbotenen Archäologie«. Vermutlich waren hier einfach nur kleinere Dinos unterwegs.

Doch haben sich vielleicht Hinweise auf eine längst versunkene Kultur im menschlichen Gedächtnis erhalten? Wie der renommierte Ägyptologe Jan Assmann im Zusammenhang mit Mozarts Freimaurertum und der »Zauberflöte« so schön formuliert: Haben sich »... uralte labyrinthische Verirrungen, die in die Tiefe der Zeit führen und an den Ursprung des Wissens«, erhalten? Archetypische Erinnerungen an längst vergangene Zeiten, gespeichert im kollektiven Bewusstsein? Was ist mit der Erinnerung an Dinosaurier, die als Drachen und Lindwürmer in unseren Märchen und Sagen weiterleben? Oder mit den Geschichten vom untergegangenen Atlantis und eben der Sintflut und dem Überleben einer kleinen Gruppe um Noah? Könnte das nicht doch auf eine Menschheit vor der Menschheit hindeuten?

Wir wissen es nicht. Und Nichtwissen ist seit jeher ein fruchtbarer Humus für Verschwörungstheorien.

Dr. Who in China

Stimmt, etwas nicht zu wissen veranlasst so manche zu grundlosen Spekulationen. Aber zugleich ist dieses Nichtwissen auch ein Motor für Gedankenexperimente, die sehr wohl einen ernsten Hintergrund haben und nicht selten auch Konsequenzen für die wirkliche Welt.

Die »verbotene Archäologie« spielt ja eher nur mit der Vorstellung von einer uralten, womöglich goldenen Zeit, in der große Geister und fürchterliche Monster, quasi in einer Tolkien-artigen Welt neben- und gegeneinander leben. Und weil viele unserer Märchen und Sagen von einer solchen Zeit künden, machen die Parawissenschaftler eben gewesene Wirklichkeit daraus. Und reden von einer Menschheit vor unserer Menschheit.

Nun, dass solche Gedankenspiele durchaus ihren Reiz haben, zeigen die beiden Physiker Adam Frank, Professor für Physik und Astronomie an der University of Rochester, und Gavin Schmidt, Leiter des NASA Goddard Institut for Space Studies. Sie haben sich die Frage gestellt, ob es möglich wäre, dass im Laufe der 4,5 Milliarden alten Geschichte unseres Planeten schon einmal eine hoch entwickelte Zivilisation lange vor den Menschen die Erde bevölkert hat und ob wir irgendwo Anzeichen einer solchen Zivilisation erkennen können.

In Anlehnung an die bekannte Sci-Fi-Serie »Dr. Who« haben die beiden Wissenschaftler ihre Arbeit, die sie jüngst in der Fachzeitschrift *International Journal of Astrobiology* veröffentlichten, als die »Silurianer-Hypothese« betitelt. Silurianer sind in der TV-Serie hoch entwickelte Lebewesen, die die Erde vor etwa 400 Millionen Jahren bevölkerten.

Frank und Schmidt untersuchen, ob die mögliche Existenz von unbekanntem intelligentem Leben aus Urzeiten in Gesteinen und Sedimenten aufzuspüren ist. Da stellt sich zunächst die Frage, ob nach so langen Zeiträumen auf einem Planeten mit Oberflächenaktivitäten überhaupt

17 Ein Silurianer aus der TV-Serie »Dr. Who« – hoch entwickelt und schon 400 Millionen Jahre vor uns auf der Erde

noch Reste einer solchen Zivilisation erkennbar sein können. Auf der Erde ist ja ständig so einiges in Bewegung, da gibt es tektonische Prozesse wie Vulkanismus, Bewegungen der ozeanischen Kruste, mechanische Wechselwirkungen von kontinentalen Platten und ähnliches mehr.

Aber nehmen wir mal an, die Oberflächenaktivitäten hätten in den vergangenen Jahrmillionen nicht alle Spuren vernichtet. Dann bleibt immer noch die Frage, nach welchen Spuren wir suchen sollten. Was könnte uns verraten, ob eine solche frühe Zivilisation existiert hat?

Und das führt uns zu einem Thema, das aktueller kaum sein könnte. Ob es um den Schutz von Ökosystemen, um Modelle des zukünftigen Weltklimas oder auch um die Suche nach Zivilisationen im fernen Weltall geht – all dies lässt sich auf eine entscheidende Frage zurückführen: Wie verändert eine technisierte Zivilisation den Planeten?

Unser ökologischer Fußabdruck

Die Geschichte unseres Planeten ist in einer geologischen Abfolge im Boden eingeschrieben und wird deshalb in verschiedene Zeitalter eingeordnet. Wir leben gerade in der Erdneuzeit innerhalb der Epoche

18 Gebäude und andere Hinterlassenschaften holt sich die Natur recht schnell zurück, wie hier in Pripjat bei Tschernobyl. Die freigesetzte Strahlung nach nuklearen Unfällen bleibt unserer Nachwelt wesentlich länger erhalten.

des Holozäns, die vor 11.700 Jahren begann. Das Holozän umfasst die nacheiszeitliche Warmzeit. Es ist gekennzeichnet durch die Wiedererwärmung des Klimas seit dem Ende der letzten Eiszeit und damit einhergehend mit einer entsprechenden Veränderung der Vegetation. Außerdem haben sich die Küsten im Nord- und Ostseegebiet verschoben. Solche sogenannten Transgressionen sind das Ergebnis eines relativen Meeresspiegelanstiegs.

Wir Menschen haben im Holozän eine rasante Entwicklung durchlaufen, vom Jungpaläolithikum bis in die Gegenwart. Angeregt durch den eminent großen Einfluss, den der Mensch durch seine inzwischen globalen technischen und industriellen Aktivitäten auf die Erde nimmt, plädieren einige Forscher dafür, ein neues Zeitalter namens »Anthropozän« einzuführen. Frei übersetzt bedeutet Anthropozän menschengemachtes Zeitalter.

Zwar werden unsere sterblichen Überreste, Städte und Bauten in Millionen Jahren längst zu Staub verfallen sein. Dazu kommt, dass die Erde nicht so dicht besiedelt ist, wie es uns vorkommt. Eventuell intakte Artefakte, die von unserer Existenz zeugen, müssten also erst mal entdeckt werden. Doch die massiven Eingriffe in die Umwelt, die wir seit der Industriellen Revolution vorgenommen haben, werden noch lange Spuren in der Erdgeschichte hinterlassen. Durch die landwirtschaftliche Nutzung und die Rodung von Wäldern lösen wir eine starke Bodenerosion aus, die geologisch wahrscheinlich noch lange nachweisbar sein wird. Mit anderen Worten: Wir verewigen unseren Einfluss auf die Erde in Form eines nachweisbaren ökologischen Fußabdrucks. Das zeigt sich nicht zuletzt beim Thema Plastik. Die weltweit enorm hohe Kunststoffproduktion könnte dazu führen, dass sich eine Schicht Plastik auf dem Meeresboden bildet und dort lange bestehen bleibt. Dazu kommt unser hoher Verbrauch an fossilen Brennstoffen, der auf den natürlichen Kohlenstoffkreislauf einwirkt.

19 Plastikmüll hat kein Verfallsdatum – er zersetzt sich nicht, sondern wird nur kleinteiliger.

Wenn damals ist wie heute

Die Pointe an dem Gedankenexperiment »Menschheit vor der Menschheit« ist die Vermutung, dass frühere Zivilisationen vor Jahrmillionen ebenso wie der moderne Mensch einen ökologischen Fußabdruck hinterlassen haben könnten, dessen Spuren im Gestein und Sediment zu finden wären. Also nach dem Motto: Wenn die damals so waren, wie

20 Gigantische Löcher – der Tagebau Hambach, die größte Braunkohlegrube Europas

wir es heute sind, dann könnte von deren Werken und Wirken eben doch auch etwas übrig geblieben sein.

Ein solcher Aktualismus-Ansatz – es war früher so wie heute – hat in den Erdwissenschaften insgesamt durchaus Tradition, denn warum sollten wir heute geologisch in einer besonderen Ära leben? Und unsere aktuelle Wirkung auf den Planeten hat ja auch eine gewisse Zwangsläufigkeit für die Vorgehensweise einer technisch entwickelten Kultur: Technik benötigt die Manipulationskraft aus natürlichen Rohstoffen, um künstliche Objekte, also Artefakte, zu schaffen, und sie benötigt Energie. Eine in Gedanken existierende globale »Menschheit vor der Menschheit«, hätte demnach genauso wie wir vor allem eines: Hunger nach Energie. Und da nun einmal die gespeicherte Energie in den fossilen Rohstoffen so hoch ist, müssten eben auch vor einigen Millionen Jahren existierende Kulturen Gas, Öl und Kohle verbrannt haben, um überhaupt entsprechende Technologien zu entwickeln, die auch heute noch im Boden nachweisbar wären.

21 Das Perpetuum mobile gibt es leider nicht – unsere Vorgänger hätten also auch mit Energiebedarf und Verschleiß umgehen müssen.

Klimawandel vor 56 Millionen Jahren

Mit anderen Worten: Die Naturgesetze waren damals dieselben wie heute, und Lebewesen, die sich diese Gesetze irgendwie zunutze machen wollten, wären mit den gleichen Beschränkungen konfrontiert gewesen, wie wir es heute sind. Da gibt es zum Beispiel das Problem, dass jede noch so perfekt gebaute Maschine Wärmeverluste erleidet, dass es also eben kein Perpetuum mobile gibt, das nach einmaligem Anstoßen für immer weiterläuft. Und auch der Verfall und Verschleiß von Materialien hätte sich damals genauso wenig verhindern lassen wie heute.

Schmidt und Frank nehmen die Gegenwart als Anhaltspunkt für ihre Suche nach Spuren, nach Artefakten längst vergangener Zivilisationen. Aber solche Anzeichen finden sich bis heute in keiner geologischen Untersuchung.

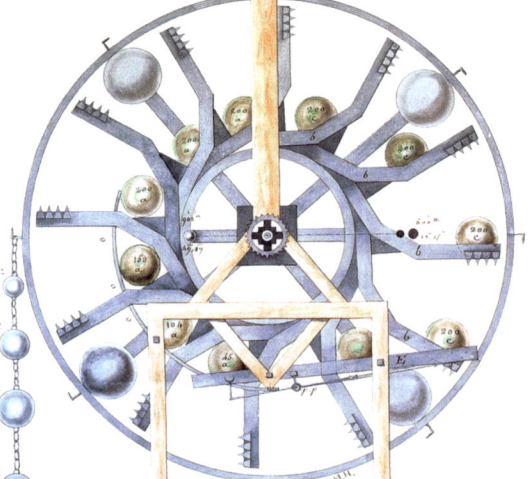

Es gibt in der Erdgeschichte allerdings Ereignisse wie etwa eine urzeitliche Erderwärmung, deren Ursachen Forscher sich nicht erklären können: Vor rund 56 Millionen Jahren fand ein Klimawandel statt, der Parallelen zum heutigen aufweist. Auch damals ging die globale Erwärmung mit einem Anstieg von Treibhausgasen einher. Ebenso führte eine erhöhte Menge an CO_2 in der Atmosphäre zu einer Versauerung der Ozeane. Inwieweit diese urzeitliche Erderwärmung möglicherweise durch intelligente Lebewesen mitbeeinflusst wurde, bleibt reine Spekulation. Man hat eben bisher überhaupt keine Anzeichen für eine hoch entwickelte Zivilisation vor dem modernen Menschen gefunden.

Aber das kann ja noch werden. Und wie könnten diese Spuren jetzt aussehen? Deutlich mehr Sedimentablagerungen durch Erosion an Land sowie Häufungen seltener technischer Metalle und radioaktiver Elemente in den Ablagerungen könnten Anzeichen sein. Man könnte auch mineralische Baumaterialien wie Ziegel, Beton oder Glas entdecken, die zwar über Jahrmillionen verändert wären, aber immer noch eindeutig als künstlich auffallen würden. Erdwissenschaftler würden solche Spuren sehr schnell als etwas Außergewöhnliches erkennen. Eine globale Zivilisation würde außerdem enorme Mengen solcher Materialien erzeugt haben. Sicher ist das jedoch nicht. Ob eine technisierte Zivilisation nach Jahrmillionen noch auffällt, hängt auch davon ab, wie verschwenderisch sie mit ihren Ressourcen umgegangen ist.

22 Am Ende des Paläozäns gab es ebenfalls einen Klimawandel. Waren dafür Lebewesen verantwortlich, die zwischen Riesenvögeln und primitiven Säugern bisher unentdeckt blieben?

Die heutige Menschheit jedenfalls dürfte mit ihrem enormen Energieverbrauch, den drastischen Veränderungen von Atmosphäre, Ozeanen und Biosphäre und nicht zuletzt den von ihr erbauten 30 Billionen Tonnen Gebäude und Technik die Erdoberfläche noch sehr lange prägen. Man hat nämlich inzwischen festgestellt, dass die von uns geschaffene Technosphäre in der Tat einen gigantischen Umfang erreicht hat. Gleichmäßig verteilt, entspräche dies einer Last von 50 Kilogramm auf jedem Quadratmeter der Erdoberfläche. Und die Vielfalt der menschengemachten Objekte übertrifft bereits die heutige biologische Artenvielfalt, wie Forscher 2016 in einem Artikel der *Anthropocene Review* berichteten.

23 Atommülllager in der Wüste von Utah, USA. Unsere strahlenden Abfälle dürften noch für lange Zeit nachweisbar bleiben.

Und klarerweise würde eine ähnliche agierende »Menschheit vor der Menschheit« mit einer solchen technologischen Wirkungskraft die Kohlenstoff-, Stickstoff- und Energiekreisläufe ähnlich drastisch verändert haben, wie wir das im Anthropozän machten und immer noch tun.

Aber vielleicht sind »die von damals« etwas sparsamer zu Werke gegangen oder haben völlig andere Energiequellen und Materialien verwendet. Allerdings kennen wir alle chemischen Elemente, und auch bei den Energiequellen verbleibt eigentlich nur noch die Kernfusion als mögliche, aber von uns technisch noch nicht genutzte Variante.

Für die beiden Forscher sind ihre Spekulationen und Hypothesen aber vor allem im Hinblick auf andere Planeten und mögliche dortige

24 Experimenteller
Fusionsreaktor im Culham-
Zentrum für Fusionsenergie
in England. Zur Energie-
erzeugung können wir
die Kernfusion leider noch
nicht nutzen.

Technikspuren vergangener Kulturen wichtig. Es wäre nach ihren
Schlussfolgerungen immerhin denkbar, dass bei Sedimentbohrungen
auf fremden Planeten eines Tages auch nach solchen Spuren gesucht
werden könnte.

Der zunächst als etwas verrückt wirkende Gedanke über die Möglichkeit einer »Menschheit vor der Menschheit« hätte dann also doch
fruchtbare Konsequenzen. Allerdings sollte man bitte eines nie vergessen: Es ist logisch unmöglich zu beweisen, dass es etwas *nicht* gibt.
Aber man kann sich durch intensive Indizienarbeit, wie es zum Beispiel in der Kombination aus Erdwissenschaften und Archäologie
der Fall ist, der Wahrheit annähern.

Überall oder nur in Afrika?

25 Der 6 bis 7 Millionen
Jahre alte Sahelanthropus
tchadensis gilt als ältester
Vertreter der Gattung
Homo – unser Vorfahr.

Auch bei einer Menschheit vor der Menschheit hätte man ja fragen
können, wo kam die denn her? Man kann ja immer fragen, woher
etwas kommt. Und in der Tat sind die Geburtsfragen die interes-
santesten in der Wissenschaft. Woher kommen die Menschen,
also insbesondere der Homo sapiens? Ist der überall ähnlich auf der
Erde entstanden, haben er und sie sich aus Vorgängern entwickelt?
Sicher ist, die Erde war ja schon über 4,5 Milliarden Jahre alt, als
der Mensch seinen aufrechten Gang übte. Die Frage ist nur, wo er
damit anfing.

Zwei Hypothesen werden diskutiert zur Herkunft des »wissenden
Menschen«. Da gibt es einerseits das »multiregionale« oder »poly-

26 Eine Rekonstruktion des sogenannten Turkana-Boys, eines Homo-erectus-Fundes aus Kenia, im Neanderthal-Museum in Mettmann

phyletische Modell« (MRM) und andererseits das »Out Of Africa« (OOA) oder »monogenetische Modell«. Die einzige Gemeinsamkeit der beiden Modelle findet sich im vermeintlichen Vorfahren des heutigen Menschen, im Homo erectus. Der breitete sich vor etwa 1,5 Millionen Jahren von Afrika über die Alte Welt aus, von Europa über den Vorderen Orient bis nach Neuguinea. Das belegen Fossilfunde.

Nach der Theorie des »multiregionalen Modells« entstanden »regionale Gründerpopulationen«, aus denen regional unterschiedliche Abkömmlinge hervorgingen. In Europa zum Beispiel entwickelte sich der Neandertaler, der für die meisten den »Steinzeitmenschen« schlechthin verkörpert. Wo und wann aber tauchte der moderne Mensch auf, der heute alle Kontinente besiedelt, und was wurde aus dem Neandertaler und den anderen Nachfolgern des Homo erectus?

Nach der Theorie des »multiregionalen Modells« ging der feingliedrige, leichte Homo sapiens aus den regionalen Homo-erectus-Nachfolgern hervor. Der Neandertaler wäre demnach unser Vorfahr, eine Zwischenstufe in der Entwicklung zum modernen Menschen. Das galt lange als gesichert.

Die multiregionale Theorie kann auch erklären, wie die heute bestehenden anatomischen Unterschiede, etwa die stärker vorstehende Nase bei Europäern oder das flachere Gesicht bei Asiaten, entstanden sind. Diese typischen Merkmale entwickelten sich aus den anatomischen Merkmalen der Gründerpopulationen. Dem entsprechend entstand der heutige Mensch also »gleichzeitig« in vielen verschiedenen Teilen der Welt. Die große genetische Ähnlichkeit aller modernen Menschen erklärt das Modell durch gelegentliche Kreuzungen einzelner Mitglieder benachbarter Gruppen.

Die Verfechter der »Out Of Africa«-Hypothese gehen hingegen davon aus, dass der Homo sapiens nur einmal entstand, und zwar in Afrika. Von hier aus kam es zum zweiten großen Exodus der menschlichen Gattung, der Homo sapiens verbreitete sich über die Welt. Homo sapiens und Homo neanderthalensis lebten mehrere 10.000 Jahre nebeneinander in zeitlicher und räumlicher Nachbarschaft, bis der Neandertaler vor etwa 35.000 Jahren verschwand. So erging es den »Eiszeitjägern« auch in den anderen Regionen der Welt. Wie dieses Aussterben in der Praxis aussah, lässt sich bisher nur vermuten.

Nach dem OOA-Modell sind die vorhandenen regionalen anatomischen Unterschiede der heutigen Menschengruppen erst in den letzten 100.000 Jahren entstanden. Die »multiregionale Variante« geht hingegen von 1 Million Jahre für diese geografische Diversifikation aus.

27 Der Neandertaler war etliche 10.000 Jahre unser Nachbar, bis er vor 35.000 Jahren ausstarb. Hat der moderne Mensch ihn auf dem Gewissen, wie so viele andere Arten?

Die molekulare Uhr

Gibt es überhaupt eine Möglichkeit die beiden Theorien zu überprüfen? Wie auch bei anderen Fragen der historischen Rekonstruktion tritt auch hier immer deutlicher die genaue Materialanalyse in den Vordergrund. Unter der Annahme, dass die Gesetze der Natur unveränderlich sind, sind es insbesondere die Bausteine der Materie, die praktisch unbestechliche Augenzeugen der jeweiligen historischen Situationen darstellen. Bei Lebewesen sind diese elementaren Bausteine einzelne Abschnitte im Erbgut. Und in der Tat: Erbgutanalysen von Menschen auf allen Kontinenten haben hier doch zumindest eine deutliche Tendenz in ihren Ergebnissen erbracht – für das »Out of Africa«-Modell.

28 Mitochondrien sind die Kraftwerke unserer Zellen. Sie besitzen eine eigene DNA.

Bei den Untersuchungen wurde nicht nur das Erbgut moderner Menschen miteinander verglichen, sondern auch prähistorisches Material mit heutigem. Von besonderer Bedeutung ist dabei das Erbgut der Mitochondrien in menschlichen Zellen. In Mitochondrien wird die Energie der Zellen gewonnen. Sie stellen Organellen dar, die sich aller Wahrscheinlichkeit einer Endosymbiose verdanken. Mit anderen Worten, in der Entwicklung des Lebens waren Mitochondrien ursprünglich selbstständige Bakterien, die aber von einem Bakterium aufgenommen wurden und seitdem in Symbiose in den Zellen leben. Dabei hat sich der wichtige Umstand ergeben, dass sie über eigenes Erbgut verfügen, die sogenannte mitochondriale DNA (mtDNA). Sie wird jeweils nur über die Mitochondrien der Weibchen einer Art vererbt, denn sie entstammt der weiblichen Eizelle. Das männliche Spermium liefert nur Kern-DNA. Das heißt, die mtDNA wird nicht durch »Fremd«-DNA eines männlichen Paarungspartners verändert. Veränderungen an der mitochondrialen DNA sind deshalb nur durch Mutationen bedingt und nicht durch genetische »Beimengungen« des Partners. Ist durch eine entsprechend gute Statistik die Variabilität der Mutationsrate bekannt, kann man anhand der Unterschiede in den Sequenzen eines nah verwandten Organismus berechnen, wann die Auftrennung der beiden Arten von einem gemeinsamen Vorfahren stattgefunden hat. Die mtDNA funktioniert sozusagen wie eine »molekulare Uhr«.

Erste Verwendungen der molekularen Uhr in den frühen 1990ern lieferten bereits erstaunliche Hinweise. Genetiker aus Kalifornien hatten Mitochondrien-DNA von über hundert Menschen aus vier Kontinenten und ethnischen Gruppen untersucht und verglichen, um herauszubekommen, wann deren letzter gemeinsamer Vorfahre gelebt hatte. Demnach fand die Trennung des modernen Homo sapiens aus der gemeinsamen Quelle prähistorischer Menschen vor 200.000 Jahren statt. Damit war ein starkes Indiz dafür gefunden, dass es eine oder wenige mitochondriale Evas gab und dass deren Wiege in Afrika gestanden haben muss.

Weiteren Rückenwind erhielt die »OOA«-Fraktion dann durch die Veröffentlichung einer aufsehenerregenden Untersuchung im Jahr 1997. Deutsche Genetiker der Universität München hatten die mitochondriale DNA eines »Original«-Neandertalers untersucht, der 1856 im Kreis Mettmann in einem Kalksteinbruch gefunden worden war. Sie extrahierten mtDNA aus dem rechten Oberarm des fossilisierten »Düsseldorfers«. Das Besondere an diesem Fund war seine bemerkenswert gut geschützte Lage in einer Grotte. Keine Witterung hatte in den vielen Jahrtausenden das Skelett nennenswert verändert. So waren kleinste Reste organischen Materials erhalten geblieben. Und daraus konnten die Genetiker so viel mtDNA isolieren, dass es für den Vergleich von Neandertaler und modernem Menschen ausreichte.

Aus der ganzen Welt wurden rund tausend Homo-sapiens-Proben mit den mtDNA-Sequenzen des Neandertalers verglichen. Das Ergebnis waren Unterschiede an 27 Stellen – dreimal so viel, wie beim Vergleich der Homo-sapiens-Sequenzen untereinander. Außerdem verglichen die Forscher das Erbgut der modernen Menschen mit unserem nächsten Verwandten, dem Schimpansen. Hierbei ergaben sich 55 unterschiedliche Positionen.

Aus diesen Analysen schlossen die Forscher, dass der Neandertaler ganz am Rand der Variationsbreite heutiger Menschen liegt. Und mittels der molekularen Uhr stellten sie fest, dass Homo sapiens und Homo neanderthalensis schon vor 500.000 Jahren aus einem gemeinsamen Vorfahren hervorgingen, also noch einmal deutlich früher als bisher angenommen. Ein Ergebnis, das dem multiregionalen Modell deutlich widerspricht.

Trotzdem werden die Diskussionen weitergehen, bis neue Forschungen statistisch besser abgesicherte Daten liefern können, die die bisherigen Aussagen über den menschlichen Stammbaum stützen – oder noch einmal komplett über den Haufen werfen. Aber so oder so: Bisher jedenfalls gib es keinen noch so kleinen Hinweis auf eine »Menschheit vor der Menschheit«.

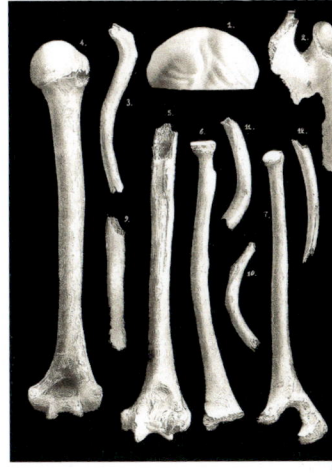

29 Armknochen, Rippen, Gehirnabguss und Schlüsselbein des 1856 in der Feldhofer Grotte gefundenen Neandertalers

30 Die Evolution der Gattung Homo bis hin zum modernen Menschen

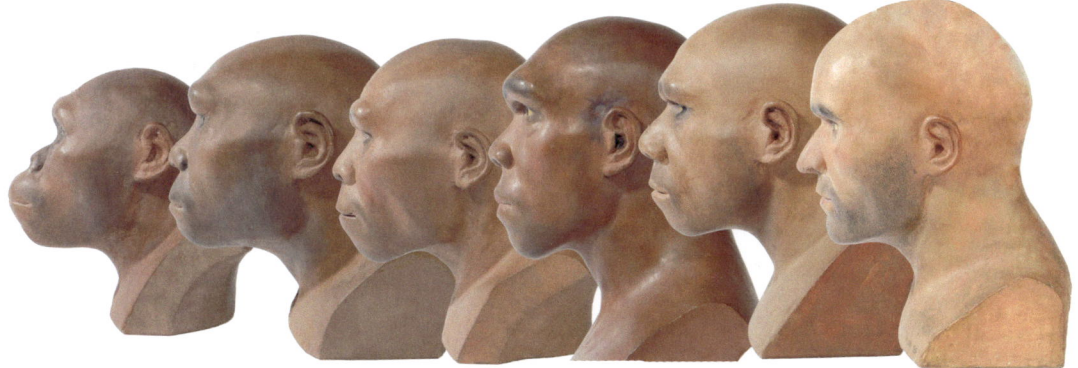

10 Hallo?
Ist da jemand?

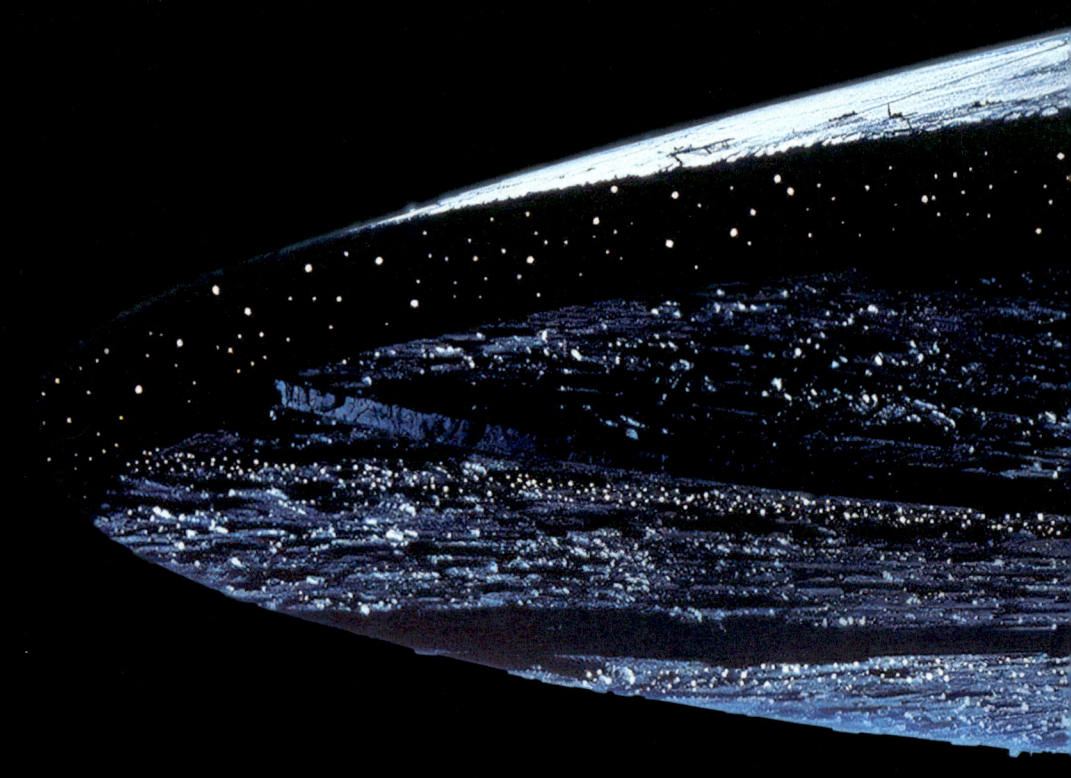

1 Der Hollywood-Blockbuster »Independence Day« verlieh der schönen Schauermär einer Alieninvasion Mitte der 1990er-Jahre ein zeitgemäßes Gesicht.

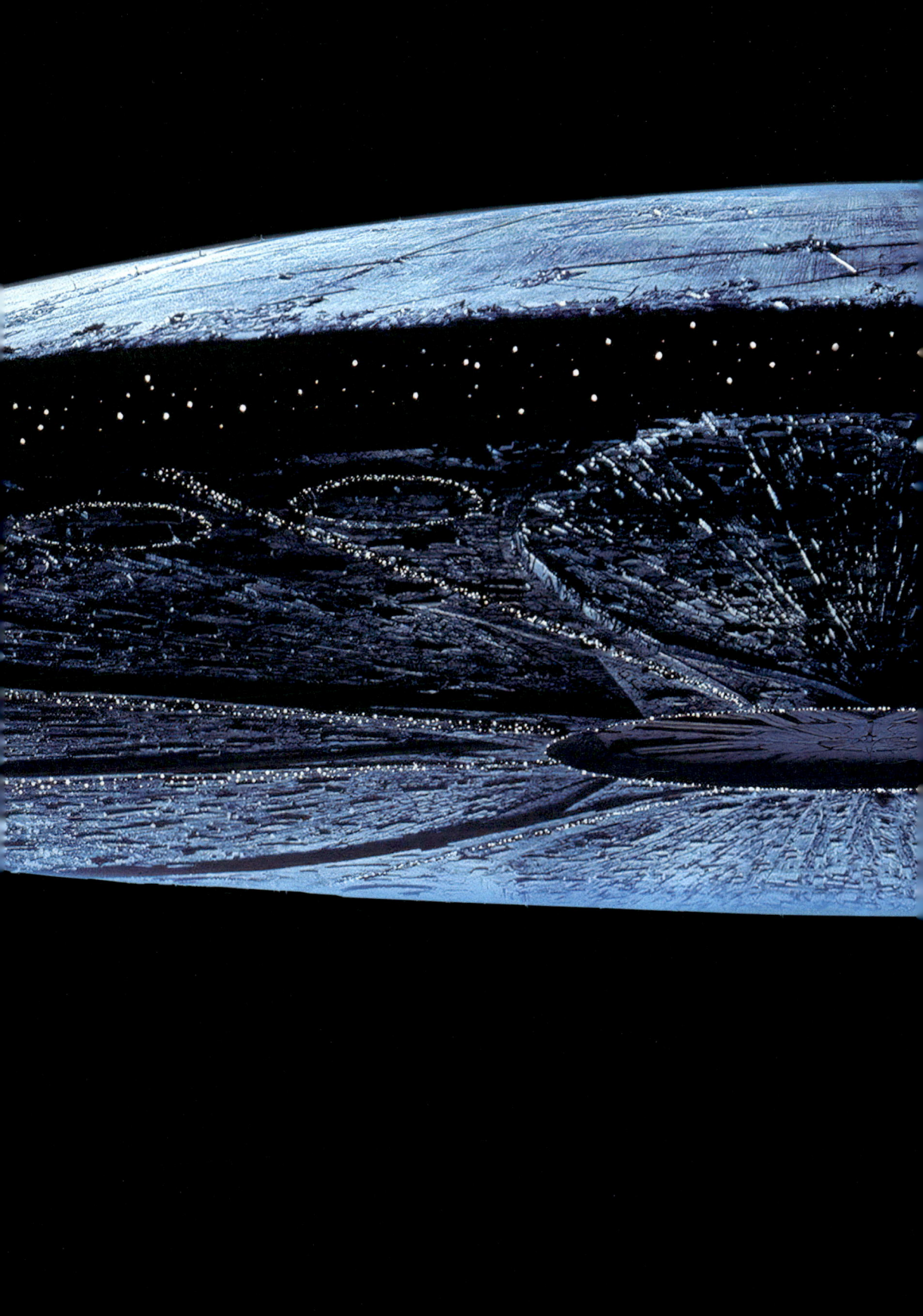

Nachdem wir uns gefragt haben, ob es eine Menschheit vor der Menschheit gab, wer den Neandertaler erschoss, ob der Pharao um die Sakkara-Pyramide flog und seine Grabstätte elektrisch beleuchtet war, werden wir von neuen wissenschaftlichen Erkenntnissen überrascht. Der US-amerikanische Professor Paul J. Springer weiß Verblüffendes über Viren zu berichten, die uns befallen und auslöschen wollen. Glaubten wir bisher, sie kämen wahlweise aus einem Labor oder von chinesischen Fledermäusen, so hat der Professor für Vergleichende Militärstudien die Aliens im Verdacht. Klingt ja auch irgendwie logisch: Mit einem maßgeschneiderten Virus solle die Erdbevölkerung möglichst dezimiert werden, damit außerirdische Nomaden leichter bei uns eine neue Heimat fänden. Ganze Städte könnten so entvölkert und bei Bedarf zerstört werden, indem die Extraterrestrischen – wohl eher handliche – Asteroiden gezielt als Bomben einsetzen würden.

Der Professor warnt auch gleich, dass die Besucher aus dem All mit ihrer dann folgenden Invasion nichts Gutes im Schilde führten, da schließlich jede Zivilisation – offenbar auch die aus den Fernen des Universums – nur auf ihr eigenes Wohl bedacht sei. Außerirdische sind eben auch nur Menschen ... Paul J. Springer hält es nicht für unwahrscheinlich, dass eine intelligente Zivilisation von außerhalb unseres Sonnensystems Sonden vorausschicken könnte, um die Erde zu erkunden. Ein intergalaktischer Spähtrupp sozusagen.

Doch es gibt Hoffnung: Bei einem galaktischen Angriff würden sich die beiden großen Kriegsnationen USA und Russland

2 Asteroiden sind tatsächlich eine Gefahr aus dem Weltraum, egal ob sie uns mit oder ohne böse Absichten von Aliens zu nahe kommen.

3 So könnte der Asteroideneinschlag von Yucatan vor 65 Millionen Jahren ausgesehen haben, der die Ära der Dinosaurier beendete.

zusammentun, um die Invasoren zu bekämpfen. Sie würden den Krieg der Welten für sich entscheiden – und uns Erdbewohner vor der Versklavung retten. So jedenfalls der Professor in einem Interview mit *Sun online* zum Jahresanfang 2022. Da lachen sich die Aliens – Stand heute – wohl eher ins Fäustchen. Dass sich Russen und Amerikaner zusammentun, erscheint gerade so wahrscheinlich wie eine Invasion aus dem All.

Bomben aus dem All?

Asteroiden reichen von winzig kleinen Staubkörnern bis hin zu riesigen kilometergroßen Gebilden. Wenn so etwas die Erde träfe, würde – je nach Masse des Brockens – eine gewaltige Energie freigesetzt. Vor 65 Millionen Jahren hat so ein Einschlag den Dinosauriern den Garaus bereitet. Ein rund zwei Kilometer großes Ding, das alles an Sprengkraft übertraf, was von Menschenhand bislang produziert werden kann. Die Hiroshima-Bombe hatte 20 Kilotonnen – der damalige Asteroid hatte 100 Millionen Megatonnen Sprengkraft.

Da konnte nichts überleben, was damals kreuchte und fleuchte. Jede Menge Staub wurde in die Atmosphäre geschleudert, der die Sonne verdunkelte und eine lange Kälteperiode einleitete.

Die Dinos traf das alles völlig unvorbereitet. Heute können wir dank modernster Technik und hochempfindlicher Teleskope diese Geschosse aus dem Himmel rechtzeitig ausmachen. Wir können die Flugbahn dieser kosmischen Projektile berechnen und so recht gut voraussagen, wann sie wo auftauchen werden. Und wir wissen auch, wo sie herkommen. Nicht aus dem Bauch von Kampf-UFOs, sondern aus der Oort'schen Wolke und dem Dunstkreis des Jupiters.

In der Oort'schen Wolke versammeln sich quasi die Überreste des Sonnensystems, die nicht zur Planetenbildung verwendet wurden. Sie ist ein knappes Lichtjahr von der Erde entfernt, und manchmal kommt es vor, dass sich die Gesteinsbrocken darin ins Gehege kommen, zusammenstoßen und aus der Wolke katapultiert werden und in unser Sonnensystem zurücksausen.

Der Jupiter mit seiner unglaublichen Schwerkraft hat um sich herum ebenfalls eine Menge Brocken angesammelt. Alles, was an diesem größten Planeten nah genug vorbeischwirrt, wird quasi von ihm eingesammelt. Für uns Erdbewohner ist er ein hervorragender Staubsauger, ohne den wir wahrscheinlich öfter auf Kollisionskurs mit Asteroiden, Meteoriten oder Kometen gerieten.

Zum Glück ist so etwas auch in nächster Zukunft unwahrscheinlich, aber was wäre, wenn? Könnten wir einen Einschlag verhindern? Die gute Nachricht ist: Ja, könnten wir. Denn die Längenskalen, von denen wir hier reden, sind Millionen von Kilometern. Und die Zeitskalen, die von der Sichtung bis zu einem möglichen Einschlag vergehen, sind ebenfalls gewaltig. Es würde deshalb reichen, eine winzige Veränderung der Flugbahn vorzunehmen, um einen Asteroiden vom Kollisionskurs zu bringen. Das Einfachste wäre, ihn ein klein wenig zu bremsen oder zu beschleunigen, denn dann würde er die Erdbahn eben später oder früher kreuzen und wir wären aus dem Schneider.

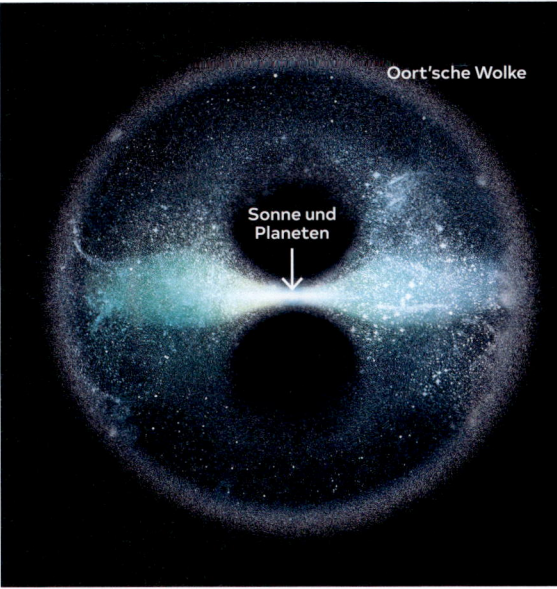

4 Die Oort'sche Wolke umgibt unser Sonnensystem weit jenseits des Kuipergürtels und könnte sich bis zu 1,6 Lichtjahre von der Sonne entfernt erstrecken.

Und wie geht das? Indem man eine Rakete nach da oben schickt (idealerweise eine Atombombe, die hat richtig Wumms) und im richtigen Moment die Bombe zündet. Geht sie vor dem Asteroiden hoch, würde der gebremst, geht sie hinter ihm hoch, würde er beschleunigt. Und dann könnten wir uns ein paar Tausend Jährchen zurücklehnen, die neue Flugbahn berechnen und falls die eines schönen Tages doch wieder der Umlaufbahn unserer Erde gefährlich nahekäme, das Spiel wiederholen. Oder mit inzwischen neuer Technik etwas anderes unternehmen.

Aber Moment mal: Könnten denn Aliens nicht genauso verfahren und einen Asteroiden gezielt in unsere Richtung bomben? Könnten sie, wenn sie über unsere technischen Möglichkeiten verfügten. Und davon wäre auszugehen, denn wir können heute noch längst nicht in fremde Galaxien vordringen. Wir sind bislang nur auf dem Mond gewesen und haben den Mars im Visier. Der Knackpunkt in Sachen ET ist: Damit sie ihre technisch brillant ausgereifte Erdmission mit oder ohne Asteroiden im Gepäck durchführen können, tja, dafür müsste es sie erst mal geben, diese Aliens.

5 Die Idee, einen herannahenden Asteroiden mit einer Atombombe abzufangen, schlug sich schon in einigen Hollywood-Streifen nieder. Hier in »Armageddon« mit Bruce Willis an Bord.

Invasion aus dem Weltall?

Nun ja, einige glauben an Außerirdische, andere nicht. Gehört Paul J. Springer zur boomenden Szene der Verschwörungstheoretiker, Ufologen und Präastronautiker? Ist er gar – *horribile dictu* – ein Jünger Erich von Dänikens? Der Schweizer Autor, der 1968 sein erstes Buch veröffentlichte, hat noch immer eine große Anhängerschaft. In seinen millionenfach verkauften Büchern verbreitet er, gespickt mit Indizien und angeblichen »Beweisen«, die Botschaft, dass unbekannte Wesen aus dem All der Erde schon mehrmals eine Stippvisite abgestattet hätten. Und unsere Vorfahren, die ja den Erstkontakt gehabt haben, hätten die Raumfahrer schlicht für Götter gehalten. Sehr nette Götter offenbar, die unsere Kultur in grauer Vorzeit um unglaubliche Errungenschaften bereicherten wie die Pyramiden, Stonehenge oder die gigantischen Tempel von Malta, die von einer

großen, unbekannten Kultur noch vor den ägyptischen Pyramiden errichtet wurden. Aliens, die in zahlreichen, Jahrtausende alten Felsmalereien rund um die Welt in »Astronautenkluft« abgebildet sind – Mode und Technik haben sich in dieser Zeit offenbar nicht verändert. Deren Landebahnen wir in den peruanischen Nasca-Linien oder den »cart ruts«, den geheimnisvollen Schleifspuren auf den Inseln Malta und Gozo, finden. Die uns das Wissen um neue Technologien wie Batterien und Glühbirnen mitbrachten, das wir dann flugs wieder vergaßen. Für die nächsten Jahrtausende.

Präastronautiker sind eifrig auf der Suche nach materiellen Zeugnissen dieser intergalaktischen Stippvisiten und meinen, sie z. B. in angeblich vorgeschichtlichen Eisenobjekten im tibetischen Hochland oder ausgegrabenen Artefakten wie die Sabu-Scheibe oder als Nachbildung im Vogel von Sakkara

6 Der Schweizer Autor Erich von Däniken ist eine Gallionsfigur der Präastronautiker und Ufologen. Seine Bücher wurden in 32 Sprachen übersetzt.

7 In dieser Dogū-Figur aus Japan (ca. 1000–400 v. Chr.). sieht manch Präastronautiker die Darstellung eines außerirdischen Besuchers. Wie ein Japaner sieht sie ja auch nicht gerade aus ...

gefunden zu haben. Oder in dem astronomischen Wissen eines alten afrikanischen Volkes am Rande der Sahara.

Das Problem ist, dass es tatsächlich archäologische Funde und Befunde gibt, die trotz etlicher wissenschaftlicher Analysen rätselhaft sind, die sich nicht eindeutig erklären lassen, die verschiedene Interpretationen zulassen und nicht selten zu handfesten Streitereien unter den etablierten Wissenschaftlern führen. Und das ist der beste Nährboden für Spekulationen und Verschwörungstheorien. Die sind schnell gebastelt und lassen sich bestens verkaufen. Wer will nicht im Besitz des ganz geheimen geheimen Wissens sein? Alles Verborgene, Ungeklärte, Zweifelhafte zieht magisch an. Es entspricht dem menschlichen Wesen, »dazugehören« zu wollen, zu der Elite der wirklich Wissenden. Es muss doch mehr geben als unsere Schulweisheit uns lehrt, wir ahnen, dass jenseits von Logik und Vernunft Unbekanntes, Diffuses, Rätselhaftes zwischen Himmel und Erde lauert. Fantasy und Mystery haben Hochkonjunktur. Und auch die Aliens boomen. Und davon gibt es offenbar gute und schlechte.

Nach Däniken und seinen zahlreichen Jüngern waren die intergalaktischen Reisenden augenscheinlich, ganz anders als von Paul S. Springer befürchtet, hilfreiche Wesen, die uns Hochtechnologie vermittelten, keine bösartigen, die uns von der Erde vertreiben wollen, um hier ihre Zelte aufzuschlagen. Nur in einem sind sich die beiden einig. Sie werden wiederkommen, sagt Däniken und meint das als Versprechen. Sie könnten kommen, sagt Professor Springer und meint das als Risiko für die Sicherheit unserer Welt.

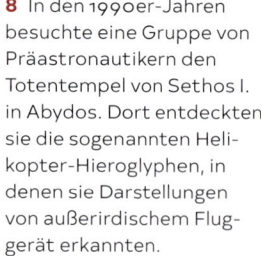

8 In den 1990er-Jahren besuchte eine Gruppe von Präastronautikern den Totentempel von Sethos I. in Abydos. Dort entdeckten sie die sogenannten Helikopter-Hieroglyphen, in denen sie Darstellungen von außerirdischem Fluggerät erkannten.

9 Von Däniken zufolge stellt der Sarkophagdeckel des Maya-Herrschers von Palenque, K'inich Janaab Pakal I., einen Astronauten dar, der in seinem Raumschiff gerade zu den Sternen startet.

Aber was schreibt der Lesch da? All die mysteriösen, scheinbar nicht in die bisherige menschliche Entwicklungsgeschichte passenden archäologischen Funde können nicht von einer außerirdischen Zivilisation stammen, die zu Stippvisite auf dem Planeten Erde war oder gar ist? Weil es ihren Besuch bei uns schlichtweg nicht gab oder gibt? Aber haben wir denn nicht genug Anhaltspunkte für deren Existenz? Was da alles im Weltraum Unidentifizierbares herumfliegt …

10 Die Vision des Propheten Hesekiel, hier in einem Kupferstich von 1774 illustriert – blinkende Lichter im Alten Testament? Ja, hatten die denn schon Elektrizität?

Auch im Alten Testament findet, wer sucht, eine UFO-Reportage, und zwar in den Visionen des Propheten Hesekiel (Ezechiel 1,4 folgende). Er beschreibt, wie ein Sturmwind von Norden kommt, eine große Wolke mit flackerndem Feuer, aus dem es wie glänzendes Gold strahlt. Aus diesem Sturmwind erscheinen vier Lebewesen mit je vier Gesichtern, Flügeln und Rädern, wie aus Chrysolith gemacht. Glühende Blitze und blinkende Lichter zucken zwischen ihnen hin und her. In Vers 22 heißt es: »Über den Köpfen der Lebewesen war etwas wie eine gehämmerte Platte befestigt, furchtbar anzusehen, wie ein strahlender Kristall.«

Vor allem die blinkenden Lichter gelten manchen als Indiz für Außerirdisches, als ein Hinweis auf Elektrizität, die es im 6. vorchristlichen Jahrhundert in Babylon keineswegs gab.

Dass die diversen biblischen Engel, die mit hellem Licht und donnerndem Getöse zur Erde niederfuhren, außerirdische Raumfahrer waren, mag so sehen, wer will. Aber die bis zu 10.000 Jahre alten Felszeichnungen im norditalienischen Val Camonica, die gern als Beweis für außerirdische Besucher in grauer Vorzeit angeführt werden, sind zugegeben schon rätselhaft. Das schwer zugängliche, 70 Kilometer lange Tal galt einst als heiliger Ort, als riesiger Kultplatz; heute ist es für Archäologen das Mekka der Felsbildforschung. Das erste Weltkulturerbe Italiens – noch vor Rom oder Pompeji – ist mit über 350.000 Piktogrammen das größte prähistorische Archiv Alteuropas, eine gewaltige mystische Bilderbibliothek mit unheimlichen Motiven.

Die künstlerischen Voraussetzungen für unsere Vor-Vorfahren waren gut: Am Ende der Eiszeit hinterließen die schwindenden Gletscher einladende blanke Felswände, wie geschaffen für das Einritzen einer unüberschaubaren Bilderflut. Noch heute werden immer wieder bisher unbekannte Strichmännchen und Symbole unter Moos und Gestrüpp und an schwer zugänglichen Stellen freigelegt: Tiere und Szenen aus dem täglichen Leben der Steinzeitkünstler, aber auch kryptische Graffiti von Männchen mit Strahlenkranz und Helm. Eigentümliche, halb schwebende, geheimnisvolle Gestalten, die an unsere heutigen Raumfahrer erinnern. Wieso zeichneten Menschen vor Tausenden von Jahren diese Figuren? Woher bekamen sie diese Motive? Und was sind das für Wesen?

Von den Einheimischen werden die seltsamen Figuren liebevoll »Astronauti« genannt. Bei einigen Zeichnungen schwebt über ihnen im Himmel ein Objekt, das gern als Raumschiff interpretiert wird. Eine Art Strickleiter führt hinab, eine Himmelsleiter eben.

Da fragt man sich allerdings schon, wieso die »Astronauti«, nachdem sie Lichtjahre durchs Universum zurückgelegt haben, für die letzten Meter eine schnöde Strickleiter brauchten.

11 Die »Astronauti« aus dem Val Camonica – per Strickleiter vom Raumschiff auf den Planeten Erde?

12 Einige der 3000 bis 4000 Jahre alten Zeichnungen zeigen schwebende Figuren, die scheinbar Helme tragen – Besucher aus dem Kosmos?

13 Unter den 2000 Jahre alten Nasca-Geoglyphen in Peru findet sich eine über 100 Meter große rätselhafte Gestalt.

Doch das Frappierende ist, dass nicht nur in dem italienischen Wundertal, sondern rund um den Globus Gravuren von Strichmännchen in »Astronautenkluft« existieren – von den rund 2000 Jahre alten Nasca-Geoglyphen in Peru über die angeblich 30.000 Jahre alten Einpickelungen in brasilianischen Felswänden bis hin zu Felsbildern in Australien und Afrika und den Höhlenmalereien im Ural (Seite 81).

Die Archäologen rätseln, die Präastronautiker nicht: »Sie« haben halt in grauer Vorzeit mit ihren UFOs verschiedene Kontinente besucht. Wenn sie schon mal da waren. Nach all den Lichtjahren …

Und Professor Dr. Paul J. Springer? Gehört auch er zum Kreis der UFO-gläubigen Präastronautiker, wie seine irritierenden Aussagen nahelegen könnten? Tatsächlich ist er ein anerkannter Wissenschaftler, der unter anderem an der United States Military Academy in West Point lehrte. Er ist Geschichtsprofessor am US Air Command and Staff College in Alabama, Senior Fellow für Nationale Sicherheit, Spezialist für Militärroboter und -drohnen und Autor und Herausgeber einer Enzyklopädie über internationale Cyber-Kriegsführung. Und das verleiht seinen Überlegungen eine ganz andere Bedeutung. Zumal der Militärhistoriker nicht allein ist mit seinen Gedankenspielen über mögliche unheimliche Begegnungen der dritten und vierten Art, auch wenn sie sich recht fantastisch anhören. US-Administrationen beschäftigen sich schon seit geraumer Zeit mit diesem Thema. Doch anstatt des für viele verschwörungsmystisch besetzten Begriffs UFO (*Unidentified Flying Object*, nicht identifiziertes Flugobjekt) verwenden sie lieber »UAP« *(Unidentified Aerial Phenomena)* und sprechen von unerklärlichen Luftphänomenen. Damit werden auch die Erklärungsmöglichkeiten ausgeweitet: Eine mysteriöse Naturerscheinung ist eben kein unbekanntes Flugobjekt.

Dichtung und Wahrheit

Die UFO-gläubige Präastronautik, auch Paläo-Seti genannt, ist sich der Existenz von fliegenden Untertassen und extraterrestrischen Lebens jedenfalls sicher. Und Sichtungen von seltsamen Flugobjekten oder unerklärlichen Himmelsereignissen haben weltweit eine lange Tradition. In Deutschland stammt die älteste in einem Buch beschriebene Sichtung aus dem Jahr 1765. Ein junger Mann war nächtens mit der Postkutsche unterwegs, als er bei Hanau auf einer Anhöhe blinkende Lichter bemerkte. Die leuchteten auf und erloschen wieder in einer Art trichterförmigem Raum. Wie beim Propheten Hesekiel fallen besonders die blinkenden Lichter auf, gleich einer Lampe, die man an- und ausstellt. Nur, elektrischen Strom gab es weder zu Hesekiels Zeiten noch 2300 Jahre später in Hanau. War der junge Mann also nur irgendein Spinner? Keineswegs. Es war der spätere Dichterfürst Goethe, der seine Beobachtung schließlich in seinem Werk »Dichtung und Wahrheit« schilderte. Wobei wir wohl nie erfahren werden, wie viel davon Dichtung und wie viel Wahrheit ist.

Deutschlands älteste *offizielle* Akte zu einer »UFO-Sichtung« stammt aus dem Jahr 1826 – und ist inzwischen leider verschollen. Das, was wir heute darüber wissen, ist einem zeitgenössischen Bericht in der Fachzeitschrift *Annalen der Physik* zu verdanken. Ihm zufolge soll am 1. April (!) jenes Jahres gegen 4 Uhr nachmittags auf dem Rastpfuhl nahe Saarbrücken ohrenbetäubendes Donnern und Krachen ertönt sein. Ein Unwetter? Ein Zeuge, ein gewisser Johannes Becker, erblickte keine dunklen Wolken am Himmel, wohl aber ein »wundersames Etwas«, das auf ihn zuraste und in einiger Entfernung zu Boden ging. Um sich wenig später – wieder mit Donnern und Getöse und ordentlich

14 Ausgerechnet der junge Goethe berichtete als erster Deutscher über die Sichtung eines ihm unerklärlichen Phänomens mit blinkenden Lichtern.

15 Angebliche UFO-Sichtung von 1994 in Fehrenbach, Thüringen – diese Polaroids wurden einer lokalen Zeitung als Beweisbilder vorgelegt.

16 Hans-Werner Peiniger von der Gesellschaft zur Erforschung des UFO-Phänomens e. V., konnte die Spielzeug-Untertasse eines chinesischen Anbieters als »UFO« entlarven.

Luftwirbel – blitzschnell in die Höhe zu erheben und im Himmel zu verschwinden.

Seitdem gab es immer wieder Berichte über rätselhafte Himmelserscheinungen, im Schnitt sind es rund 200 pro Jahr. So zeigten 1994 Polaroids aus Thüringen eine fliegende Untertasse wie aus dem Bilderbuch. Und auch das Saarland soll mal wieder von einem seltsamen Objekt heimgesucht worden sein, im Oktober 2021: ein ballonförmiges Ding, das die Zeugin regelrecht verfolgt habe. Die Reihe ließe sich fortsetzen.

Etwa 5 Prozent der deutschen Sichtungen bleiben ungeklärt. Für die anderen gibt es höchst irdische Erklärungen. Die fliegende Untertasse in Thüringen beispielsweise war »made in China«, ein Spielzeug, geschickt in die Luft geworfen und dann vor dem Hintergrund eines Wäldchens fotografiert. Ein Lausbubenstreich, der es in die überregionale Presse schaffte. Und die Lichtphänomene, die auch in Polen zu sehen waren, belegten nichts anderes als ein Manöver der Sowjets, die Spezialleuchtkörper testeten.

Eine Behörde, die solche Meldungen systematisch erfassen würde, gibt es – anders als etwa in Großbritannien oder Frankreich – hierzulande nicht. Oder aber ihre Existenz wird geheim gehalten …

Oder gibt es einfach nur zu wenige seltsame Begegnungen? Verglichen mit den USA scheint ET an uns vergleichsweise geringes Interesse zu haben.

Im UFO-Fieber

Im 20. Jahrhundert hat es in den Vereinigten Staaten an die 125.000 angebliche Sichtungen gegeben. Und fast täglich gibt es neue Meldungen. Die haben in Zeiten von Corona deutlich zugenommen, man hat eben mehr Zeit, in den Himmel zu gucken. Auch wenn ein Science-Fiction-Blockbuster in die Kinos kommt, oder eine entsprechende Dokumentation im Fernsehen läuft, steigt die Anzahl der Meldungen rasant.

Es ist verblüffend, wie viele Menschen an ET glauben. Jeder dritte Amerikaner – hier sind Republikaner und Demokraten ausnahmsweise mal gleicher Meinung – glaubt, dass Außerirdische uns aus ihren mysteriösen Raumschiffen heraus oder mit Drohnen beobachten. 75 Prozent der Befragten einer Gallup-Umfrage aus dem Jahr 2019 vermuten, dass »Leben in irgendeiner Form« irgendwo im Universum existiert. Die Chancen stehen nicht schlecht, schließlich gibt es Milliarden andere Galaxien und erdähnliche Welten, es kommt halt auf die Form an: Einzeller als Raumschiffkonstrukteure? Aber gar 2 Prozent der befragten Amerikaner behaupten allerdings, schon einmal von Aliens entführt worden zu sein. Und wie steht es bei uns? Bei einer Umfrage für die ZDF-Sendung »Terra X«, ob bereits Kontakte zu Außerirdischen stattgefunden hätten, antworteten erstaunliche 34 Prozent mit »Ja«.

17 Was immer am 8. Juli 1947 über Roswell abstürzte, war ein Segen für die Stadtkasse des kleinen Ortes in New Mexico.

Der Wallfahrtsort der UFO-Gläubigen liegt aber, wie könnte es anders sein, seit den 1950er-Jahren in den USA. Dort waren am 8. Juli 1947 in der Wüste bei Roswell im Bundesstaat New Mexico vermeintliche Trümmerteile eines Raumschiffs gefunden worden. Ein Wetterballon, wie man im Pentagon beruhigte. Eine Lüge, wie sich später herausstellte. Die Trümmer gehörten zu einem Gerät, mit dem die Amerikaner sowjetische Atomtests aufspüren wollten. Trotz-

18 Die Area 51 ist ein extra gesichertes militärisches Sperrgebiet in der Wüste von Nevada und ein Mekka für UFO-Gläubige und Verschwörungstheoretiker.

dem schossen immer wieder Spekulationen ins Kraut, unter den Trümmern hätten sogar Aliens gelegen. Wie auch immer, für Roswell war der Vorfall Gold wert. Ein Museum, Kongresse und Festivals zum Thema kleine grüne Männchen bringen seitdem Geld in die Stadtkasse.

Und auch ein weiteres Mekka liegt in den Staaten. Die mysteriöse Area 51 im Bundesstaat Nevada. Im gleichen Jahr wie in Roswell soll hier ein UFO gecrasht und die Überreste der Besatzung eingefroren worden sein. Seitdem hat es Hunderte Sichtungen in der Gegend gegeben, die das Pentagon mit dem Verweis konterte, hier, in diesem militärischen Sperrgebiet würden die neusten Drohnen und Jets getestet, die mit zigfacher Schallgeschwindigkeit fliegen könnten. Die Verschwörungstheorien ließen sich damit nicht aus der Welt schaffen. Hier, in der Area 51, soll sich übrigens angeblich auch das Filmstudio befinden, in dem die Mondlandung simuliert worden sei.

Was bisher eher belächelt und als Science-Fiction-Spinnerei abgetan wurde, hat – durch jüngste offizielle Verlautbarungen angeheizt – inzwischen aber zu einem ganz neuen UFO-Fieber geführt. Und daran ist die US-Regierung nicht ganz unschuldig. Lange stritt Washington ab, sich überhaupt mit rätselhaften Luftbeobachtungen zu beschäftigen. Inzwischen wissen wir, dass das nicht stimmt. Wie die *New York Times* 2017 enthüllte, ging das Pentagon jahrelang in aller Stille Berichten über UAP nach. Versteckt im Verteidigungshaushalt habe dafür ein jährliches Budget in Höhe von 22 Millionen Dollar zur Verfügung gestanden. Seit 2007 habe das geheime »Advanced Aerospace Threat Identification Program« nach potenziellen Bedrohungen aus dem All gesucht, so die Zeitung.

Heraus kam, dass es seit 2004 an die 400 Sichtungen allein durch Angehörige des US-Militärs gegeben hat. Erfahrene Piloten der Navy schilderten Begegnungen mit fliegenden Objekten, die sich deutlich schneller bewegten als ihre Kampfjets, sich um die eigene Achse drehten, in Sekunden der Erde nahekamen und dann wieder auf 25 Kilometer Höhe stiegen. Vor der Ostküste der USA hatten Kampfpiloten der *USS Roosevelt*

im Jahr 2015 über Monate beinahe täglich mysteriöse Begegnungen. Einige berichteten, dass ihre Jets von Objekten »begleitet« worden seien, die dann mit rasender Geschwindigkeit
wieder gen Weltraum verschwanden, oder wie es fast zu Zu-
sammenstößen kam. Die geheimnisvollen fliegenden Kisten
seien offenbar im Besitz einer Technik, die der unseren weit
überlegen sei. Wie sonst ließe sich erklären, dass die Piloten
zu einem Objekt geschickt wurden, das sie der Form wegen
»Tic Tac« (wie die kleinen Lutschdragées) nannten, das sie
tatsächlich sichteten und das plötzlich wie von Geisterhand
weg war. Wenig später meldete der Flugzeugträger, das Objekt sei 70 Kilometer entfernt auf dem Radar aufgetaucht.

Auf Youtube kursieren inzwischen sogar Videos solcher
Flugspektakel. Optische Täuschungen? Ein Fehler im Ra-
darsystem? Feindliche Drohnen? Oder doch Objekte extraterrestrischen Ursprungs? Der Hype ging so richtig los, als das

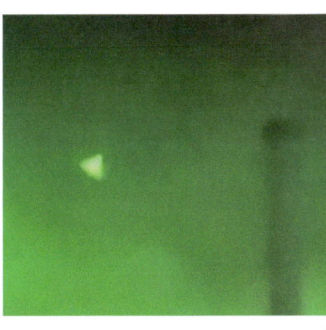

19 Auf einem Nachtsicht-
gerät an Bord der *USS
Russell* taucht im Juli 2019
ein dreieckiges Objekt auf,
das sich schnell bewegt und
unregelmäßige Lichtimpulse
aussendet – Ausschnitt aus
einem Video der US-Navy.

20 Ausschnitt aus einem
Video des Pentagon.
Auch dieses Objekt, ge-
sichtet 2015 von einem
Marine-Kampfpiloten, wird
als »UAP« eingestuft.

Pentagon 2019 die Echtheit einiger der auf Youtube verfügbaren Videos bestätigte und sogar selbst drei Filmchen einstellte. Es wird nicht behauptet, dass da außerirdische Raumschiffe ihre irren Flugbahnen ziehen, aber das Pentagon räumte ein, dass man sich diese Himmelsflieger, die keinem bekannten Flugkörper ähnelten und sich gegen die Regeln der Physik verhielten, nicht erklären könne. Und dass man das Thema nun offensiv angehen wolle.

Galaktische Bedrohung?

Im Nachgang der Enthüllungen der *New York Times* wurden in den USA Forderungen laut, Politik, Wissenschaft und Militär sollten sich intensiver mit den unerklärlichen Beobachtungen beschäftigen. Egal, um was es sich handele, diese nicht identifizierbaren Phänomene am Himmel könnten ein sehr reales Risiko für die nationale Sicherheit darstellen.

Und dann geht es plötzlich Schlag auf Schlag: Im August 2020 gibt das Pentagon die Existenz einer Task Force zur Sammlung und Analyse von UAP zu: die »Unidentified Aerial Phenomena Task Force«. Ein knappes Jahr später, so eine Verfügung des damaligen US-Präsidenten Donald Trump, müssen die Geheimdienste ihre UFO-Dossiers veröffentlichen.

Kurz vor diesem Termin, am 8. Juni 2021, heizt Barack Obama die Vorfreude unter Ufologen weiter an: In einer Talkshow sagt er, es gäbe bedeutend mehr Informationen über nicht identifizierbare Objekte und Bewegungen im Weltraum, als die Regierung der Öffentlichkeit preisgeben wolle. »Es ist wahr, es gibt diese Filmaufnahmen und Aufzeichnungen von Objekten am Himmel, von denen wir nicht genau wissen, was sie sind. Wir können nicht erklären, wie sie sich bewegen, wie ihre Flugbahn zustande kommt«, zitierte *Der Spiegel* den Ex-Präsidenten.

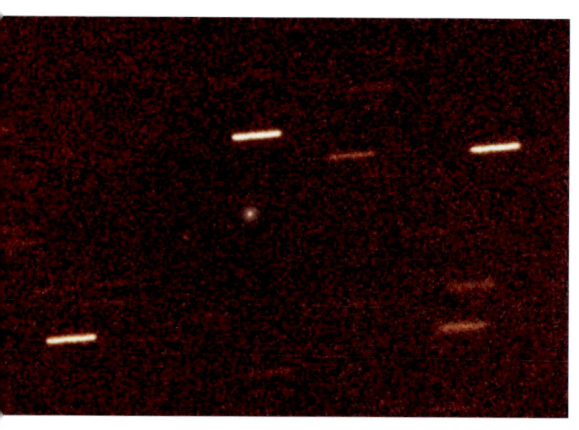

21 Diese Aufnahme des William-Herschel-Teleskops zeigt das interstellare Objekt 'Oumuamua als Punkt in der Bildmitte. Die Sterne im Hintergrund sind wegen der schnellen Bewegung des Objekts verwischt.

Denn die meisten Aufnahmen, die es von solchen Objekten gibt, zeigten weder Tragflügel noch einen erkennbaren Antrieb.

Das bekannteste Objekt in dieser Hinsicht ist wohl 'Oumuamua, was auf haitianisch »der Bote von weit her« bedeutet. Es wurde im Oktober 2017 von einem Teleskop auf der Insel Maui gesichtet – 33 Millionen Kilometer von der Erde entfernt. Die hatte das zigarrenförmige Ding schon ein paar Tage zuvor passiert. Ein Komet? Ein Asteroid? Oder doch etwas ganz anderes? Die Flugbahn des rotierenden Objekts war ungewöhnlich und auch die Beschleunigung, die die Wissenschaftler registriert hatten und die nicht durch die Gravitation erklärt werden konnte. Präastronautiker frohlockten: ein kleines grünes Männchen, das ordentlich aufs Gaspedal trat, wie man das aus Sci-Fi-Comis kennt?

Ein Besucher aus dem interstellaren Raum war 'Oumuamua ganz sicher – aber wohl eher in Form eines Planetensplitters; Wissenschaftler der University of California gehen davon aus, dass der Planet seinem Heimatstern zu nah gekommen sein könnte. Ab einer bestimmten Distanz werden

22 So könnte 'Oumuamua aussehen. Eine genauere Abschätzung seiner Größe und Proportionen ist sehr schwierig. Je nachdem, was man als Rotationsachse, Dichte und Rückstrahlvermögen (Albedo) annimmt, ergeben sich Maße zwischen 800 × 80 × 80 Metern und 160 × 80 × 8 Metern.

Objekte beschleunigt, in die Länge gezogen und dann zerrissen. Als längliches Bruchstück könnte 'Oumuamua so in den interstellaren Raum geschleudert worden sein. Und die Beschleunigung? Die wird entweichenden Gasen zugeschrieben.

Nicht immer, aber sehr oft lassen sich solche Mysterien klären, auch wenn das ein paar Jahre dauern kann. Und abgesehen davon liefert ein »Unidentified Aerial Phenomenon« wie 'Oumuamua noch keinen Beleg für einen Alien am Steuer oder für ET in den Weiten des Weltalls.

Der Pentagon-Bericht

23 Scott Bray, der stellvertretende Direktor des US-Marinegeheimdienstes, zeigt das Video eines »Unidentified Aerial phenomenon« während einer Anhörung des Geheimdienstausschusses am 17. Mai 2022. Es ist die erste öffentliche Anhörung des Kapitols zum Thema UFOs seit den 1960ern.

Am 25. Juni 2021 erscheint schließlich der heiß erwartete Pentagon-Bericht über ungeklärte Luftphänomene. Er ist nur sechs Seiten stark, die Geheimdienstversion umfasst ein Vielfaches – Informationen, die nicht veröffentlicht wurden! Es gibt also Raum für Spekulationen. Aber die Papiere gelten trotzdem als Meilenstein, als Wendepunkt in der Beschäftigung mit mysteriösen Luftbeobachtungen.

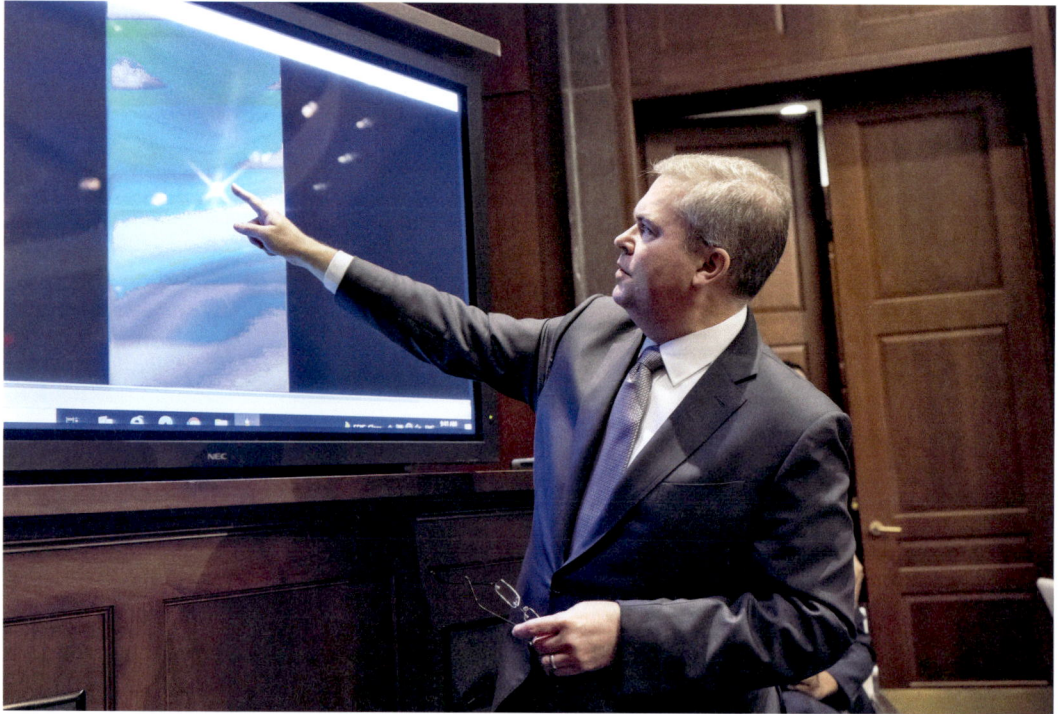

Das Pentagon räumt ein, dass 144 Sichtungen genauer untersucht worden seien, aber nur ein Fall geklärt werden konnte. Das hört sich nach einer Bestätigung der Untertassen-Lobby an, ist es aber nicht. Himmelsphänomene können die verschiedensten Ursachen haben, vom Wetterballon über Naturphänomene bis zu geheimen, fortschrittlichen Militärtechnologien anderer Staaten, deren Existenz diese natürlich nicht bestätigen würden. Außerirdische Hintergründe sind nur eine (eher unwahrscheinliche) von etlichen Möglichkeiten. Und genau das ist die Quintessenz des Pentagon-Berichts: Die Existenz außerirdischer Flugsysteme kann nicht bewiesen, aber auch nicht ausgeschlossen werden. Denn wie soll man beweisen, dass es Alien-Raumschiffe oder -Drohnen *nicht* gibt?

Doch so dürr das Ergebnis sein mag, der offizielle Bericht zeigt das Umdenken in Sachen UAP: Nun kann auch öffentlich über Besuche aus dem All diskutiert werden, die bisherige strikte Geheimhaltung wird von der Öffentlichkeit nicht mehr akzeptiert. Die Forschung in Sachen »Sind wir allein im Universum?«, die bisher oft belächelt wurde und als unseriös galt, als absehbares Karriereende von Wissenschaftlern, wird jetzt offiziell gefördert. Aber es bleibt nach wie vor schwierig, an die authentischen und vollständigen Daten des Militärs zu ungeklärten Himmelserscheinungen zu gelangen. Ryan Graves jedenfalls, einer der Kampfpiloten, der 2015 Aufnahmen der ungewöhnlichen Objekte gemacht hatte, sagt, nur Ausschnitte davon seien veröffentlicht worden.

24 Deckblatt des netto lediglich sechs Seiten starken Berichts über »Unidentified Aerial Phenomena«.

Der große Lauschangriff

Für das SETI-Institut in Kalifornien gehört die Forschung in diesem Bereich seit Jahrzehnten zum Alltag. Die Abkürzung SETI steht für *Search for Extraterrestrial Intelligence*, das gleichnamige Institut hat seinen Hauptsitz im kalifornischen Mountain View. Zig Projekte wurden in der Vergangenheit unterstützt, von namhaften Universitäten wie Harvard, Princeton, Berkeley, außerdem von

25 Der Astrophysiker Stephen Hawking unterstützte das Projekt »Breakthrough Listen«, äußerte sich aber kritisch zu von uns ins All gesendeten Botschaften.

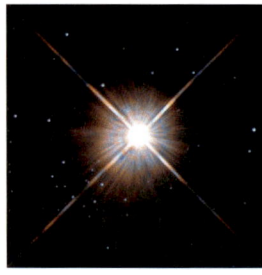

26 Proxima Centauri ist mit 4,247 Lichtjahren Entfernung unser nächster Nachbar im All.

der US Air Force und der NASA. Inzwischen wird es von privaten Geldgebern finanziert, auch ein russischer Milliardär gab 100 Millionen Dollar für die Suche nach Anzeichen außerirdischer Intelligenzen. Und der legendäre Astrophysiker Stephen Hawking war unterstützender Berater eines Projekts mit dem Titel »Breakthrough Listen«.

Mit gewaltigen Radioteleskopen lauschen Wissenschaftler in aller Welt nun schon seit Jahren ins Weltall, um Signale abzufangen, die Hinweise auf die Existenz intelligenten Lebens in der Milchstraße und den hundert nächstgelegenen Galaxien geben könnten. Wichtig dabei ist, dass die Teleskope in Gegenden stehen, die sich möglichst gut gegen Strahlungssmog abschirmen lassen, denn der würde Messergebnisse schwierig machen. Die größten Anlagen stehen in der Eifel, der chilenischen Atacama-Wüste, in China, Russland und in New Mexico. Dort, nahe der Kleinstadt Socorro, hält sich das Very Large Array für den großen Lauschangriff bereit.

Das Problem ist nicht, dass die Forscher keine Signale empfangen würden. Das tun sie reichlich, die Bildschirme sind voll von wirren Pünktchen und Sprenkeln. Wenn die sich zu einer Linie formen, wissen die Forscher, dass sie ein Signal empfangen haben. Und dann geht die Suche nach dem Ursprung los. Das Problem ist, dass da oben im Weltraum so einiges funkt und sendet. Zigtausende Satelliten, darunter die von Elon Musks SpaceX ins All geschossenen, die für weltweites Internet sorgen sollen. 2021 tummelten sich insgesamt in der Erdumlaufbahn über 4600 Stück. Und deren Signale muss man erst mal rausfiltern. Und alle anderen menschlichen Störsignale.

Ja, man muss schon im richtigen Augenblick und auf der richtigen Frequenz hinhören, wenn man was hören will. Und ET muss quasi auch noch auf dem richtigen Apparat anrufen. 2019 schien genau das passiert zu sein. »Breakthrough Listen« vermeldete den Durchbruch: ein Signal vom Stern Proxima Centauri!

Ein Team der University of California in Berkeley untersuchte das Signal mit dem Kürzel BLC1 eingehend. Der Datensatz, aus dem BLC1 aufploppte, umfasste ursprünglich über vier Millionen Signale. Die Forscher sortierten und siebten, bis rund eine Million Signale übrig blieben. Und dann wurde weiter gefiltert. Wichtigster Aspekt dabei: die Frequenzverschiebung. Wenn ein Signal von einem anderen Stern oder Planeten käme, gäbe es eine Bewegung der Quelle relativ zum Teleskop. Bei einem dazwischenfunkenden irdischen Signal wäre eine solche Frequenzverschiebung nicht der Fall.

Also wurde das Teleskop in immer neue Richtungen gedreht – aber immer nur aus einer wurde das Signal empfangen. Aus der unseres Nachbarsterns Proxima Centauri. Eine Sensation? Endlich ein Beleg für funkende Aliens? Leider nein. Inzwischen haben die Wissenschaftler sechzig weitere Signale empfangen, die dem vom BLC1 ähneln. Und aus allen möglichen Richtungen kamen. Störsignale eines irdischen elektronischen Geräts, dessen Signal sich mit Interferenzen im Radiobereich vermischt und überlagert hat. Wir haben unserem eigenen technischen Fußabdruck gelauscht. Und müssen weiter auf den Anruf von ET warten.

27 Das »Alien-Radioteleskop« Very Large Array (VLA) ist das erste Radioteleskop, das gezielt für die Suche nach intelligentem Leben im All konzipiert wurde. Bis zu seiner Konstruktion waren alle SETI-Aktivitäten von Antennen für konventionelle astronomische Beobachtungen abhängig.

Oder sollen wir ET selbst anrufen? Auch das wurde schon versucht. 1974 wurde erstmals eine Botschaft in Form eines Radiowellen-Signals ins All geschickt, derzeit überlegen Wissenschaftler, eine zweite nach oben zu schicken. »Arecibo« (nach dem Teleskop, das die Botschaft aussandte) enthielt codierte Informationen über die Biologie des Menschen und die Erde, was Wissenschaftler wie Stephen Hawking kritisch sahen. Wenn es denn da draußen wirklich Aliens gibt, die diese Botschaft dann auch noch decodieren könnten, tja, dann hätten wir denen quasi Tür und Tor geöffnet, wie sie uns effektiv um die Ecke bringen könnten. »Wenn man sich die Geschichte anschaut, war der Kontakt zwischen Menschen und weniger intelligenten Organismen aus deren Sicht oft katastrophal, und Begegnungen zwischen Zivilisationen mit fortgeschrittenen und primitiven Technologien sind für die weniger fortgeschrittenen schlecht ausgegangen«, meinte Hawking. So könnten Außerirdische weitaus mächtiger sein als wir und »uns vielleicht nicht als wertvoller ansehen als wir Bakterien«.

28 Das Radioteleskop von Arecibo im US-Außengebiet Puerto Rico war bis 2016 das größte singuläre Teleskop der Welt. 1974 wurde von hier aus die unten abgebildete Botschaft ins All gesendet. Ob die Aliens sie wohl deuten könnten?

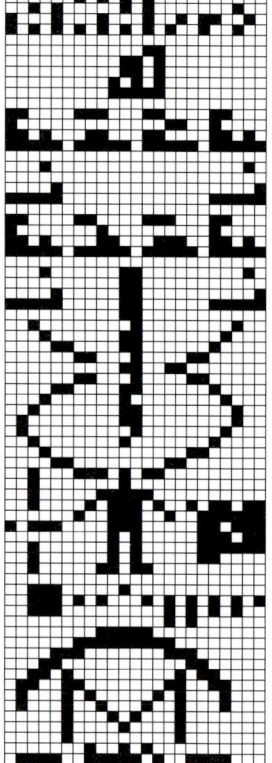

Statt unsere Existenz ins All hinauszuschreien, sollten wir also vielleicht doch lieber die Klappe halten und weiter lauschen. Ach ja, falls jemand die Botschaft da oben empfangen haben sollte, müssten wir uns ein Weilchen gedulden, bis der Rückruf kommt. In 50.000 Jahren werden wir Genaueres wissen. Und was SETI angeht: Die wollen sich bis 2035 eine Million Sternsysteme angesehen haben. Bisher Stille. Vielleicht besser so, wenn das so bleibt.

Sind wir allein im Universum?

Diese Frage füllt ganze Bibliotheken und verdient ein eigenes Buch. Schränken wir sie also ein: Es geht nicht um das Leben an sich, sondern nur um kommunikationsbereite Zivilisationen, die mit uns auch in Kontakt treten wollen und können. Wir mit unseren technischen Mitteln können bisher ja keinerlei hoch entwickeltes Leben auf anderen Planeten außerhalb des Sonnensystems feststellen. Und wenn wir das könnten, müssten diese Wesen da draußen mindestens über die gleiche Technologie wie

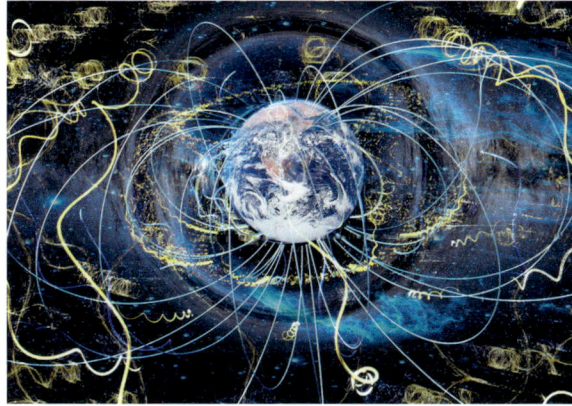

29 Seit der deutsche Physiker Heinrich Hertz 1886 das erste Mal künstliche Radiowellen erzeugte, hat die Menschheit eine gewaltige Menge an elektromagnetischem »Smog« abgestrahlt.

wir verfügen und diese auch zur Erkundung des Kosmos nutzen. Im Prinzip kann das Universum voller Leben sein – Ritter, Dinosaurier, Dampfmaschinen, Bäume etc. –, doch wir werden davon nie etwas erfahren. Es sei denn, dieses Leben ist wie wir und verfügt über unsere Informations- und Kommunikationstechnologien.

Wir Erdlinge bekommen unsere Informationen nur über elektromagnetische Strahlung, deshalb müssen die »Anderen« zumindest unfreiwillig den Kosmos durch künstliche elektromagnetische Strahlung »verunreinigen«, so wie wir das seit Jahrzehnten mit Radar, Radio, Fernsehen oder Satelliten tun. Noch besser wäre natürlich, wenn sich eine technisierte Zivilisation mithilfe starker Radiosender im Universum bemerkbar machen, also selbst nach anderem Leben suchen würde. Aber: Wenn alle im Universum nur horchen und keiner was sagt, also sich irgendwie elektromagnetisch bemerkbar macht, wird auch niemand die anderen entdecken!

30 Der Blick in die Sterne ist immer auch ein Blick in die Vergangenheit. Der Kugelsternhaufen Messier 30 ist beispielsweise 28.000 Lichtjahre von uns entfernt. Entsprechend aktuell wären die Nachrichten, die uns von dort erreichten.

Diese beschränkte Kommunikationsmöglichkeit reduziert die Chance auf ein interplanetares Rendezvous ganz beträchtlich. Wir können also die Ausgangsfrage, ob wir allein im Universum sind, eigentlich nur dann mit absoluter Sicherheit beantworten, wenn wir in der Lage wären, andere Planeten aufzusuchen. Das ist uns aber noch nicht einmal innerhalb unserer eigenen Galaxie möglich.

Deshalb macht es auch kaum Sinn, sich über Lebewesen außerhalb der Milchstraße Gedanken zu machen – die Entfernung zur nächsten Galaxie Andromeda beträgt gut 2,5 Millionen Lichtjahre. Ein Kontaktsignal, das wir heute auffangen würden, müsste also dort vor 2,5 Millionen Lichtjahren abgeschickt worden sein.

Licht breitet sich mit 300.000 km pro Sekunde aus; zum Mond braucht ein Signal eine Lichtsekunde, zur Sonne 8 Lichtminuten, zum Saturn schon 80 Lichtminuten. Unsere Galaxis hat eine Ausdehnung von rund 100.000 Lichtjahren. Ein Lichtjahr ist keineswegs eine Zeitangabe, sondern ein Längenmaß, das die Strecke definiert, die elektromagnetische Wellen wie Licht innerhalb eines Jahres (365,25 Tage nach dem julianischen Kalender) im Vakuum zurücklegt. Ein Lichtjahr entspricht einer Strecke von 9,46 Billionen Kilometern. Rechnet man es in Menschenjahre um, wird die gigantische Dimension deutlich: Die Raumsonde Voyager zum Beispiel hat 36 Menschenjahre gebraucht, um ein 500stel Lichtjahr Entfernung hinter sich zu bringen. Für ein einziges Lichtjahr würde sie 18.000 Menschenjahre brauchen. Signale vom anderen Ende der Milchstraße zu uns brauchen demnach 100.000 Jahre, das entspricht der gesamten Entwicklungszeit vom Neandertaler bis zum modernen Menschen.

Die Wahrscheinlichkeit, eine solche Zivilisation zu entdecken, hängt natürlich auch von ihrer zeitlichen und räumlichen Häufigkeit ab. Die »Anderen« dürfen nicht die berühmte Nadel im Heuhaufen sein. Es ist durchaus möglich, dass es in der Milchstraße nahe der Sonne bereits schon einmal Zivilisationen gegeben hat, dass diese inzwischen aber wieder verschwunden sind. Andererseits kann es zurzeit Zivilisationen geben, die so weit von der Sonne entfernt sind, dass wir sie nie entdecken können.

Die Drake-Gleichung und das Prinzip der Durchschnittlichkeit

Aber gehen wie die Sache mal unvoreingenommen an. Man müsste ja vermuten, dass die Zahl der Möglichkeiten riesengroß ist, denn es gibt in unserer Milchstraße rund hundert Milliarden Sterne, um die sich Planeten gebildet haben könnten, auf denen Leben entstanden ist. Wie wahrscheinlich das ist, damit haben sich 1961 auf einer Konferenz in Green-Bank, West Virginia, einige Astrophysiker beschäftigt. Unter ihnen war auch Frank Drake, der eine Gleichung präsentierte, mit deren Hilfe sich die Anzahl kommunikationsbereiter außerirdischer Zivilisationen in der Milchstraße schätzen lassen sollte. Die Formel war Grundlage von drei Modellrechnungen:

— die konservative: eine Zivilisation
— die optimistische: 100 Zivilisationen
— die euphorische: 4 Millionen.

Eine ganz schöne Spanne … Aber selbst, wenn es nur ein paar vergleichbare Zivilisationen da draußen gäbe, würde dies bedeuten, dass es mit unserer Einzigartigkeit vorbei wäre. Die Erde und wir wären nichts Besonderes, sondern quasi ein Normalfall in der Milchstraße. Der gute Giordano Bruno ist für so was noch auf den Scheiterhaufen gewandert, denn das widersprach dem geozentrischen Weltbild.

31 Frank Drake wanderte 1961 immerhin nicht auf den Scheiterhaufen – ein wenig haben wir uns ja möglicherweise doch weiterentwickelt. Er starb am 2. September 2022 in Kalifornien.

Sternenkinder

Gehen wir also mal davon aus, dass wir der Normalfall sind. Dafür, dass sich intelligentes Leben irgendwo niederlässt, müssen eine ganze Reihe von Bedingungen erfüllt sein:

1. Es müssen genügend Sterne vorhanden sein, um die sich Planeten bilden konnten.

2. Diese Planetensysteme müssen sich um Sterne gebildet haben, die lange genug existieren, damit sich eventuell auf einem Planeten, der im richtigen Abstand um den Stern rotiert, Leben entwickeln kann.

3. Der Planet muss einigermaßen sicher vor kosmischen Katastrophen (ständige Bombardements von Meteoriten, nahe Sternexplosionen von großen, jungen Sternen) sein. Sein Sternsystem darf nicht zu dicht an Sternentstehungsgebieten liegen und sollte während seiner Umrundung der Milchstraße solche Gebiete auch nicht durchkreuzen.

32 1604–1605 beobachtete Johannes Kepler das Aufleuchten und Erlöschen eines sehr hellen neuen Sterns im Sternbild Schlangenträger. Er beschrieb seine Beobachtungen in seinem Buch »De Stella Nova in Pede Serpentarii«.

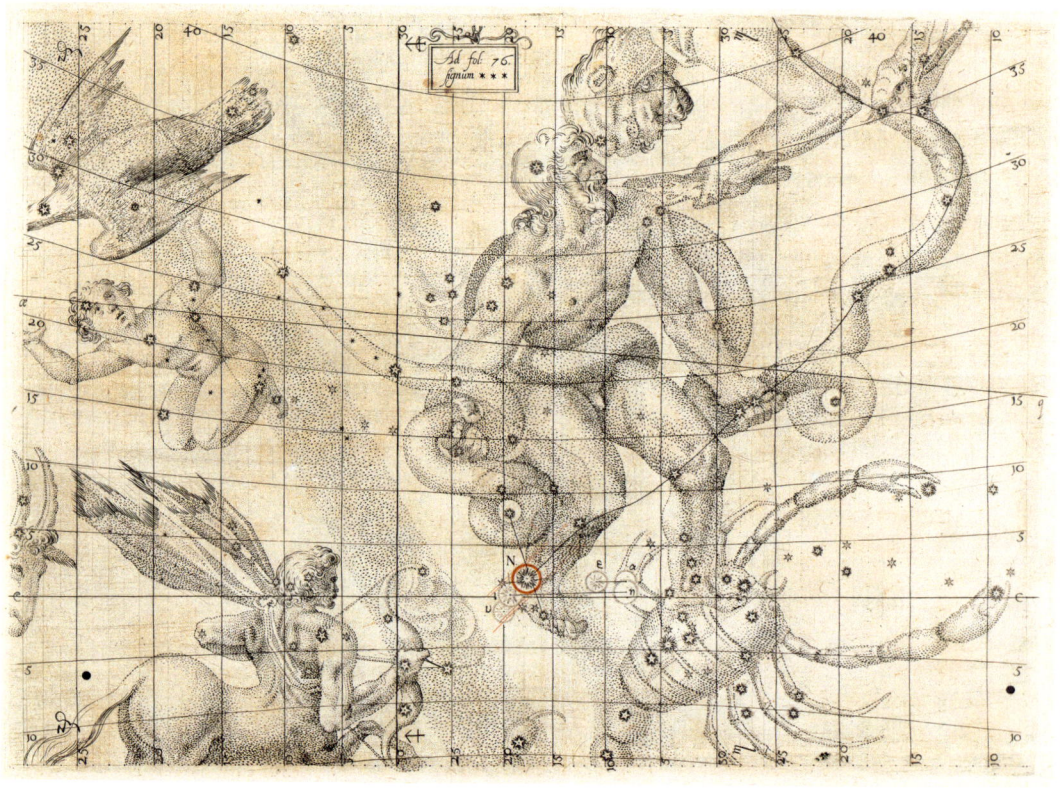

33 Heute wissen wir, dass es sich bei »Keplers Stern« um eine Supernova handelte. Damals heller als der Jupiter, lassen sich ihre Überreste heute nur noch mit leistungsstarken Teleskopen aufspüren.

4. Die biologische Entwicklung sollte eine technologische Zivilisation hervorbringen, die dann lange genug existiert, damit sie mit der kosmischen Umwelt – also unter anderem mit uns – Kontakt aufnehmen kann.

Sehen wir uns das etwas genauer an: Ganz grundsätzlich geht man davon aus, dass sich Leben auf Planeten um Sterne herum entwickelt. Am Anfang des Universums gab es nur zwei chemische Elemente – Wasserstoff und Helium. Alle anderen Elemente wurden in Sternen durch die Verschmelzung von Atomkernen produziert. Aus diesen Elementen entstanden später die Planeten, aus diesen Elementen entsteht das Leben. Deshalb ist der Lebensweg von Sternen in der astrophysikalischen Forschung über außerirdisches Leben so wichtig.

Sterne, die wesentlich schwerer sind als die Sonne, stellen durch ihre enorme Schwerkraft besonders effektive Brutreaktoren für alle chemischen Elemente dar, die schwerer sind als Helium. Am Ende ihres relativ kurzen Lebens (einige Millionen Jahre) explodieren sie mit einem unglaublichen Energieausstoß und schleudern die lebenswichtigen Elemente wie Kohlenstoff, Silizium und Eisen in den Weltraum. Eine solche Supernova-Explosion ist so gewaltig, dass man ihr Leuch-

ten von der Erde aus noch in 5000 Lichtjahren Entfernung sehen könnte. Durch den ungeheuren Druck der hinausrasenden Gase wird das
Medium zwischen den Sternen an manchen Stellen zusammengepresst. Die höheren Dichten führen zu einer lokalen Erhöhung der
Schwerkraft, und ein neuer Stern kann entstehen.

Eine Supernova-Explosion ist zwar für die Entwicklung von Leben
unerlässlich, gleichzeitig ist sie für bestehendes Leben auf Planeten,
die sich im Abstand von dreißig Lichtjahren befinden, auch sehr gefährlich. Eine stellare Explosion ist nämlich mit sehr intensiver, harter
Röntgenstrahlung verbunden, die höheres Leben abtöten kann. Poten-
zielle Nachbarn aus dem All wären damit futsch.

750.000 Jahre bevor das Sonnensystem entstand, wurde die
Sonne durch eine solche Supernova-Explosion geboren. Das erkannte
die Forschung anhand der chemischen Zusammensetzung von Meteoriten. Sie sind das Urmaterial des Sonnensystems und haben ihre
chemische Zusammensetzung seit ihrer Entstehung nicht mehr geändert. Ihre radioaktiven Isotope (Isotope eines Elements enthalten
die gleiche Anzahl an positiven Protonen, aber unterschiedliche Anzahl
an Neutronen) von Magnesium und Aluminium lassen sich nur durch
die Kernprozesse während einer Supernova-Explosion erklären.

Die chemischen Elemente, aus denen Sie als Leser/in und ich als
Schreiber dieser Zeilen und auch die Zeilen selbst bestehen, sind von
mindestens einer, wahrscheinlich zwei Sterngenerationen erbrütet
worden. Wir bestehen zu 92 Prozent aus Sternenstaub, wir sind Kinder
der Sterne! Die »Anderen« übrigens auch. Denn die unbestreitbare
Erkenntnis über den physikalischen Ursprung der für das Leben absolut notwendigen Elemente gilt für den gesamten Kosmos. Mit anderen Worten: Auch Außerirdische müssen aus den uns bekannten
chemischen Elementen zusammengesetzt sein.

In der Frühphase des Universums gab es allerdings noch nicht genügend Sterne und damit noch keine schweren Elemente, aus denen
sich Planeten entwickeln konnten. Das heißt, es gab auch noch keine
Möglichkeit für Leben. Irgendwann nach uns werden keine neuen Sterne mehr entstehen (schon jetzt entstehen deutlich weniger als in der
Anfangszeit), und die bestehenden werden sterben. Die Energiequellen werden verbraucht sein, und es wird sich kein Leben mehr entwickeln können.

34 Das Sternenkind aus
Stanley Kubricks »2001 –
Odyssee im Weltraum«.
Wir sind alle Kinder der
Sterne.

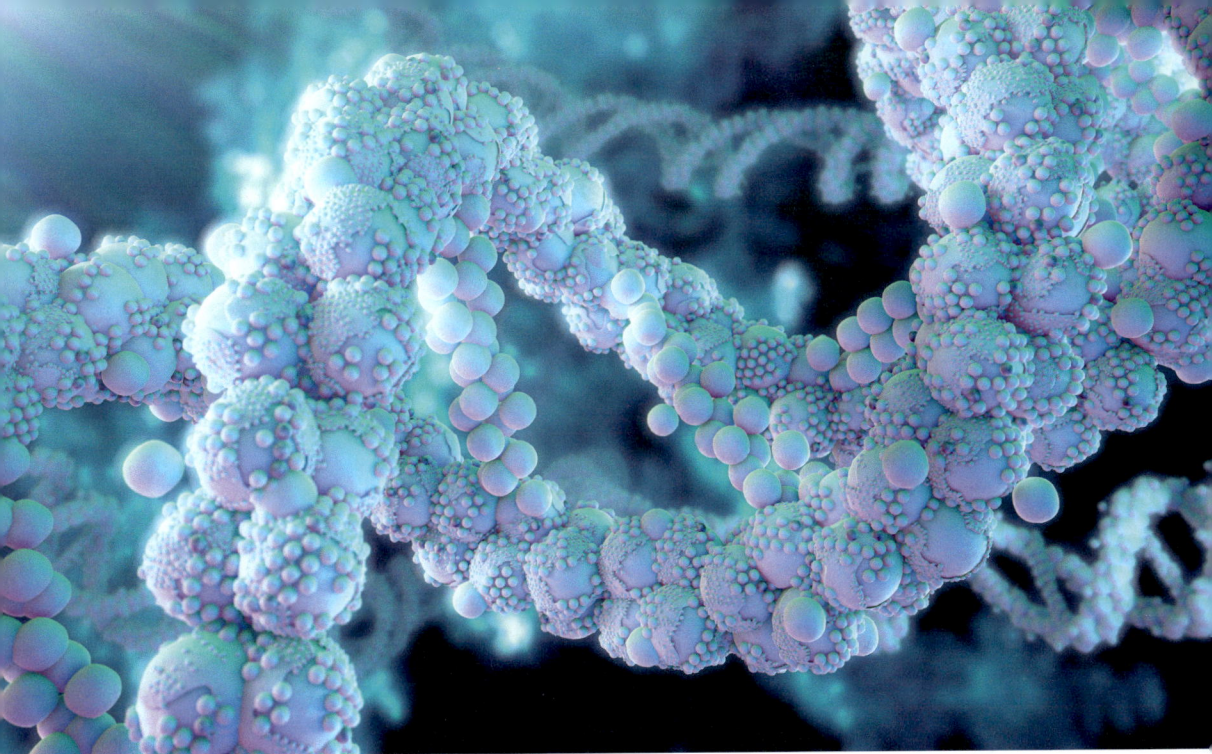

Basiert Leben immer auf Kohlenstoff?

Lebendige Wesen sind vor allem dadurch geprägt, dass sie auf der Ebene der Moleküle ihre Ordnung und Struktur erhalten. Unsere Zellen verwandeln sich mithilfe des Bauplanes, der in unserem Erbgut steckt, ja immer wieder in neue Zellen. Vor allem erhalten die verschiedenen Bausteine der Zelle auch ihre jeweilige Funktion. Wenn wir uns in den Finger schneiden, dann repariert sich unsere Haut exakt mit den Zellarten, die in die Haut passen. Es entstehen dann eben nicht Ohren- oder Leberzellen. Diese ganz besondere geplante und außerordentlich genaue Organisation auf der Ebene der Zellen basiert auf der besonderen Form der Moleküle, die die Informationen für den Zellabbau und Zellaufbau enthalten. Solche besonderen Moleküle kann im Temperaturbereich deutlich unter hundert Grad Celsius nur das Element Kohlenstoff aufbauen. Deshalb spricht man auch vom Kohlenstoff-Chauvinismus, wenn es um die Suche nach außerirdischem Leben geht.

Kohlenstoffchemie ist das Fundament der organischen Chemie in Lebewesen. Nur sie kann die absolut notwendigen, sehr langen und sehr strukturierten Kettenmoleküle, die sich in der Doppelhelix der DNA organisieren, herstellen. Die DNA ist aber die zentrale Bibliothek

35 Nur die Kohlenstoffchemie ist in der Lage, die notwendigen superlangen Kettenmoleküle herzustellen, die sich in der Doppelhelix der DNA organisieren.

für die Informationen, die die Zellen brauchen, um zu funktionieren und ihre Aufgaben in einem Organismus zu erfüllen. Hierzu braucht es aber auch Wasser in flüssiger Form, deshalb die Temperaturen, es braucht Mineralien und andere Nährstoffe. Hierzu zählen alle wichtigen Spurenelemente wie Zink und Selen, aber auch Alkalimetalle wie Natrium und Kalium für Stoffwechsel und Nervensystem. Summa summarum sind Lebewesen sehr komplexe Prozessnetzwerke und Prozessketten, die alle gleichzeitig sehr gut aufeinander abgestimmt sind und gleichzeitig funktionieren müssen.

Die Science-Fiction-Autoren, die Gaswolken intelligent und lebendig werden lassen, machen nur Fiction, aber keine Wissenschaft. Leben ist ein sehr wählerischer Selbstorganisationsprozess, der nur unter äußerst speziellen Bedingungen ein Lebewesen hervorbringt, das Bücher schreibt und Bücher liest. Der größte Teil der Geschichte auf unserem sehr lebensfreundlichem Planeten, verbrachte das Leben als Einzeller und primitive Mehrzeller, fast 4 Milliarden Jahre. Richtig explodiert ist das Leben erst vor rund 541 Millionen Jahren im Kambrium. Uns Menschen gibt es erst seit etwa 2,5 Millionen Jahren. Es brauchte insgesamt etwa 4 Milliarden Jahre, bis aus Einzellern nachdenkende und bewusste Lebewesen entstanden.

Wenn wir auf der Erde also der kosmische Durchschnitt sind, dann können Sterne, die kürzer als unsere Sonne existieren, kein intelligen-

36 Geschichten um intelligente Gaswolken sind lediglich Fiction – ohne Science.

37 Eine – wie auch immer geartete »Begegnung der dritten Art« – wird es wohl in absehbarer Zeit nur im Kino geben.

Vor 252 Millionen Jahren

M E S O Z O I K U M

-201 Ma

-145 Ma

JURA

KREIDE

Vor 66 Millionen Jahren

TRIAS

-541 Ma

-485 Ma

PALÄO

KAMBRIUM   ORDOVIZIUM

-444 Ma

-56 Ma

SILUR

-419 Ma

P A L Ä O Z O I K U M

-359 Ma

PERM

-299 Ma

-31 Ma

PENNSYLVANIUM

-318 Ma

DEVON

-23 Ma

KARBON

MISSISSIPPIUM

-5 Ma

PRÄKAMBRIUM

-2,6 Ma

K Ä N O Z O I K U M

-11 700 a

Vor 1 Milliarde Jahren

Oligozän

Miozän

Vor 3 Milliarden Jahren

Pliozän

NEOGEN

Vor 3 Milliarden Jahren
Früheste organische Strukturen

Holozän   Pleistozän

QUARTÄR

Entstehung der Erde,
vor 4,6 Milliarden Jahren

tes Leben entwickeln. Außerdem darf mit dem Planetensystem nichts Schlimmes passieren. Ein Planet benötigt eine sehr stabile, fast kreisförmige Umlaufbahn, sonst ändert sich das Klima zu rabiat. Außerdem dürfen keine Sterne zu nahe vorbeifliegen, denn sonst werden die Planeten aus ihren Bahnen gerissen. Und explodieren sollte auch kein Stern in der Nähe. Und deshalb ist Leben selten und intelligentes Leben sehr selten im Weltall. Dafür braucht es ein sehr spezielles planetares und kosmisches Umfeld, das über Milliarden von Jahren möglichst stabil ist. Nicht zu kalt und nicht zu warm, ein nettes Habitat eben. So wie bei uns auf der Erde.

Kurzum: Je mehr Erkenntnisse wir über die Bedingungen für hoch entwickeltes Leben gewinnen, umso geringer wird die Wahrscheinlichkeit von hoch entwickeltem *außerirdischem* Leben – bereits unsere Existenz muss uns ja völlig unmöglich erscheinen …

38 Die Entwicklung des Lebens auf der Erde. Nach neuesten Funden in Kanada vermutet man erste einzellige Lebensformen heute sogar schon vor 3,77 Milliarden Jahren.

Anhang

Dank

Bessere Hilfen beim Zustandekommen dieses Buches hätten wir uns nicht wünschen können: Wir danken Renate Germer, die mit ihrem umfassenden Wissen über das Alte Ägypten scharf auf unsere Beiträge zu Pharaonen und Pyramiden, Gräber, Sterne und Benbens schaute, Rüdiger Krause für seine Kritik an den »Spiral«städten, die keine sind, Suzana Matesic für ihre wertvollen Literaturhinweise zur modernen Limesforschung, Markus Reindel, der uns an seinen Forschungen zu den Nasca-Linien teilhaben ließ, Peter Sander, der uns die große Welt von Airbus öffnete, und Martin Schaich für seine »himmlischen« Einblicke.

Dank gebührt dem Propyläen Verlag, namentlich Kristin Rotter, die die Idee zum Buch hatte, immer wieder die »Lust am Schreiben« schürte und vor und hinter den Kulissen mit ruhiger Hand auftretende Fragen löste; der Grafik (Janine Milstrey und Axel Raidt), die mit großem Einsatz ein wunderbar anzuschauendes Buch gestaltet hat, und Astrid Holste für ihre phantastische Titelidee. Und ein faustdicker Dank an unsere Lektorin Heike Gronemeier, die uns unermüdlich mit ihren Ideen, Recherchen und Vorschlägen aus Sackgassen rettete.

Last but not least gilt unser Dank unserem Co-Autor Peter Prestel für seinen besonders lesenswerten Beitrag über die ägyptischen Pyramiden, wie sie errichtet wurden und was die Sternseher der Pharaonen so draufhatten. Gerne nahmen wir nach den Dreharbeiten zu unserem Terra X-Projekt »Ungelöste Fälle der Archäologie« die Idee von Kristin Rotter auf, wir wollten uns tiefer, umfassender mit dem Sujet beschäftigen und nach – weiteren – rätselhaften Themen forschen, deren Lösung wir uns mit Hilfe der (Astro-) Physik nähern konnten. Deshalb hier ein ausdrücklicher Dank an Peter Arens, Friederike Haedecke und Heike Schmidt, das wunderbare ZDF-Team.

Gisela Graichen und Harald Lesch

Und ich danke speziell Peter für die überaus angenehme, tolle Zusammenarbeit mit Gisela, Axel, Klaus und Max. Eine Freundin und Fünf Freunde, das ist so schön und etwas ganz Besonderes. Ich hoffe, dass diese einmalige Atmosphäre auch in diesem Buch erkennbar ist.

Vor allem danke ich meinem »Onkel Erhard«, der mir die Faszination alter Kulturen schon als 12-Jährigem beigebracht hat. Und natürlich Cecilia, ohne die ich den Himmel nie genießen könnte. Die Sterne scheinen nur für sie…

Harald Lesch

Literatur

Archäologische und Paläontologische Denkmalpflege, Landesamt für Denkmalpflege Hessen, Klee Margot: *Der römische Limes in Hessen. Geschichte und Schauplätze des UNESCO-Weltkulturerbes*, Friedrich Pustet, 2009

Anselm, Marina: »Arkaim – Die rätselhafte Spiralstadt im Ural«, *Die Welt*, 15.1.2010

Assmann, Jan: *Religio Duplex. Ägyptische Mysterien und Europäische Aufklärung*, Suhrkamp, 2010

Bánffy, Estzer: *Spuren des Menschen. 800 000 Jahre Geschichte in Europa. Wie Funde der modernen Archäologie Urgeschichte, Antike, Mittelalter, Neuzeit und Zeitgeschichte lebendig machen*, wbg Theiss, 2019

Bonnet, Hans: »Benben«, *Lexikon der ägyptischen Religionsgeschichte*, Nikol, 2000

Bressan, David: »Einzigartiger Edelstein des Tutanchamun durch Meteoritenimpakt entstanden«, *Scilogs.spektrum.de*; https://scilogs.spektrum.de/geschichte-der-geologie/einzigartiger-edelstein-des-tutanchamun-durch-meteoritenimpakt-entstanden/

Comelli, Daniela u.a.: »The Meteoritic Origin of Tutankhamun's Iron Dagger Blade«, *Meteoritics & Planetary Science*, 51.7

Däniken, Erich von (Hrsg.): *Jäger verlorenen Wissens*, Kopp, 2003/2007

Eggebrecht, Harald: »Der Ur-Strom«, *Süddeutsche Zeitung*, 29.7.2016

Evers, Marco: »Unheimliche Begegnung der dritten Art«, *Der Spiegel* 26/2021

Fassbinder, Jörg: »Neue Ergebnisse der geophysikalischen Prospektion am obergermanisch-raetischen Limes«, *Neue Forschungen am Limes*, Bd. 3, Stuttgart 2008

Fiebag, Peter & Eenboom, Algund: *Flugzeuge der Pharaonen*, Kopp, 2004

Fischer, Lars: »Gab es Zivilisationen vor der Menschheit?«, *Spektrum.de*, 17.4.2018

Fuhrer, Armin: »Älteste Sichtung 1826: Was es mit Deutschlands geheimen UFO-Akten auf sich hat«, *Focus*, 15.1.2022

Germer, Renate (Hrsg.): *Das Geheimnis der Mumien: Ewiges Leben am Nil*, Museum für Kunst und Gewerbe Hamburg, 1997

Germer, Renate: *Mumien*, Patmos, 2005

Goethe, Johann Wolfgang von: *Dichtung und Wahrheit*, Goethes Werke. Vollständige Ausgabe letzter Hand in der J.G.Cotta`schen Buchhandlung 1827

Gräber, David, Wengrow, David: *Anfänge: Eine neue Geschichte der Menschheit*, Klett-Cotta 2022

Graichen, Gisela & Hesse, Alexander: *Geheimbünde*, Rowohlt, 2013

Graichen, Gisela: »Wo Arminius die Römer schlug«; in: Graichen, Gisela & Hillrichs, Hans Helmut: *C14: Vorstoß in die Vergangenheit. Archäologische Entdeckungen in Deutschland von der Varusschlacht zum Westwall*, Bertelsmann, 1992

Graichen, Gisela: *Das Kultplatzbuch – ein Führer zu Opferplätzen, Heiligtümern und Kultstätten in Deutschland*, Hoffmann und Campe, 1990

Graichen, Gisela: *Limes – Roms Grenzwall gegen die Barbaren*, Scherz Verlag, 2009

Graichen, Gisela: *Schliemanns Erben – Von den Römern im Orient zur Goldstraße der Inka*, Hoffmann und Campe, 2003

Gunmann, Istvan: *Die Astronomie in der Mythologie der Dogon*, Archenhold-Sternwarte, 1989

Habeck, Reinhard: *Steinzeit-Astronauten*, Pichler Verlag, 2014

Habeck, Reinhard: *Ungelöste Rätsel. Wunderwerke, die es nicht geben dürfte*, Pichler Verlag, 2015

Hagen, Rainer & Rose Marie: Ägypten. Menschen, Götter, Pharaonen, Taschen, 2016

Harari, Yuval Noah: *Eine kurze Geschichte der Menschheit*, Pantheon, 2015

Hausdorf, Hartwig: *Nicht von dieser Welt*, Herbig, 2008

Hoffmann, Ruth: »Der Jäger des verborgenen Grabes«, *P.M. History*, April 2018

Kohl, Karl-Heinz (Hrsg.): *Kunst der Vorzeit. Felsbilder aus der Sammlung Frobenius*, Prestel, 2016

Krause, Johannes, Trappe, Thomas: *Die Reise unserer Gene. Eine Geschichte über uns und unsere Vorfahren*, Propyläen, 2019

Krause, Johannes, Trappe, Thomas: *Hybris. Die Reise der Menschheit zwischen Aufbruch und Scheitern*, Propyläen, 2021

Kubisch, Sabine: *Das alte Ägypten*, Konrad Theiss Verlag, 2008

Laatsch, Katrin: »Der Dolch des Tutanchamun – Eine scheinbar schlichte Eisenklinge«, *Antike Welt* 2/2021

Lehner, Mark & Hawass, Zahi: *Die Pyramiden von Gizeh*, Philipp von Zabern Verlag, 2017

Leitz, Christian: *Altägyptische Sternuhren*, Peeters, 1995

Leitz, Christian: *Chronokraten und Ritualszenen*, Harrassowitz, 2021

Lesch, Harald: *Kosmologie für Fußgänger: Eine Reise durch das Universum*. Überarbeitete und erweiterte Neuausgabe, Goldmann, 2014

Lesch, Harald: *Über Gott, den Urknall und den Anfang des Lebens*, mvg Verlag, 2019

Lesch, Harald: Der Außerirdische ist auch nur ein Mensch: Unerhörte wissenschaftliche Erklärungen, Bassermann, 2020

Lesch, Harald: Was hat das Universum mit mir zu tun? Nachrichten vom Rande der erkennbaren Welt. Penguin. 2021

Li, Heng: »Mysterious Pipes Left by ›ET‹ Reported from Qinghai«, *People's Daily Online*, 25.6.2002; http://en.people.cn/200206/25/ eng20020625_98530.shtml

Li, Xiangzhong; Zhou, Xin; Liu, Weiguo; Wang, Zheng; He, Yuxin & Xu, Liming: »Carbon and oxygen isotopic records from Lake Tuosu over the last 120 years in the Qaidam Basin, Northwestern China: The implications for paleoenvironmental reconstruction «, *Global and Planetary Change*, Vol. 141, 2016

Long, Qifu; Feng, Xiyuan; Liu, Jing; Zhang, Xin; Shen, Guoping & Zhu, Derui: »Microbial Diversity of Keluke-Tuosu Lake Wetland Reserve in Qinghai-Tibet Plateau«, *Earth and Environment*, Vol. 45.4, 2017

Mühlenbrock, Josef & Esch, Tobias (Hrsg.): *Irrtümer & Fälschungen der Archäologie*, Nünnerich-Asmus Verlag, 2018

Müller-Römer, Frank: *Der Bau der Pyramiden im Alten Ägypten*, Herbert Utz Verlag, 2011

Munro, Peter, Jürgen Settgast & Dietrich Wildung (Hrsg.): *Tutanchamun*, Museum für Kunst und Gewerbe Hamburg, 1981

Museum und Park Kalkriese (Hrsg.): *Varusschlacht im Osnabrücker Land*, Zabern, 2009

Museum für Vor- und Frühgeschichte der Staatliche Museen zu Berlin, Verband der Landesarchäologen in der Bundesrepublik Deutschland, et al: *Bewegte Zeiten. Archäologie in Deutschland*, Michael Imhof Verlag, 2018

Parzinger, Hermann: *Abenteuer Archäologie. Eine Reise durch die Menschheitsgeschichte*, C.H. Beck, 2018

Parzinger, Hermann: *Die frühen Völker Eurasiens: Vom Neolithikum zum Mittelalter*, C.H. Beck, 2020

Prem, Hanns J.: *Die Azteken*. Geschichte, Kultur und Religion, C.H. Beck, 1996

Rebhorn, Daniel: *Digitalismus – Die Utopie einer neuen Gesellschaftsform in Zeiten der Digitalisierung*, Springer, 2019

Rickenbach, Judith: *Nasca – Geheimnisvolle Zeichen im Alten Peru*, Museum für Völkerkunde Wien, 1999

Royal Academy of Arts (Hrsg.): *Die Azteken*, DuMont, 2003

Sagan, Carl: *Unser Kosmos*, Droemer Knaur, 1982

Salles, Catherine: *Chronik der alten Kulturen*, Konrad Theiss Verlag, 2009

Scanton, Laird: *The Science of the Dogon – Decoding the African Mystery Tradition*, Inner Traditions, 2006

Schaich, Martin & Langer, Robert: »Hightech-Prospektion aus der Luft«, *Der Limes*, Heft 2, 3/2009

Schaich, Martin: »Drohnen, 3D und Digitales. Moderne Technik in der Archäologie«, *Bayerische Archäologie*, 3/2021

Schmidt, Johann-Karl (Hrsg.): *Dogon – Meisterwerke der Skulptur*, Galerie der Stadt Stuttgart, 1998

Schulz, Matthias: »Raubzug ins Allerheiligste«, *Spiegel Wissenschaft*, 11.1.2010

Schulz, Matthias: »Das Geheimnis der Azteken – Totenkult am Feuerberg«, *Der Spiegel*, 22/2003

Seipp, Bettina: »Durch Präsident Putin wurde Arkaim zur Kultstätte«, *Welt*, 2.7.2020

Taube, Karl: *Aztekische und Maya-Mythen*, C.H. Beck, 1994

Temple, Robert K. G.: *Das Sirius-Rätsel*, Heyne Verlag, 1996

Tributsch, Helmut: *Das Rätsel der Götter: Fata Morgana*, Ullstein, 1983

Trier, Marcus (Hrsg.): *Roms fließende Grenzen. Katalog Archäologische Landesausstellung Nordrhein-Westfalen*, Wissenschaftliche Buchgesellschaft, 2022

Wanono, Nadine, & Renaudeau, Michel: *Die Dogon, Tänze. Masken. Rituale*, Knesebeck, 1998

Weber, Barbara: »Keine antike Raketenrampe«, *Deutschlandfunk*, 10.9.2009; https://www.deutschlandfunk.de/keine-antike-raketenrampe-100.html

Wemhoff, Matthias: *Die Germanen: Eine archäologische Bestandsaufnahme*,
    WBG Theiss, 2020
Wemhoff, Matthias: *Russen und Deutsche: 1000 Jahre Kunst, Geschichte und
    Kultur*, Michael Imhof Verlag, 2012
Wenderoth, Andreas: *Wie der Fund im Tal der Könige einen Fotopionier zur
    Legende machte*, https://www.geo.de/amp/magazine/geo-epoche-kollektion/
    19061-rtkl-das-grab-des-tutanchamun-dem-jenseits-entrissen
Wiegels, Rainer (Hrsg.): *Die Varusschlacht – Wendepunkt der Geschichte?*,
    Wissenschaftliche Buchgesellschaft, 2007

»Der Königsdolch aus dem All-Metall«, *Spiegel Wissenschaft*, 24.2.2022
»Die Römer an der Donau«, *Antike Welt*, 1/2022
»Grenzen an Rhein – Main – Donau«, *Archäologie in Deutschland*, 6/2021
»Ufo-Startrampe in China«, *Der Spiegel*, 28/2002
»Was geschah vor 4000 Jahren am Ural?«, Goethe Universität Frankfurt a.M.,
    18.1.2019, *Archäologie online*

Bildnachweis

Der Verlag hat sich bemüht, die Rechtegeber ausfindig zu machen.
Nicht in jedem Fall ist das gelungen. Für Hinweise sind wir dankbar.

1. KAPITEL

Bild 1: Science Photo Library/Armin Grun; **Bild 2:** Flickr/Jose Luis Cernadas
Iglesias; **Bild 3:** Wikimedia/Henrie Marshall; **Bild 4:** Wikimedia/Peter Haas;
Bild 5: Damian Evans; **Bild 6:** Alamy Stock Foto/Historical Views; o. re.: NASA;
Bild 7: US National Archives/TSGT Paul R. Caron Jr., USAF; **Bild 8:** Natur-
forschende Gesellschaft zu Freiburg im Breisgau c/o Institut für Geo- und
Umweltnaturwissenschaften; **Bild 9:** Wikimedia/Bede735c; **Bild 10:** Bayerische
Staatsbibliothek München/4 Arch. 91 h, Tab. XLVII; **Bild 11:** Hohe Domkirche
Köln, Dombauhütte/Matz und Schenk; **Bild 12:** LVR-LandesMuseum Bonn/
J. Vogel; **Bild 13:** Wikimedia/Landesmuseum Herne; **Bild 14:** picture alliance/
Caroline Seidel/dpa; **Bild 15:** Manfred Moosauer; **Bild 16:** Alamy Stock/funkyfood
London_Paul Williams (o. li.) picture alliance/Marco Einfeldt (o. re.); bpk/Herbert
Kraft (u. li.); SZ Photo/Marco Einfeldt (u. re.); **Bild 17:** Archäologische Staats-
sammlung München/St. Friedrich; **Bild 18:** Alamy Stock Photo/United Archives
GmbH; **Bild 19:** Wikimedia/Gts-tg (oben); flickr/Andrew Barclay (unten);
Bild 20: Alamy Stock Foto/Eric Nathan; **Bild 21:** Wikimedia; **Bild 22:** Rocco
Thiede; **Bild 23:** Alamy Stock Photo/Historical Views; **Bild 24:** Wikimedia/DLR;
Bild 25: privat

2. KAPITEL

Bild 1: Geobasisdaten: Bayerische Vermessungsverwaltung 2009; Bearbeitung:
Hermann Kerscher, BLfD; **Bild 2:** privat; **Bild 3:** *Arc*Tron 3D-Vermessungs-
technik & Softwareentwicklung; **Bild 4:** privat; **Bild 5:** flickr/Carole Raddato;
Bild 6: Alamy Stock Foto/imageBROKER (li.); *Arc*Tron 3D-Vermessungstechnik
& Softwareentwicklung (re.); **Bild 7:** Alamy Stock Foto/Bildagentur Geduldig;
Bild 8: akg-images; **Bild 9:** Wikimedia/Ángel M. Felicísimo; **Bild 10:** WSL/
Vreni Fataar; **Bild 11:** privat; **Bild 12:** Wikimedia/beigealert; **Bild 13:** picture
alliance/akg-images; **Bild 14:** Alamy Stock Foto/Interfoto; **Bild 15:** Varusschlacht
im Osnabrücker Land GmbH/Christian Grovermann (li.); Michael Theren/

Timetrotter/Jacques Maréchal (re.); **Bild 16:** picture alliance/dpa/Friso Gentsch;
Bild 17: picture alliance/dpa/Friso Gentsch; **Bild 18:** Wikimedia/Dr. Baoquan
Song; **Bild 19:** Wikimedia/archaecopteryx; **Bild 20:** J. Unger, Institute of
Archaeology, Czech Academy of Sciences; **Bild 21:** Peter Palm, Berlin;
Bild 22: privat; **Bild 23:** Alamy Stock Foto/Panther Media GmbH; **Bild 24:** Alamy
Stock Foto/Süddeutsche Zeitung Photo/Scherl; **Bild 25:** Alamy Stock Foto/
imageBROKER/Kurt Möbus; **Bild 26 f.:** privat; **Bild 28:** Wikimedia/Carole
Raddato; **Bild 29 f.:** privat; **Bild 31:** Bayerisches Hauptstaatsarchiv (BayHStA,
BS Pal. 1326); **Bild 33, 34, 35:** Deutsches Archäologisches Institut, Berlin/
Markus Gschwind ; **Bild 36:** Landesamt für Denkmalpflege Hessen; **Bild 37:**
*Arc*Tron 3D-Vermessungstechnik & Softwareentwicklung; **Bild 38:** Hessisches
Landesamt für Bodenmanagement und Geoinformation/Thomas Becker;
Bild 39: Wild Blue Media; **Bild 40:** American Scientist; **Bild 41:** Wikimedia/DLR

3. KAPITEL

Bild 1: Shutterstock, Wikimedia/ZolanPro; **Bild 2 bis 6:** privat; **Bild 7:** Wikimedia/
Andrjoscha Romanow; **Bild 8:** Shutterstock; **Bild 9:** privat; **Bild 10:** Dreamstime/
Stanislav Khokholkov; **Bild 11:** ESA-Hubble; **Bild 12:** NASA/ESA/J. Hester/A. Loll
(Arizona State University); **Bild 13:** Wikimedia/Ingo Berg; **Bild 14 f.:** privat;
Bild 15: A. Raidt nach G. Zdanovich; **Bild 16:** iStockphoto; **Bild 17 f.:** Johannes-
Gutenberg-Universität Mainz; **Bild 19 f.:** privat; **Bild 21:** iStockphoto; **Bild 22 f.:**
privat; **Bild 24:** 123rf.com/wlad74; **Bild 25:** A. Raidt; **Bild 26, 27:** privat; **Bild 28:**
IMAGO/ITAR-TASS

4. KAPITEL

Bild 1: iStockphoto/Festival Ogobagna; **Bild 3:** Library of Congress, Washington
D.C.; **Bild 4:** Michel Renaudeau; **Bild 5:** Musée du Quai Branly/Jacques Chirac;
Bild 6: Wikimedia/Charles Mallison; **Bild 7:** privat; **Bild 8:** Alamy Stock Photo/
Science History Images; **Bild 10:** Wikimedia/Sch; **Bild 11:** iStockphoto; **Bild 12:**
picture alliance/Chromorange/Ernst Weingartner; **Bild 13:** UNESCO; **Bild 14:**
NASA/ESA/H. Bond (STScI), and M. Barstow (University of Leicester); **Bild 15:**
Alamy Stock Photo/Gary Cook; **Bild 16:** Alamy Stock Photo/Nathan and Elaine
Vaessen; **Bild 17:** Alamy Stock Photo/Wolfgang Kaehler; **Bild 18:** Alamy Stock
Photo/agefotostock; **Bild 19:** Library of Congress, Washington D.C.; **Bild 20:**
NASA/ESA/G. Bacon (STScI); **Bild 21, 22:** Wikimedia/Dave Jarvis; **Bild 23:**
Wikimedia/H. Raab; **Bild 24:** Wikimedia/pixel17.com; **Bild 25:** Science Photo
Library/ESA/NASA; **Bild 26:** picture alliance/Associated Press; **Bild 27:** Science
Photo Library/Tim Brown; **Bild 28:** Alamy Stock Photo/Penta Springs LLP;
Bild 29: iStockphoto; **Bild 30:** Alamy Stock Photo/Horst Friedrichs; **Bild 31:**
Wikimedia/Quinn Norton; **Bild 32:** iStockphoto; **Bild 33:** privat; **Bild 34:** Alamy
Stock Photo/Wolfgang Kaehler; **Bild 35:** Alamy Stock Photo/Angus Beare;
Bild 37, 38: NASA/JPL

5. KAPITEL

Bild 1: iStockphoto; **Bild 2:** picture alliance/Helga Lade Fotoagentur GmbH/
Ger Keres; **Bild 3:** Wikimedia/José-Manuel Benito Álvarez; **Bild 4:** Alamy Stock
Foto/Artepics; **Bild 5:** Wikimedia/Danielesmart; **Bild 7:** Wikimedia/Aidan McRae
Thomson, editing by hchc2009; **Bild 8:** Science Photo Library/Jose Antonio
Peñas; **Bild 9:** scanpyramids.org; **Bild 10:** Wikimedia/Olaf Tausch; **Bild 11:**
picture-alliance/akg-images/Andrea Jemolo; **Bild 12:** Wikimedia/Drnhawkins;
Bild 13: pixabay/pinzino; **Bild 14:** picture alliance/Bruce Coleman/Photoshot/Bob
Burch; **Bild 15:** Wikimedia/Archai Optix; **Bild 16:** Wikimedia/
Jon Bodsworth; **Bild 17:** Wikimedia/Olaf Tausch; **Bild 18:** NASA; **Bild 19:** Science
Photo Library/Heritage Images/Ann Ronan Picture Library; **Bild 20:** Science
Photo Library/Library of Congress, Rare Book and Special Collections Division;

Bild 22: Wikimedia/Osama Shukir Muhammed Amin FRCP(Glasg);
Bild 23: J. J. von Littrow/P. Guthnick: Die Wunder des Himmels. Gemein-
verständliche Darstellung des Weltsystems (Berlin 1910); **Bild 24:** Alamy Stock
Photo/travelpixs; **Bild 25:** Science Photo Library/Bowater, Peter; **Bild 26:** Science
Photo Library/Space Imaging Europe; **Bild 27:** Wikimedia/Divad; **Bild 28:**
Wikimedia/Tauʻolunga; **Bild 29:** Getty Images; **Bild 30:** Alamy Stock Foto/The
History Collection; **Bild 31:** Science Photo Library/ John R. Foster; **Bild 32:** ESA;
Bild 33: Wikimedia/Omnidoom999; **Bild 34:** Alamy Stock Foto/Science Photo
Library; **Bild 35:** scanpyramids.org; **Bild 36:** Wikimedia/Ricardo Liberato

6. KAPITEL

Bild 1: Peter Sander; **Bild 2:** Wikimedia/Ahmed bin Tariq; **Bild 3:** Peter Sander/
Steffen Baus; **Bild 4:** Axel Raidt; **Bild 5:** Public Domain/Christian Hart; **Bild 6, 7:**
Wikimedia/Karl Richard Lepsius; **Bild 8:** SMPK/Sandra Steiß; **Bild 9:** privat;
Bild 10: Brooklyn Museum; **Bild 11:** Dreamstime.com/Kotist; **Bild 12:** picture
alliance/picturedesk.com/Hans Ringhofer; **Bild 13:** Alamy Stock Photo/image
Broker (li.); Pixabay/stux; **Bild 14:** Wikimedia/Med; **Bild 15:** Wikimedia/NYPL;
Bild 16: Wikimedia/Olaf Tausch; **Bild 17 f.:** Peter Sander; **Bild 20:** The MET; Jan
Mitchell and Sons Collection, Gift of Jan Mitchell, 1991; **Bild 21:** Wikimedia/Ivan;
Bild 22: Wikimedia/Dawoud; **Bild 23, 24:** privat; **Bild 25:** Wikimedia/ESO/S.
Brunier; **Bild 26:** Wikimedia/NASA/Project Apollo Archive; **Bild 28:** Wikimedia/
ESO; **Bild 29:** Alamy Stock Photo/Allstar Picture Library Ltd.; **Bild 30:** The U.S.
National Archives; **Bild 31:** Alamy Stock Foto/SpaceX; **Bild 32:** Alamy Stock
Photo/Elipsefix; **Bild 33:** Henrique Alvim Corrêa; **Bild 34:** Library of Congress,
Washington, D.C.

7. KAPITEL

Bild 1: Alamy Stock Photo/Granger – Historical Picture Archive/; **Bild 2:** IMAGO/
UIG; **Bild 3:** Wikimedia/Diego Rivera; **Bild 5:** Wikimedia/Protoplasmakid;
Bild 6: Alamy Stock Foto/NDK(li); PERRY RHODAN by Pabel-Moewig Verlag KG,
Rastatt, Illustration: Johnny Bruck; **Bild 7:** PERRY RHODAN by Pabel-Moewig
Verlag KG, Rastatt; **Bild 8:** picture-alliance/dpa/Jörg Carstensen; **Bild 9:** Alamy
Stock Photo/Granger – Historical Picture Archive; **Bild 11:** The British Library;
Bild 12: Wikimedia/Jonathan Cardy; **Bild 13:** Wikimedia/S.J. Miba; **Bild 14:**
Technisches Museum Wien; **Bild 15:** Alamy Stock Photo/ JJ Osuna Caballero;
Bild 17: Wikimedia/Luigi Chiesa; **Bild 18:** Wikimedia/Dmm2va7; **Bild 20:** Alamy
Stock Photo/Juergen Ritterbach; **Bild 21:** Unsplash/Timthy Chan; **Bild 22:**
Wikimedia/Olaf Tausch

8. KAPITEL

Bild 1: Science Photo Library/Brian Brake; **Bild 2:** Alamy Stock Photo/ David
Cole; **Bild 3:** Alamy Stock Photo/KGPA Ltd.; **Bild 4:** Alamy Stock Photo/David
Cole; **Bild 5:** Griffith Institute, University of Oxford; **Bild 6:** flickr/Rüdiger Stehn;
Bild 8: Alamy Stock Photo/Trinity Mirror/Mirrorpix; **Bild 9:** Alamy Stock Photo/
John Frost Newspapers; **Bild 10:** Alamy Stock Photo/agefotostock; **Bild 11:** Alamy
Stock Photo/Science Photo Library; **Bild 12, 13:** Griffith Institute, University of
Oxford; **Bild 14:** Science Photo Library/Heritage Images/Historica Graphica
Collection; **Bild 17, 18:** Griffith Institute, University of Oxford; **Bild 19:** Wikimedia;
Bild 21: Science Photo Library/Heritage Images **Bild 22:** Griffith Institute,
University of Oxford; **Bild 23:** Wikimedia/Olaf Tausch; **Bild 24:** Wikimedia/
Opsoelder; **Bild 25:** Wikimedia/Vassil; **Bild 26:** Wikimedia/John Bodsworth;
Bild 28: Science Photo Library/Joe Tucciarone; **Bild 29:** Wikimedia/Giovanni;
Bild 30: pixabay/tdittmar75; **Bild 31:** Science Photo Library/Jean Soutif/Look At
Sciences; **Bild 32:** AdobeStock/Sergii Figurnyi; **Bild 33:** Wikimedia/The Official
CTBTO Photostream; **Bild 34:** Alamy Stock Photo/KGPA Ltd.; **Bild 35:** Griffith

Wir verpflichten uns zu Nachhaltigkeit
- Klimaneutrales Produkt
- Papiere aus nachhaltiger Waldwirtschaft und anderen kontrollierten Quellen
- ullstein.de/nachhaltigkeit

Propyläen ist ein Verlag der Ullstein Buchverlage GmbH
www.propylaen-verlag.de

1. Auflage 2022
ISBN 978-3-549-10046-2

© Ullstein Buchverlage GmbH, Berlin 2022
Alle Rechte vorbehalten.

Umschlaggestaltung: Klaus Pockrandt, Halle
Buchgestaltung und Layout: Axel Raidt, Berlin
Bildredaktion: Axel Raidt und Janine Milstrey/Red Cape Production, Berlin
Karten: © Peter Palm, Berlin
Herstellung und Bildbearbeitung: Janine Milstrey/Red Cape Production, Berlin
Gesetzt aus der Waldbaum und der Typold Condensed

MIX
Papier aus verantwortungsvollen Quellen
FSC® C002795

Druck und Bindearbeiten: SIA Livonia Print, Riga
Printed in Latvia

NORDAMERIKA

Hudson
Bay

Große Seen

Europäisch
Nordmeer

Nord

Xanten
Weissenburg
Val Camonic

Salaman

SETI

Paluxy River Footprints

London/T.

Golf von
Mexiko

Atlantischer
Ozean

Mexiko
Stadt

Tikal

Arecibo

Karibisches
Meer

Timbukt

Dakar

Djenné

Bandiaga

Bamako

Quimbaya

SÜDAMERIKA

Nasca

Pazifischer
Ozean

Atlantischer
Ozean